全国高等学校自动化专业系列教材
教育部高等学校自动化专业教学指导分委员会牵头规划

普通高等教育"十一五"国家级规划教材

国家精品课程教材

Exercises for Principles of Automatic Control

自动控制原理习题详解

东北大学　王建辉　等 编著
Wang Jianhui

清華大學出版社
北 京

内 容 简 介

本书为《自动控制原理》(王建辉、顾树生主编，杨自厚主审，清华大学出版社 2007 年 4 月出版)教材的配套用书。书中对教材每章后的全部习题(思考题除外)作了详细解答。

教材中所给出的习题，题型丰富，难易比例适当。本书可作为全国普通高等学校自动化及仪表、电气传动、计算机、机械、化工、航天航空等相关专业的学生深入学习和理解《自动控制原理》课程内容的辅助用书，也可以作为工程技术人员自学该课程的参考资料，并可作为考研人员的学习辅导材料。

图书在版编目(CIP)数据

自动控制原理习题详解/王建辉等编著. —北京：清华大学出版社，2010.5(2024.8重印)
(全国高等学校自动化专业系列教材)
ISBN 978-7-302-21443-4

Ⅰ. 自… Ⅱ. 王… Ⅲ. 自动控制理论—高等学校—解题 Ⅳ. TP13-44

中国版本图书馆 CIP 数据核字(2009)第 207116 号

责任编辑：王一玲 刘佩伟
责任校对：白 蕾
责任印制：沈 露

出版发行：清华大学出版社
网 址：https://www.tup.com.cn，https://www.wqxuetang.com
地 址：北京清华大学学研大厦 A 座 **邮 编**：100084
社 总 机：010-83470000 **邮 购**：010-62786544
投稿与读者服务：010-62776969，c-service@tup.tsinghua.edu.cn
质量反馈：010-62772015，zhiliang@tup.tsinghua.edu.cn
课件下载：https://www.tup.com.cn，010-83470236
印 装 者：三河市龙大印装有限公司
经 销：全国新华书店
开 本：175mm×245mm **印 张**：14.25 **字 数**：287 千字
版 次：2010 年 5 月第 1 版 **印 次**：2024 年 8 月第 18 次印刷
定 价：39.90 元

产品编号：031539-04

出版说明

《全国高等学校自动化专业系列教材》

为适应我国对高等学校自动化专业人才培养的需要，配合各高校教学改革的进程，创建一套符合自动化专业培养目标和教学改革要求的新型自动化专业系列教材，"教育部高等学校自动化专业教学指导分委员会"（简称"教指委"）联合了"中国自动化学会教育工作委员会"、"中国电工技术学会高校工业自动化教育专业委员会"、"中国系统仿真学会教育工作委员会"和"中国机械工业教育协会电气工程及自动化学科委员会"四个委员会，以教学创新为指导思想，以教材带动教学改革为方针，设立专项资助基金，采用全国公开招标方式，组织编写出版了一套自动化专业系列教材——《全国高等学校自动化专业系列教材》。

本系列教材主要面向本科生，同时兼顾研究生；覆盖面包括专业基础课、专业核心课、专业选修课、实践环节课和专业综合训练课；重点突出自动化专业基础理论和前沿技术；以文字教材为主，适当包括多媒体教材；以主教材为主，适当包括习题集、实验指导书、教师参考书、多媒体课件、网络课程脚本等辅助教材；力求做到符合自动化专业培养目标、反映自动化专业教育改革方向、满足自动化专业教学需要；努力创造使之成为具有先进性、创新性、适用性和系统性的特色品牌教材。

本系列教材在"教指委"的领导下，从2004年起，通过招标机制，计划用3～4年时间出版50本左右教材，2006年开始陆续出版问世。为满足多层面、多类型的教学需求，同类教材可能出版多种版本。

本系列教材的主要读者群是自动化专业及相关专业的大学生和研究生，以及相关领域和部门的科学工作者和工程技术人员。我们希望本系列教材既能为在校大学生和研究生的学习提供内容先进、论述系统和适于教学的教材或参考书，也能为广大科学工作者和工程技术人员的知识更新与继续学习提供适合的参考资料。感谢使用本系列教材的广大教师、学生和科技工作者的热情支持，并欢迎提出批评和意见。

《全国高等学校自动化专业系列教材》编审委员会

2005年10月于北京

《全国高等学校自动化专业系列教材》编审委员会

序

FOREWORD

自动化学科有着光荣的历史和重要的地位，20 世纪 50 年代我国政府就十分重视自动化学科的发展和自动化专业人才的培养。五十多年来，自动化科学技术在众多领域发挥了重大作用，如航空、航天等，两弹一星的伟大工程就包含了许多自动化科学技术的成果。自动化科学技术也改变了我国工业整体的面貌，不论是石油化工、电力、钢铁，还是轻工、建材、医药等领域都要用到自动化手段，在国防工业中自动化的作用更是巨大的。现在，世界上有很多非常活跃的领域都离不开自动化技术，比如机器人、月球车等。另外，自动化学科对一些交叉学科的发展同样起到了积极的促进作用，例如网络控制、量子控制、流媒体控制、生物信息学、系统生物学等学科就是在系统论、控制论、信息论的影响下得到不断的发展。在整个世界已经进入信息时代的背景下，中国要完成工业化的任务还很重，或者说我们正处在后工业化的阶段。因此，国家提出走新型工业化的道路和“信息化带动工业化，工业化促进信息化”的科学发展观，这对自动化科学技术的发展是一个前所未有的战略机遇。

机遇难得，人才更难得。要发展自动化学科，人才是基础、是关键。高等学校是人才培养的基地，或者说人才培养是高等学校的根本。作为高等学校的领导和教师始终要把人才培养放在第一位，具体对自动化系或自动化学院的领导和教师来说，要时刻想着为国家关键行业和战线培养和输送优秀的自动化技术人才。

影响人才培养的因素很多，涉及教学改革的方方面面，包括如何拓宽专业口径、优化教学计划、增强教学柔性、强化通识教育、提高知识起点、降低专业重心、加强基础知识、强调专业实践等，其中构建融会贯通、紧密配合、有机联系的课程体系，编写有利于促进学生个性发展、培养学生创新能力的教材尤为重要。清华大学吴澄院士领导的《全国高等学校自动化专业系列教材》编审委员会，根据自动化学科对自动化技术人才素质与能力的需求，充分吸取国外自动化教材的优势与特点，在全国范围内，以招标方式，组织编写了这套自动化专业系列教材，这对推动高等学校自动化专业发展与人才培养具有重要的意义。这套系列教材的建设有新思路、新机制，适应了高等学校教学改革与发展的新形势，立足创建精品教材，重视实践性环节在人才培养中的作用，采用了竞争机制，以激励和推动教材建设。在此，我谨向参与本系列教材规划、组织、编写的老师致以诚挚的感谢，并希望该系列教材在全国高等学校自动化专业人才培养中发挥应有的作用。

吴澄 教授

2005年10月于教育部

序

FOREWORD

《全国高等学校自动化专业系列教材》编审委员会在对国内外部分大学有关自动化专业的教材做深入调研的基础上，广泛听取了各方面的意见，以招标方式，组织编写了一套面向全国本科生（兼顾研究生）、体现自动化专业教材整体规划和课程体系、强调专业基础和理论联系实际的系列教材，自2006年起将陆续面世。全套系列教材共50多本，涵盖了自动化学科的主要知识领域，大部分教材都配置了包括电子教案、多媒体课件、习题辅导、课程实验指导书等立体化教材配件。此外，为强调落实"加强实践教育，培养创新人才"的教学改革思想，还特别规划了一组专业实验教程，包括《自动控制原理实验教程》、《运动控制实验教程》、《过程控制实验教程》、《检测技术实验教程》和《计算机控制系统实验教程》等。

自动化科学技术是一门应用性很强的学科，面对的是各种各样错综复杂的系统，控制对象可能是确定性的，也可能是随机性的；控制方法可能是常规控制，也可能需要优化控制。这样的学科专业人才应该具有什么样的知识结构，又应该如何通过专业教材来体现，这正是"系列教材编审委员会"规划系列教材时所面临的问题。为此，设立了《自动化专业课程体系结构研究》专项研究课题，成立了由清华大学萧德云教授负责，包括清华大学、上海交通大学、西安交通大学和东北大学等多所院校参与的联合研究小组，对自动化专业课程体系结构进行深入的研究，提出了按"控制理论与工程、控制系统与技术、系统理论与工程、信息处理与分析、计算机与网络、软件基础与工程、专业课程实验"等知识板块构建的课程体系结构。以此为基础，组织规划了一套涵盖几十门自动化专业基础课程和专业课程的系列教材。从基础理论到控制技术，从系统理论到工程实践，从计算机技术到信号处理，从设计分析到课程实验，涉及的知识单元多达数百个、知识点几千个，介入的学校50多所，参与的教授120多人，是一项庞大的系统工程。从编制招标要求、公布招标公告，到组织投标和评审，最后商定教材大纲，凝聚着全国百余名教授的心血，为的是编写出版一套具有一定规模、富有特色的、既考虑研究型大学又考虑应用型大学的自动化专业创新型系列教材。

然而，如何进一步构建完善的自动化专业教材体系结构？如何建设基础知识与最新知识有机融合的教材？如何充分利用现代技术，适应现代大学生的接受习惯，改变教材单一形态，建设数字化、电子化、网络化等多元形态、开放性的"广义教材"？等等，这些都还有待我们进行更深入的研究。

本套系列教材的出版，对更新自动化专业的知识体系、改善教学条件、创造个性化的教学环境，一定会起到积极的作用。但是由于受各方面条件所限，本套教材从整体结构到每本书的知识组成都可能存在许多不当甚至谬误之处，还望使用本套教材的广大教师、学生及各界人士不吝批评指正。

吴澄 院士

2005年10月于清华大学

前言

PREFACE

信息化时代的到来，为自动控制技术的应用开拓了更加广阔的空间。作为有关自动控制技术的基础理论——自动控制原理，已成为各高校许多学科和专业必修的技术基础课。深入理解和掌握《自动控制原理》中主要内容，无论是对自动控制理论的进一步学习，还是为后续专业课的学习打下理论基础，都是非常关键的。

我们编写的教材《自动控制原理》（杨自厚主编，冶金工业出版社出版），自1980年出版以来，经历了几次修订：1987年修订版（杨自厚主编）；2001年第3版（顾树生、王建辉主编，杨自厚主审）；2005年第4版（王建辉、顾树生主编，杨自厚主审），目前已累计发行15万册。与其相对应的《自动控制原理习题集》也随之不断地修改与完善：1983年由汪宜臣主编，冶金工业出版社出版了《自动控制原理习题集》；2005年由王建辉主编，冶金工业出版社出版了《自动控制原理习题详解》。

2004年，我们以《自动控制原理》（第3版）为基础，参与了《全国高等学校自动化专业系列教材》的招投标，并且通过了教材编审委员会组织的初审、终审，计划出版《自动控制原理》及相关的教辅材料。

2007年4月，《自动控制原理》（王建辉、顾树生主编，杨自厚主审）由清华大学出版社出版。

为帮助广大读者深入地理解和更好地掌握《自动控制原理》中有关自动控制系统的基本概念、自动控制系统的分析与设计方法，也为自学的方便，我们编写了这本与《自动控制原理》配套使用的《自动控制原理习题详解》。

考虑到本书是与《自动控制原理》（全国高等学校自动化专业系列教材）完全对应，所以在书中各个章节的要点中只给出了在解题过程中要加以注意的问题。相应的基本概念、基本方法等在《自动控制原理》中已有详细讲解，本书不加赘述。

本书汇集了东北大学历届讲授自动控制原理课程教师的几十年教学成果和经验，并在参考有关教材的基础上，由我们课程组主要成员编排整理而成的。其中，徐林负责第1章，方晓柯负责第2、6章，王建辉负责第3、4、8章，顾树生负责第5章，王大志负责第6章，徐建有负责第7章。全书由王建辉主编。

方晓柯负责完成了对全书的整理和校对工作。

我们的博士研究生肖倩、彭俊、李醒等在本书的录入、画图、校对等过程中做了许多工作，在此表示感谢！

由于我们水平有限，不妥之处在所难免，敬请广大读者谅解并予以指正，我们将不胜感激！

作　者

2010 年 1 月于沈阳

目录

CONTENTS

第1章 自动控制系统的基本概念

1.1 内容提要

基本术语：反馈量，扰动量，输入量，输出量，被控对象；

基本结构：开环，闭环，复合；

基本类型：线性和非线性，连续和离散，程序控制与随动；

基本要求：暂态，稳态，稳定性。

本章要解决的问题，是在自动控制系统的基本概念基础上，能够针对一个实际的控制系统，找出其被控对象、输入量、输出量，并分析其结构、类型和工作原理。

1.2 习题与解答

题 1-5 试举几个工业生产中开环与闭环自动控制系统的例子，画出它们的框图，并说明它们的工作原理，讨论其特点。

答 图 1-1 所示为直流电动机的开环控制系统示意图。

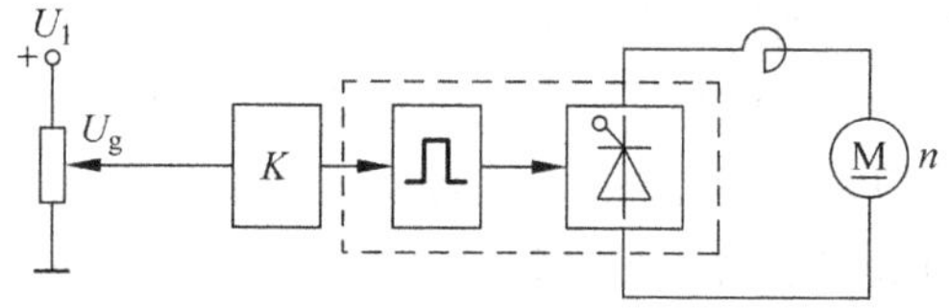

图 1-1 直流电动机开环控制系统示意图

该系统的结构图可用图 1-2 表示。

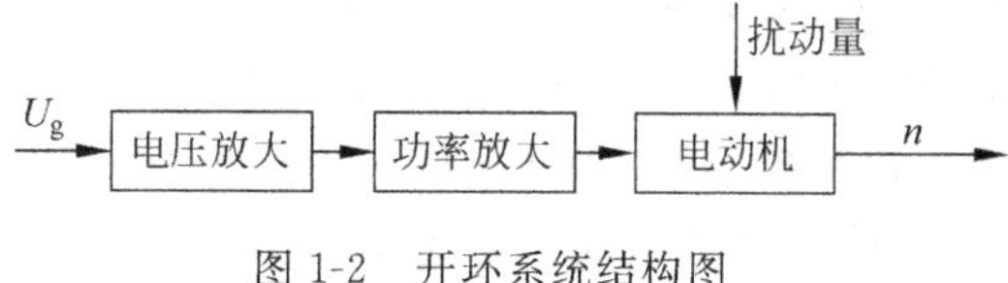

图 1-2 开环系统结构图

在本系统中，要控制的是直流电动机的转速，所以直流电动机是控制对象，直流电动机的转速是系统的输出量。在励磁电流 I_f 与负载恒定的条件下，当电位器滑动端在某一位置时(电位器对应的输出电压用 U_g 表示)，电动机就以一定的转速 n 运转。如果由于外部或内部扰动，例如由于负载突然增加，使电动机转速下降，那么电动机在无人干预的情况下将偏离给定速度。也就是说开环控制系统只有输入量对输出量产生作用，输出量没有参与统一控制。

图 1-3 所示为直流电动机的闭环控制系统示意图。

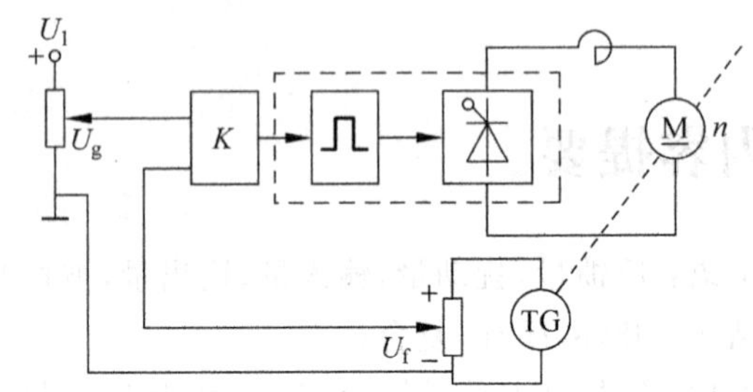

图 1-3 直流电动机闭环控制系统示意图

该系统的结构图如图 1-4 所示。

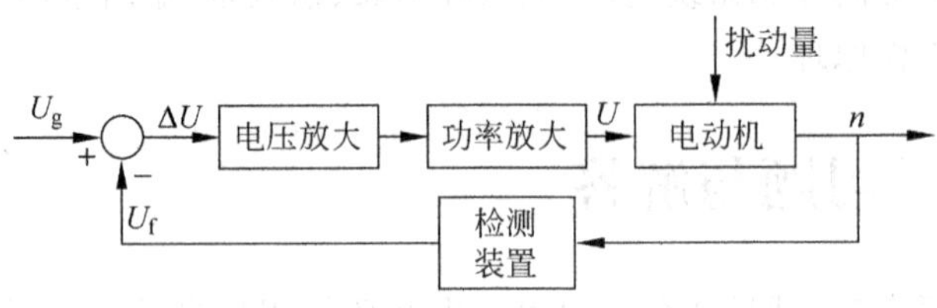

图 1-4 闭环控制结构图

这里，用测速发电机将输出量 n 检测出来，并转换成与给定电压物理量相同的反馈电压 U_f，然后反馈到输入端与给定电压 U_g 相比较，其偏差 ΔU 经过运算放大器放大后，用来控制功率放大器的输出电压 U 和电动机的转速 n。当电位器滑动到某一位置时，电动机就以一个指定的转速转动。由于外部或内部扰动，例如，由于负载突然增加，使电动机转速降低，那么这一速度的变化，将由测速发电机检测出来。此时反馈电压相应降低，与给定电压比较后，偏差电压增大，再经过功率放大器放大后，将功率放大器输出电压 U 升高，从而减小或消除电动机的转速偏差。这样，不用人的干预，系统就可以近似保持给定速度不变。由此可看出，闭环系统是把输出量反馈到输入端形成闭环，使得输出量参与系统的控制。

题 1-6 图 P1-1 所示为一直流发电机电压自动控制系统。图中，1 为发电机；2 为减速器；3 为执行机构；4 为比例放大器；5 为可调电位器。

(1) 该系统由哪些环节组成？各起什么作用？

(2) 绘出系统的框图，说明当负载电流变化时，系统如何保持发电机的电压恒定。

(3) 该系统是有差还是无差系统?

(4) 系统中有哪些可能的扰动?

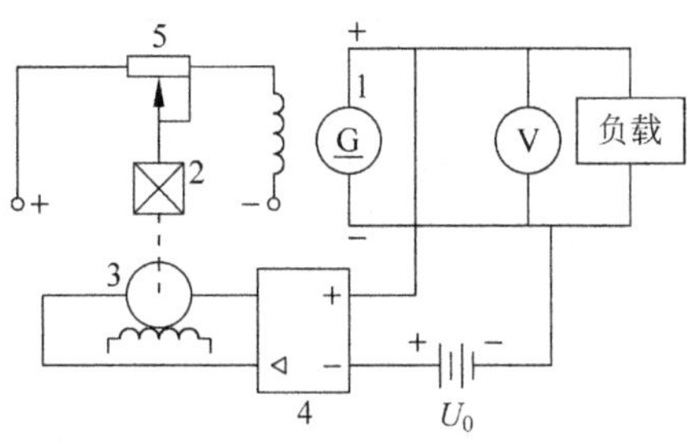

图 P1-1　电压自动控制系统

答　(1) 该系统由给定环节、比较环节、中间环节、执行机构、被控对象、检测环节等组成。

给定环节:电压源 U_0。用来设定直流发电机电压的给定值。

比较环节:本系统所实现的被控量与给定量进行比较,是通过给定电压与反馈电压反极性相接加到比例放大器上实现的。

中间环节:比例放大器。它的作用是将偏差信号放大,使其足以带动执行机构工作。该环节又称为放大环节。

执行机构:该环节由执行电机、减速器和可调电位器构成。该环节的作用是:通过改变发电机励磁回路的电阻值,改变发电机的磁场,调节发电机的输出电压。

被控对象:发电机。其作用是供给负载恒定不变的电压。

检测环节:检测发电机电枢两端电压作为反馈量,它的作用是将系统的输出量直接反馈到系统的输入端。

(2) 系统结构框图如图 1-5 所示。当负载电流变化,如增大时,发电机电压下降,电压偏差增大,偏差电压经过运算放大器放大后,控制可逆伺服电动机,带动可调电阻器的滑动端使励磁电流增大,使发电机的电压增大,直至恢复到给定电压的数值,实现电压的恒定控制。

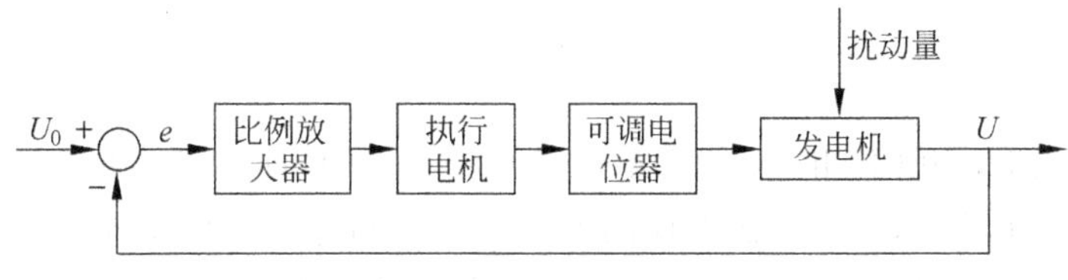

图 1-5　系统结构框图

负载电流减小的情况与此同理。

(3) 假设在系统稳定运行状态下,发电机输出的电压与给定的电压 U_0 相等,也就是我们所称谓的无差系统。此时,比例放大器输出电压为零,执行电机不转动,可调电阻器的滑动端不动,发电机磁场不变化,从而保持发电机输出电压 U 等于给定

电压 U_0。假设成立，故该系统为无差系统。

(4) 系统中可能出现的外部扰动：负载电流的变化（增加或减少）。可能出现的内部扰动：系统长时间工作使电源电压 U_0 降低，执行机构、减速器等的机械性能的改变等。

题 1-7 图 1-6 所示闭环调速系统，如果将反馈电压 U_f 的极性接反，成为正反馈系统，对系统工作有什么影响？此时各环节工作处于什么状态？电动机的转速能否按照给定值运行？

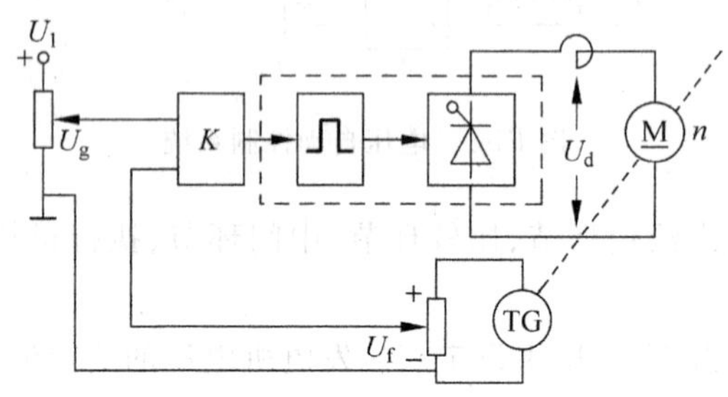

图 1-6 闭环调速系统示意图

答 正反馈系统的比较环节是使反馈电压 U_f 与给定电压 U_g 相加。加给控制器的信号 $\Delta U = U_f + U_g$ 必然总在给定电压基础上增大，系统将不具备调节能力，各环节的输出量将处于饱和状态，电动机转速不能按给定的值运行。

题 1-8 图 P1-2 为仓库大门自动控制系统。试说明自动控制大门开启和关闭的工作原理。如果大门不能全开或全关，则怎样进行调整？

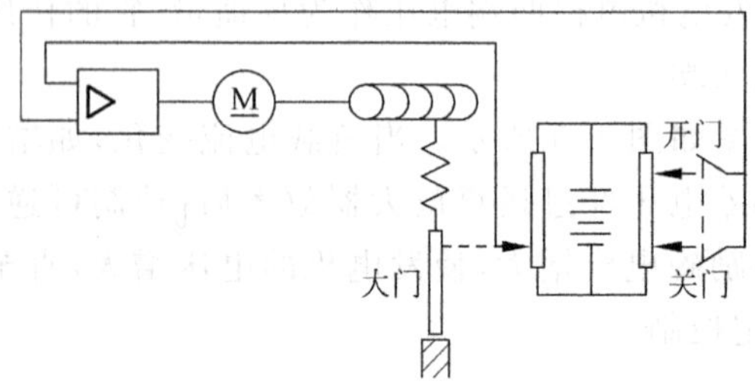

图 P1-2 仓库大门控制系统

答 系统中，“开门”和“关门”两个开关是互锁的，即在任意时刻，只有“开门”（或“关门”）一个状态，这一状态对应的电压和与大门连接的滑动端对应的电压接成反极性（即形成偏差信号）送入放大器。放大器的输出电压送给直流电动机M，直流电动机与卷筒同轴相连，大门的开启和关闭是通过电动机的正、反转来控制的。与大门连接的滑动端对应的电压与“开门”滑动端对应的电压相等时，大门停止开启；与大门连接的滑动端对应的电压与“关门”滑动端对应的电压相等时，大门停止关闭。

设“开门”滑动端对应的电压为 u_{gk}，“关门”滑动端对应的电压为 u_{gg}，与大门连接的滑动端对应的电压为 u_f。

开门时，将"开门"开关闭合、"关门"开关断开，此时，$u_f < u_{gk}$，$\Delta u = u_{gk} - u_f > 0$，此偏差信号经过放大器放大后带动直流电动机M转动，并带动可调电位计滑动端上移，直至 $\Delta u = 0$ 时，直流电动机M停止、大门开启。

关门时，将"开门"开关断开、"关门"开关闭合，此时有 $u_f > u_{gg}$，$\Delta u = u_{gg} - u_f < 0$，此偏差信号经放大后使直流电动机M向相反方向转动，并带动可调电位计滑动端下移，直至 $\Delta u = 0$ 时，直流电动机M停止、大门关闭。

若大门不能全开(或全关)，可将 u_{gk} 调大(或将 u_{gg} 调小)，这可通过将"开门"滑动端上移直至大门全开(或将"关门"滑动端下移直至大门全关)实现。

从工作原理上分析，系统稳定运行(大门"全开"或"全关")时，系统的输出量完全等于系统的输入量(大门"全开"时，$u_{gk} = u_f$；大门"全关"时，$u_{gg} = u_f$)。故该系统属于恒值、无差系统。

题 1-9　图 P1-3 为液位自动控制系统示意图。在任何情况下，希望液面高度 h 维持不变。试说明系统工作原理，并画出系统结构图。

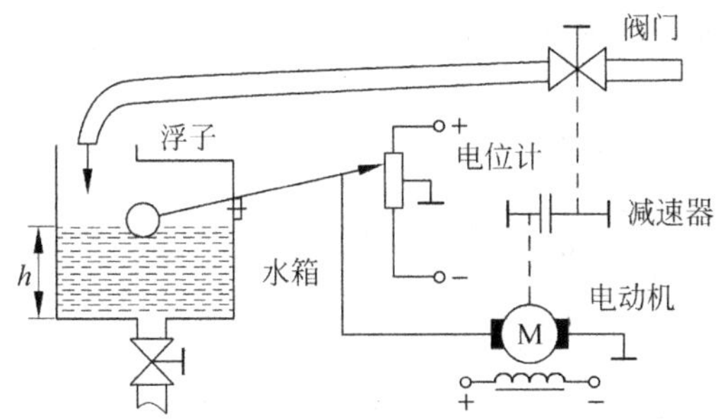

图 P1-3　液位自动控制系统示意图

答　(1) 工作原理：闭环控制方式。

当电位器滑动端位于中点位置时，电动机不动，控制阀门有一定的开度，使水箱中流入水量和流出水量相等，从而液面保持在希望高度上。当进水量或出水量发生变化，例如液面下降，通过浮子和杠杆检测出来，使电位器滑动端从中点位置上移，从而给电动机提供一定的控制电压，驱动电动机通过减速器增大阀门开度，使液位上升，回到希望高度。电位器滑动端回到中点，电动机停止。

(2) 被控对象是水箱，被控量是水箱液位，给定量是电位器设定位置(代表液位的希望值)，主扰动是流出水量。

系统的方框图如图 1-7 所示。

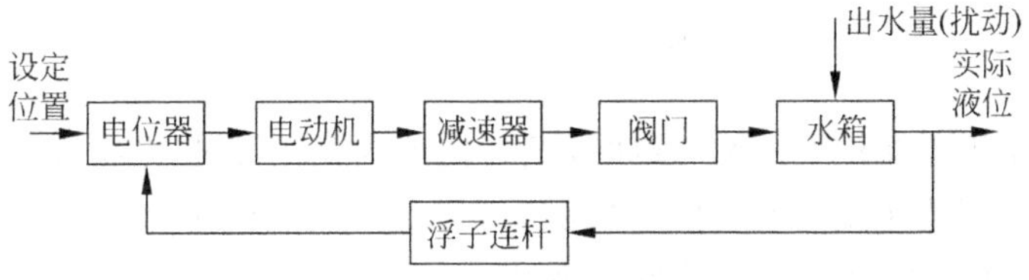

图 1-7　液位自动控制系统方框图

题 1-10 图 P1-4 表示一个火炮跟踪系统。图中 θ_i 是输入角度，θ_o 是输出角度。电动机通过齿轮传动装置使火炮旋转。试分析该跟踪控制系统的工作原理，并画出系统结构图。

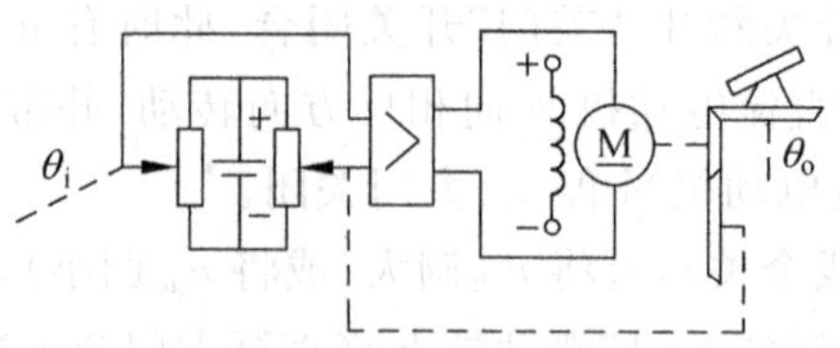

图 P1-4 火炮跟踪系统

答 当输入角度 θ_i 变化时，输入角度 θ_i 和输出角度 θ_o 的差会发生变化，于是在电位器上产生差动电压。该差动电压被放大后带动电动机转动，再通过传动装置使火炮转动。火炮转动角度(即输出角度)θ_o 则被反馈到输入端与输入角度比较。只要两个角度不同，电动机就会继续旋转，直到输出角度和输入角度一致为止。为保证跟踪精度，除了需要足够的功率外，还需要具有适当的动态特性，所以系统中应包括某种校正装置。

系统方框图如图 1-8 所示。

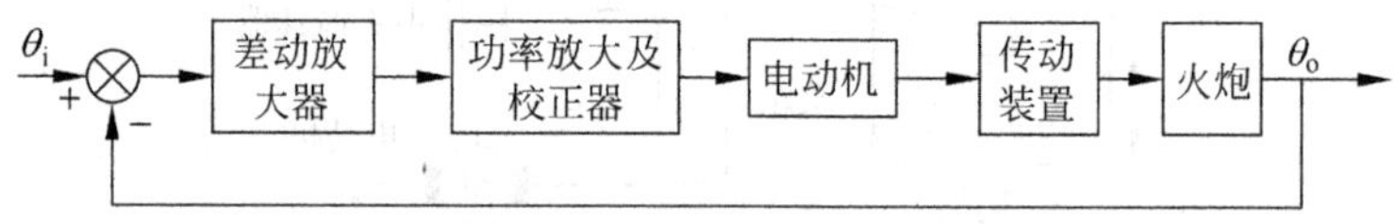

图 1-8 火炮跟踪系统方框图

题 1-11 图 P1-5 表示一个张力控制系统。当送料速度在短时间内突然变化时，试说明控制系统的作用情况。

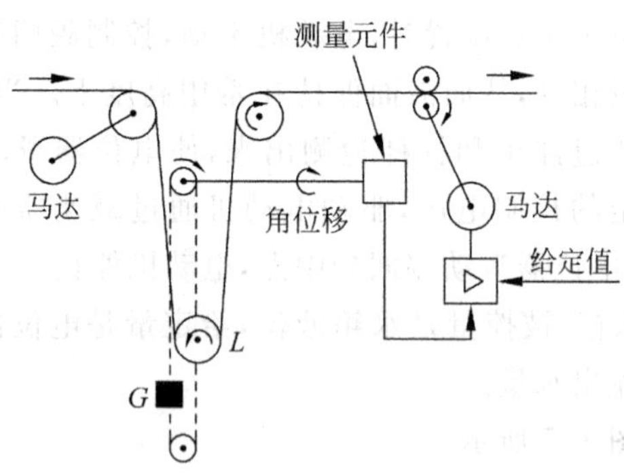

图 P1-5 张力控制系统

答 当给定值的参考输入一定时，送料速度为某一要求的数值，此时测量头的重锤 G 与轮 L 受力平衡，因此测量轴无角位移，系统处于平衡状态。

若送料速度在短时间内突然发生变化，如电源波动引起马达转速变化、所传送的带料厚度不均匀等，从而使带料在输送过程中的张力发生变化，以致破坏了重锤 G 与轮 L 的受力平衡，于是测量值产生角位移，通过测量元件直接测出送料速度的变化，并转换为相应的电压值反馈给放大器，通过放大器比较后，输出校正电压以控制马达的转速，从而改变送料速度，直到送料速度恢复为要求的数值，张力系统重新平衡为止。系统的原理方框图如图 1-9 所示。

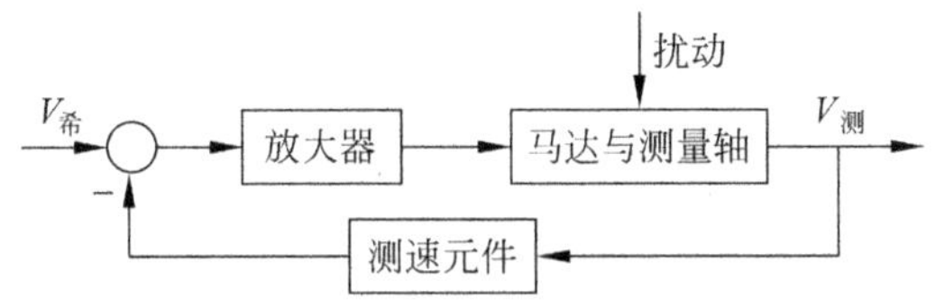

图 1-9　张力控制系统的原理方框图

题 1-12　图 P1-6 表示一个角位置随动系统。系统的任务是控制工作机械角位置 θ_c 随时跟踪手柄转角 θ_r。试分析其工作原理，并画出系统结构图。

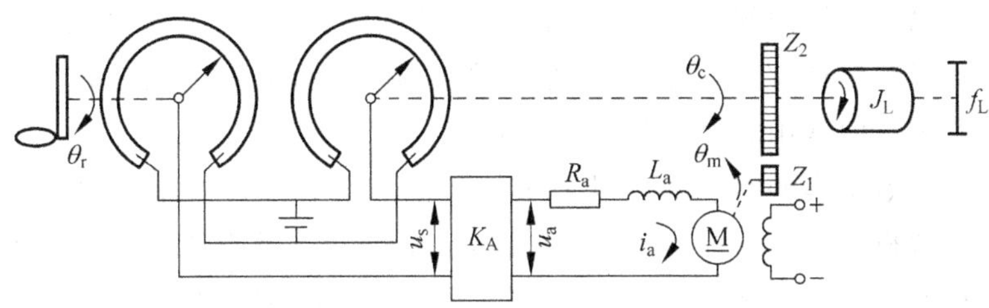

图 P1-6　角位置随动系统

答　(1) 工作原理：闭环控制。

只要工作机械转角 θ_c 与手柄转角 θ_r 一致，两环形电位器组成的桥式电路处于平衡状态，无电压输出。此时表示跟踪无偏差，电动机不动，系统静止。

如果手柄转角 θ_r 变化了，则电桥输出偏差电压，经放大器驱动电动机转动。通过减速器拖动工作机械向 θ_r 要求的方向偏转。当 $\theta_c=\theta_r$ 时，系统达到新的平衡状态，电动机停转，从而实现角位置的跟踪目的。

(2) 系统的被控对象是工作机械，被控量是工作机械的角位置，给定量是手柄的角位移。控制装置的各部分功能元件分别是：手柄完成给定，电桥完成检测与比较，电动机和减速器完成执行功能。

系统方框图如图 1-10 所示。

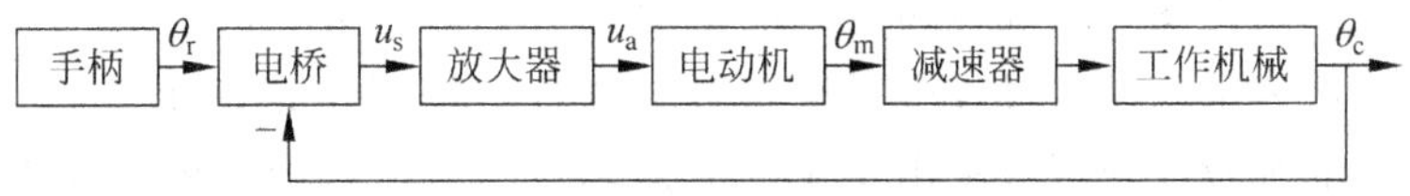

图 1-10　位置随动系统方框图

第2章 控制系统的数学模型

2.1 内容提要

(1) 数学模型

自动控制系统的分析与设计是建立在数学模型基础上的。数学模型是描述系统内部各物理量之间动态关系的数学表达式。数学模型的形式可以有多种，在经典控制理论中常用的是微分方程和差分方程，在现代控制理论中常用的是状态空间表达式。

数学模型的求取可以采用解析法和统计法。本章主要介绍解析法。用解析法建立系统的数学模型时，应根据元件及系统的特点和连接关系，按照它们所遵循的物理规律，抓住主要矛盾，忽略次要因素，列写各物理量之间关系的数学表达式，使所建立的数学模型既正确又简单。

(2) 传递函数

传递函数是为方便进行系统分析所引出的数学模型的另外一种形式。由它的定义可知，传递函数只适合于线性连续系统。

(3) 传递函数的求取

传递函数的求取方法有三种：

① 利用传递函数的定义；

② 利用结构图等效变换；

③ 利用信号流图。

利用传递函数的定义求解传递函数，主要适合于求典型环节传递函数的情况。

结构图是系统传递函数的图形化表示。它最大的优点是可以形象直观地表示出动态过程中系统各环节的数学模型及其相互关系。通过结构图的等效变换可以求出系统的传递函数。由结构图等效变换求解传递函数，主要是调整相加点和分支点的位置，将其化为三种典型的连接形式，即串联、并联和反馈连接，从而求得系统或环节的传递函数。应注意的是，变换过程中相加点和分支点之间一般不宜相互变换位置。

信号流图也是一种用图形表示线性系统方程组的方法。信号流图与结构图在本质上是一样的，只是形式上不同。其中需要重点掌握的术语有前向通路、回环、不接触回环等。它的最大优点是通过梅逊增益公式可以很方便快捷地求出系统的传递函数。使用这种方法的关键在于对系统回环的判断是否正确。

(4) 非线性数学模型的线性化

本章介绍的是利用小偏差线性化方法对非线性系统进行线性化处理。这种方法就是将一个非线性函数在其工作点处展开成泰勒级数，然后略去二次以上的高阶项，得到线性化方程，用来代替原来的非线性函数。此种方法适合于非本质非线性系统。

2.2　习题与解答

题 2-13　试求出图 P2-1 中各电路的传递函数 $W(s)=U_c(s)/U_r(s)$。

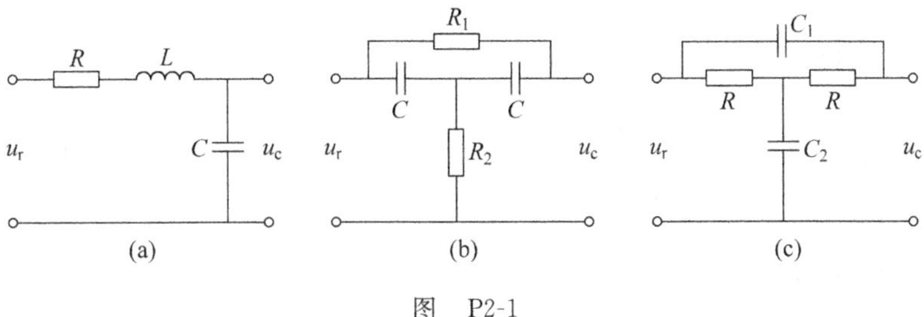

图　P2-1

解　(1) 由图 P2-1(a)所示电路可得

$$W(s)=\frac{U_c(s)}{U_r(s)}=\frac{\dfrac{1}{Cs}}{R+Ls+\dfrac{1}{Cs}}=\frac{1}{LCs^2+CRs+1}$$

(2) 根据△/Y变换，将图 P2-1(b)电路变换为如图 2-1 所示电路，其中，

$$Z_1=\frac{\dfrac{R_1}{Cs}}{R_1+\dfrac{2}{Cs}}=\frac{R_1}{CR_1s+2}$$

$$Z_2=\frac{\dfrac{1}{C^2s^2}}{R_1+\dfrac{2}{Cs}}=\frac{1}{C^2R_1s^2+2Cs}=\frac{1}{Cs(CR_1s+2)}$$

由图 2-1 所示的电路可得

$$W(s)=\frac{U_c(s)}{U_r(s)}=\frac{Z_2+R_2}{Z_1+Z_2+R_2}=\frac{R_1R_2C^2s^2+2R_2Cs+1}{R_1R_2C^2s^2+C(R_1+2R_2)s+1}$$

(3) 由△/Y变换得到如图 2-2 所示电路,其中

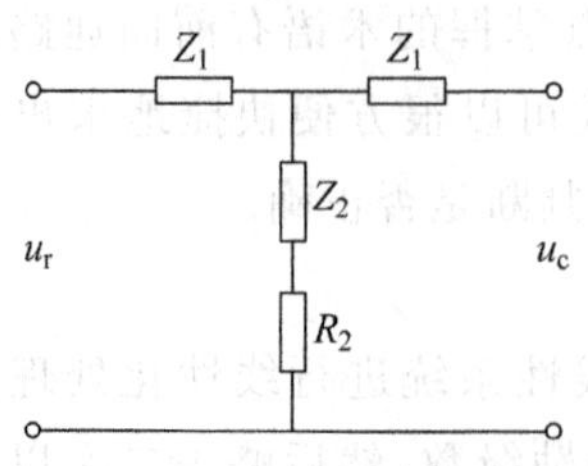

图 2-1 图 P2-1(b)的等效电路

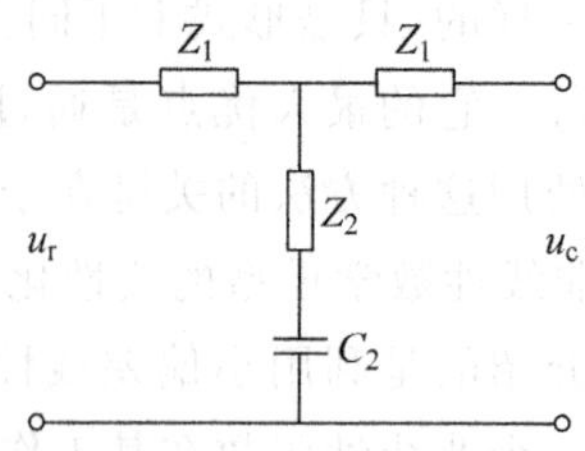

图 2-2 图 P2-1(c)的等效电路

$$Z_1=\frac{\frac{R}{C_1 s}}{2R+\frac{1}{C_1 s}}=\frac{R}{2RC_1 s+1}$$

$$Z_2=\frac{R^2}{2R+\frac{1}{C_1 s}}=\frac{C_1 R^2 s}{2RC_1 s+1}$$

由图 2-2 可得

$$W(s)=\frac{U_c(s)}{U_r(s)}=\frac{Z_2+\frac{1}{C_2 s}}{Z_1+Z_2+\frac{1}{C_2 s}}=\frac{C_1 C_2 R^2 s^2+2RC_1 s+1}{C_1 C_2 R^2 s^2+(C_2+2C_1)Rs+1}$$

题 2-14 试求出图 P2-2 中各有源网络的传递函数 $W(s)=U_c(s)/U_r(s)$。

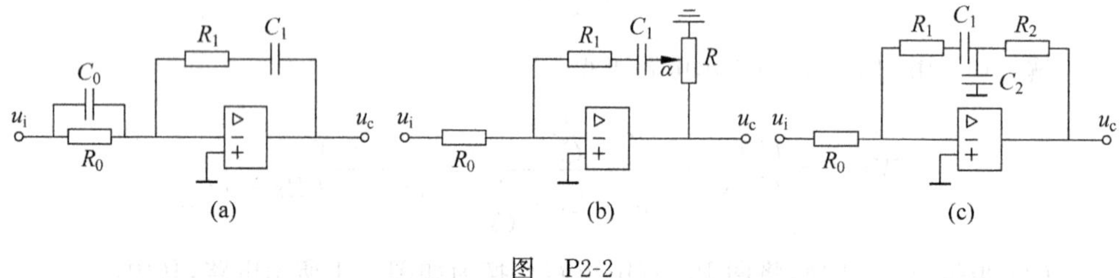

图 P2-2

解 (a) 根据运放电路的"虚地"概念可得

$$W(s)=\frac{U_c(s)}{U_r(s)}=-\frac{R_1+\frac{1}{C_1 s}}{R_0 /\!/ \frac{1}{C_0 s}}=-\frac{\frac{R_1 C_1 s+1}{C_1 s}}{\frac{\frac{R_0}{C_0 s}}{R_0+\frac{1}{C_0 s}}}=-\frac{(R_1 C_1 s+1)(R_0 C_0 s+1)}{R_0 C_1 s}$$

(b) 设电阻 R 的滑动端位置为 α,根据运放电路的"虚地"概念有

$$-\frac{U_r(s)}{R_0}=\frac{U_c(s)}{(1-\alpha)R+\left(R_1+\frac{1}{C_1 s}\right)/\!/ \alpha R}\cdot\frac{\alpha R}{R_1+\frac{1}{C_1 s}+\alpha R}$$

因此

$$W(s)=\frac{U_c(s)}{U_r(s)}$$

$$=-\frac{1}{R_0\alpha R}\frac{R_1C_1s+1+\alpha RC_1s}{C_1s}\left[(1-\alpha)R+\frac{(R_1C_1s+1)\alpha R}{R_1C_1s+1+\alpha RC_1s}\right]$$

$$=-\frac{1}{\alpha R_0C_1s}[(R_1C_1s+1+\alpha RC_1s)(1-\alpha)+\alpha(R_1C_1s+1)]$$

$$=-\frac{1}{\alpha R_0C_1s}[R_1C_1s+1+\alpha RC_1s-\alpha^2RC_1s]$$

$$=-\frac{R_1C_1s+\alpha(1-\alpha)RC_1s+1}{\alpha R_0C_1s}$$

$$=-\frac{[R_1+\alpha(1-\alpha)R]C_1s+1}{\alpha R_0C_1s}$$

当 $R\gg1$，即将其看作是分压器时，则有

$$\frac{-\alpha U_c(s)}{U_r(s)}=\frac{R_1+\frac{1}{sc_1}}{R_0}$$

所以

$$W(s)=\frac{U_c(s)}{U_r(s)}=-\frac{R_1C_1s+1}{\alpha R_0C_1s}$$

(c) 与上题同理，得

$$-\frac{U_r(s)}{R_0}=\frac{U_c(s)}{R_2+\left(R_1+\frac{1}{C_1s}\right)//\frac{1}{C_2s}}\cdot\frac{\frac{1}{C_2s}}{R_1+\frac{1}{C_1s}+\frac{1}{C_2s}}$$

$$\frac{U_c(s)}{U_r(s)}=-\frac{1}{R_0}\left(R_2+\frac{R_1C_1s+1}{C_2s(R_1C_1s+1)+C_1s}\right)\frac{R_1C_1C_2s+C_2+C_1}{C_1}$$

$$=-\frac{1}{R_0C_1s}\frac{R_2s(R_1C_1C_2s+C_1+C_2)+R_1C_1s+1}{R_1C_1C_2s+C_1+C_2}\cdot(R_1C_1C_2s+C_2+C_1)$$

所以

$$W(s)=\frac{U_c(s)}{U_r(s)}=-\frac{R_1R_2C_1C_2s^2+(R_1C_1+R_2C_2+R_2C_1)s+1}{R_0C_1s}$$

题 2-15　求图 P2-3 所示各机械运动系统的传递函数。

(1) 求图(a)的$\frac{X_c(s)}{X_r(s)}=?$　　(2) 求图(b)的$\frac{X_c(s)}{X_r(s)}=?$

(3) 求图(c)的$\frac{X_2(s)}{X_1(s)}=?$　　(4) 求图(c)的$\frac{X_1(s)}{F(s)}=?$

解　(1) 设外力为 $f(t)$，中间变量为 $x_1(t)$(如图 2-3 所示)，由力学定律可写出下列方程组

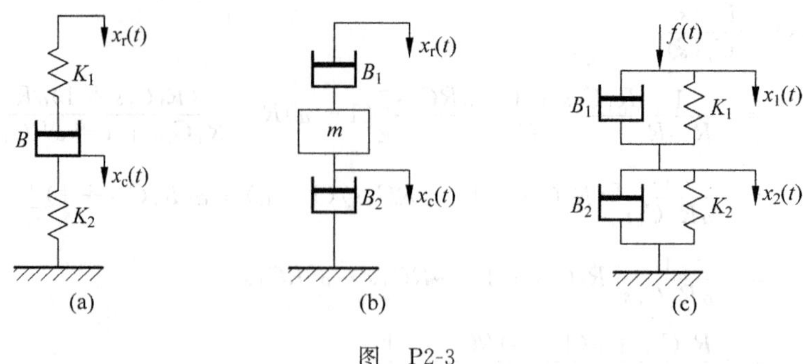

图 P2-3

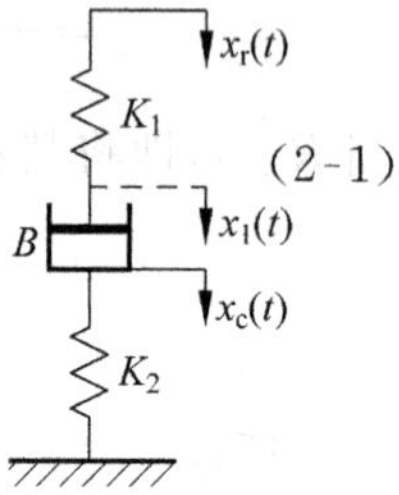

$$\begin{cases} K_1[x_r(t)-x_1(t)]=f(t) \\ B\dfrac{d[x_1(t)-x_c(t)]}{dt}=f(t) \\ K_2x_c(t)=f(t) \\ x_r(t)=[x_r(t)-x_1(t)]+[x_1(t)-x_c(t)]+x_c(t) \end{cases} \tag{2-1}$$

在零初始条件下，对方程组(2-1)进行拉普拉斯变换，得

$$\begin{cases} K_1[X_r(s)-X_1(s)]=F(s) \\ Bs[X_1(s)-X_c(s)]=F(s) \\ K_2X_c(s)=F(s) \\ X_r(s)=[X_r(s)-X_1(s)]+[X_1(s)-X_c(s)]+X_c(s) \end{cases} \tag{2-2}$$

图 2-3　题 2-15(1)图

整理得

$$\frac{X_c(s)}{X_r(s)}=\frac{1}{\dfrac{K_2}{K_1}+\dfrac{K_2}{Bs}+1}=\frac{BK_1s}{B(K_1+K_2)s+K_1K_2}$$

(2) 设外力为 $f(t)$，由力学定律得

$$\begin{cases} f(t)=B_1\dfrac{d[x_r(t)-x_c(t)]}{dt} \\ f(t)-B_2\dfrac{dx_c(t)}{dt}=m\dfrac{d^2x_c(t)}{dt^2} \end{cases} \tag{2-3}$$

假设初始条件为零，对方程组(2-3)进行拉普拉斯变换，得

$$\begin{cases} F(s)=B_1s[X_r(t)-X_c(t)] \\ F(s)-B_2sX_c(s)=ms^2X_c(s) \end{cases} \tag{2-4}$$

消去中间变量 $F(s)$，得

$$\frac{X_c(s)}{X_r(s)}=\frac{B_1s}{s(ms+B_1+B_2)}$$

(3) 由力学定律，有

$$\begin{cases} f(t)=B_1\dfrac{d[x_1(t)-x_2(t)]}{dt}+K_1[x_1(t)-x_2(t)] \\ f(t)=B_2\dfrac{dx_2(t)}{dt}+K_2x_2(t) \end{cases} \tag{2-5}$$

在零初始条件下，对方程组(2-5)进行拉普拉斯变换，得

$$\begin{cases} F(s) = B_1 s[X_1(s) - X_2(s)] + K_1[X_1(s) - X_2(s)] \\ F(s) = B_2 s X_2(s) + K_2 X_2(s) \end{cases} \tag{2-6}$$

消去中间变量 $F(s)$，得

$$\frac{X_2(s)}{X_1(s)} = \frac{B_1 s + K_1}{(B_1 + B_2)s + K_1 + K_2}$$

(4) 同理可以列出方程组，如式(2-6)所示。消去中间变量 $X_2(s)$，整理得

$$\frac{X_1(s)}{F(s)} = \frac{(B_1 + B_2)s + K_1 + K_2}{(B_1 s + K_1)(B_2 s + K_2)}$$

题 2-16　如图 P2-4 所示为一个带阻尼的质量弹簧系统，求其数学模型。

解　设输入量为 $x(t) = F$，位移输出量为 $y(t) = s$。由牛顿定律得

$$F = F_m + F_f + F_k$$

式中，F 为外作用力，F_m 为质量力，F_f 为阻尼力，F_k 为弹性力，它们分别为

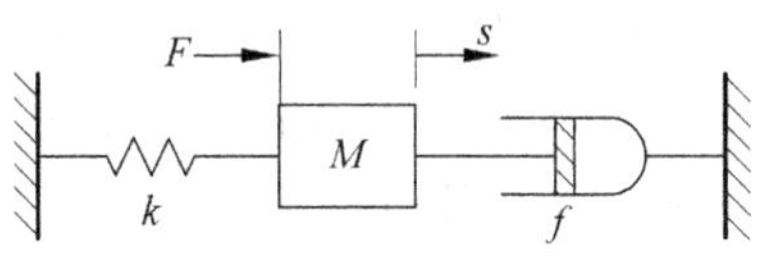

图 P2-4　带阻尼的质量弹簧系统

$$F_f = f\frac{ds}{dt}, \quad F_k = ks, \quad F_m = M\frac{d^2 s}{dt^2}$$

代入力平衡方程式后得

$$F = M\frac{d^2 s}{dt^2} + f\frac{ds}{dt} + ks$$

式中，f 为阻尼系数，k 为弹性系数，M 为质量。令 $T_1 = M/f$，$T_2 = f/k$，$K = 1/k$，并将 $x(t)$，$y(t)$ 代入上式得该机械运动系统的数学模型为

$$T_1 T_2 \frac{d^2 y(t)}{dt^2} + T_2 \frac{dy(t)}{dt} + y(t) = Kx(t)$$

题 2-17　图 P2-5 所示为一齿轮传动系统。设此机构无间隙、无变形。

(1) 列出以力矩 M_r 为输入量，转角 θ_3 为输出量的运动方程式，并求其传递函数。

(2) 列出以力矩 M_r 为输入量，转角 θ_1 为输出量的运动方程式，并求其传递函数。

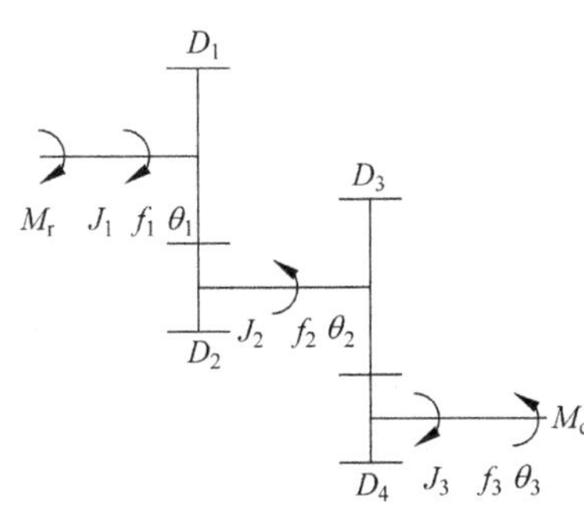

图　P2-5

解　设各传动部件的转矩分别为 M_1、M_2、M_3 和 M_4。

(1) 列出以力矩 M_r 为输入量和以转角 θ_3 为输出量的各传动轴的运动方程式。根据机械传动系统中力矩之间的平衡关系，有

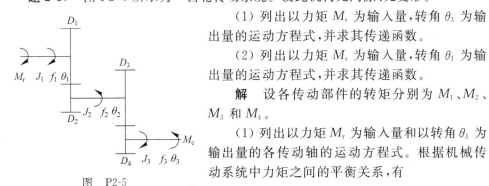

$$\begin{cases} J_1 \dfrac{d^2\theta_1}{dt^2} + f_1 \dfrac{d\theta_1}{dt} + M_1 = M_r \\ J_2 \dfrac{d^2\theta_2}{dt^2} + f_2 \dfrac{d\theta_2}{dt} + M_3 = M_2 \\ J_3 \dfrac{d^2\theta_3}{dt^2} + f_3 \dfrac{d\theta_3}{dt} + M_c = M_4 \end{cases} \tag{2-7}$$

依据齿轮之间功的关系可知

$$\begin{cases} M_1\theta_1 = M_2\theta_2 \\ \dfrac{\theta_1}{\theta_2} = \dfrac{D_2}{D_1} = i_1 \end{cases} \Rightarrow \quad M_2 = i_1 M_1 \tag{2-8}$$

同理可知

$$M_4 = i_2 M_3 \tag{2-9}$$

消去式(2-7)中的中间变量 θ_1、θ_2、M_1、M_2、M_3 和 M_4，并且将转动惯量和黏性摩擦系数折合到输出轴上，即为

$$J_{3\Sigma}\frac{\mathrm{d}^2\theta_3}{\mathrm{d}t^2} + f_{3\Sigma}\frac{\mathrm{d}\theta_3}{\mathrm{d}t} = M_{3\Sigma} - M_c \tag{2-10}$$

式中，$J_{3\Sigma}=J_3+i_2^2J_2+i_1^2i_2^2J_1$；$f_{3\Sigma}=f_3+i_2^2f_2+i_1^2i_2^2f_1$；$M_{3\Sigma}=i_1i_2M_r$。它们分别称为齿轮传动装置折合到输出轴上的等效转动惯量、等效黏性摩擦系数和等效力矩。

设初始条件为零，并取式(2-10)的拉普拉斯变换，得齿轮传动系统的传递函数为

$$\frac{\Theta_3(s)}{M_{3\Sigma}(s) - M_c(s)} = \frac{1}{[(sJ_{3\Sigma}/f_{3\Sigma})+1]f_{3\Sigma}s} \tag{2-11}$$

令 $f_{3\Sigma}=\tau$，$\dfrac{J_{3\Sigma}}{f_{3\Sigma}}=T$，则式(2-11)改写为

$$\frac{\Theta_3(s)}{M_{3\Sigma}(s) - M_c(s)} = \frac{1}{(Ts+1)\tau s} \tag{2-12}$$

系统的方框图如图 2-4 所示。

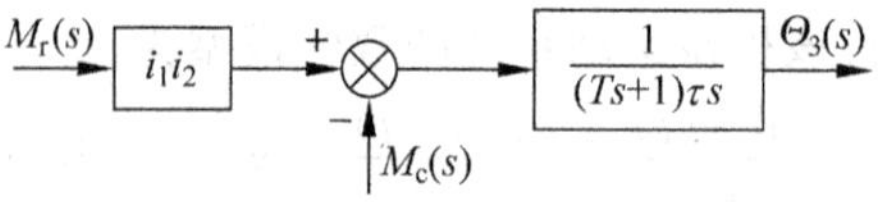

图 2-4 题 2-17 系统的方框图(1)

(2) 同理，如果把齿轮传动系统的各级转动惯量、黏性摩擦系数及负载力矩折合到输入轴上，则有

$$J_{1\Sigma}\frac{\mathrm{d}^2\theta_1}{\mathrm{d}t^2} + f_{1\Sigma}\frac{\mathrm{d}\theta_1}{\mathrm{d}t} + \frac{1}{i_1i_2}M_c = M_r \tag{2-13}$$

式中，$J_{1\Sigma}=J_1+\dfrac{J_2}{i_1^2}+\dfrac{J_3}{i_1^2i_2^2}$；$f_{1\Sigma}=f_1+\dfrac{f_2}{i_1^2}+\dfrac{f_3}{i_1^2i_2^2}$。它们分别为折合到输入轴上的等效转动惯量和等效黏性摩擦系数。系统的传递函数为

$$\frac{\Theta_1(s)}{M_r(s) - \dfrac{1}{i_1i_2}M_c(s)} = \frac{1}{(T_1s+1)\tau_1 s} \tag{2-14}$$

式中，$T_1=J_{1\Sigma}/f_{1\Sigma}$；$\tau_1=f_{1\Sigma}$。

系统的方框图如图 2-5 所示。

题 2-18 图 P2-6 所示为一磁场控制的直流电动机。设工作时电枢电流不变，

控制电压加在励磁绕组上，输出为电机位移，求传递函数 $W(s)=\dfrac{\Theta(s)}{U_r(s)}$。

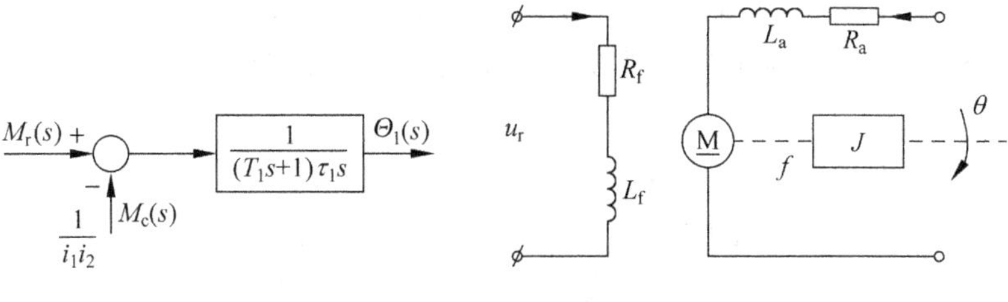

图 2-5　题 2-17 系统的方框图(2)　　　　图　P2-6

解　设电机励磁回路电流为 i_f，电机电枢回路电流为 I_a。由题意，根据电机学和电路理论有

$$\begin{cases} u_r(t)=R_f i_f(t)+L_f\dfrac{di_f(t)}{dt} \\ M(t)=C_m\varphi(t)I_a=C_mK_1i_f(t)I_a=J\dfrac{d^2\theta(t)}{dt^2}+f\dfrac{d\theta(t)}{dt} \end{cases} \tag{2-15}$$

对式(2-15)取零初始条件下的拉普拉斯变换，得

$$\begin{cases} U_r(s)=(R_f+L_fs)I_f(s) \\ M(s)=C_mK_1I_aI_f(s)=K_mI_f(s)=(Js^2+fs)\Theta(s) \end{cases} \tag{2-16}$$

式中，$K_m=C_mK_1I_a$。

整理得

$$W(s)=\frac{\Theta(s)}{U_r(s)}=\frac{K_mI_f(s)}{(Js^2+fs)}\cdot\frac{1}{(R_f+L_fs)I_f(s)}=\frac{K_m}{(Js^2+fs)(R_f+L_fs)}$$

题 2-19　图 P2-7 所示为一用作放大器的直流发电机，原电机以恒定转速运行。试确定传递函数 $\dfrac{U_c(s)}{U_r(s)}=W(s)$，假设不计发电机的电枢电感和电阻。

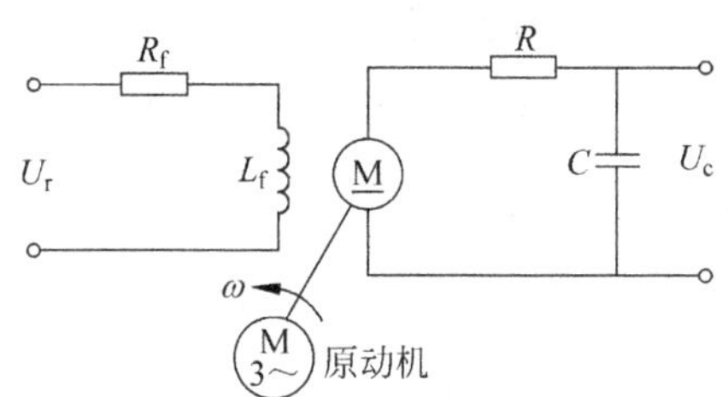

图　P2-7

解　设励磁回路电流为 i_f，发电机两端电压为 e_g，根据基尔霍夫定律有

$$\begin{cases} u_r(t)=R_fi_f(t)+L_f\dfrac{di_f(t)}{dt} \\ e_g(t)=K_fi_f(t) \\ e_g(t)=RC\dfrac{du_c(t)}{dt}+u_c(t) \end{cases} \tag{2-17}$$

对式(2-17)取零初始条件下的拉普拉斯变换，得

$$\begin{cases} U_r(s)=(R_f+L_fs)I_f(s) \\ E_g(s)=K_fI_f(s) \\ E_g(s)=(RCs+1)U_c(s) \end{cases} \tag{2-18}$$

整理得

$$W(s)=\frac{U_c(s)}{U_r(s)}=\frac{K_f I_f(s)}{RCs+1}\cdot\frac{1}{(R_f+L_f s)I_f(s)}=\frac{K_f}{(RCs+1)(R_f+L_f s)}$$

题 2-20 图 P2-8 所示为串联液位系统，求其数学模型。

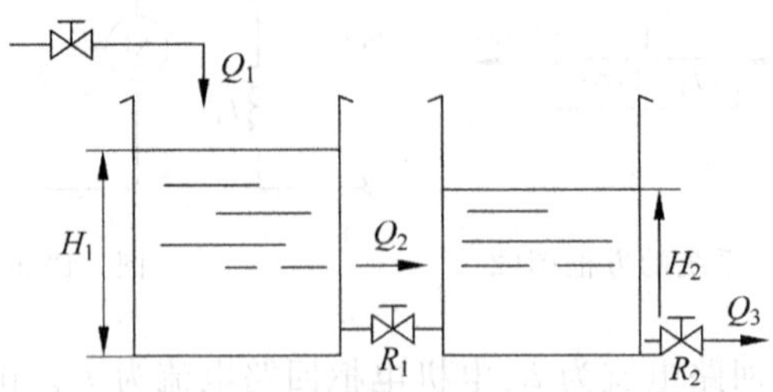

图 P2-8 串联液位系统

解 设流入量为 Q_1，流出量为 Q_2 与 Q_3。液位高度分别为 H_1 与 H_2，阀门阻力分别为 R_1 与 R_2，系统的输入量是 Q_1，输出量为 H_2，由物料平衡方程可得

$$Q_1-Q_2=A_1\frac{\mathrm{d}H_1}{\mathrm{d}t},\quad Q_2-Q_3=A_2\frac{\mathrm{d}H_2}{\mathrm{d}t}$$

由液位与阀门阻力之间的关系可得（近似线性）

$$Q_2=\frac{1}{R_1}(H_1-H_2),\quad Q_3=\frac{1}{R_2}H_2$$

式中，H_1 为第一水槽液位；A_1 为第一水槽截面积；H_2 为第二水槽液位；A_2 为第二水槽截面积；R_1 为第一水槽与第二水槽阀门阻系数；R_2 为第二水槽阀门阻系数。

联立上述方程，消去中间变量 Q_2、Q_3、H_1，得水槽液位系统的数学表达式，即串联液位系统的数学模型为

$$A_1R_1A_2R_2\frac{\mathrm{d}^2H_2}{\mathrm{d}t^2}+(A_1R_1+A_2R_2+A_1R_2)\frac{\mathrm{d}H_2}{\mathrm{d}t}+H_2=R_2Q_1$$

进一步整理得

$$T_1T_2\frac{\mathrm{d}^2H_2}{\mathrm{d}t^2}+(T_1+T_2+T_3)\frac{\mathrm{d}H_2}{\mathrm{d}t}+H_2=KQ_1$$

式中，$T_1=A_1R_1$ 是第一水槽时间常数；$T_2=A_2R_2$ 是第二水槽时间常数；$T_3=A_1R_2$ 是串联槽相关时间常数；$K=R_2$ 是静态放大倍数。

题 2-21 一台生产过程设备由液容为 C_1 和 C_2 的两个液箱所组成，如图 P2-9 所示。图中 $\bar{Q}$ 为稳态液体流量($\mathrm{m^3/s}$)，q_1 为液箱 1 输入流量对稳态值的微小变化($\mathrm{m^3/s}$)，q_2 为液箱 1 到液箱 2 流量对稳态值的微小变化($\mathrm{m^3/s}$)，q_3 为液箱 2 输出流量对稳态值的微小变化($\mathrm{m^3/s}$)，$\overline{H}_1$ 为液箱 1 的稳态液面高度(m)，h_1 为液箱 1 液面高度对其稳态值的微小变化(m)，$\overline{H}_2$ 为液箱 2 的稳态液面高度(m)，h_2 为液箱 2 液面高度对其稳态值的微小变化(m)，R_1 为液箱 1 输出管的液阻($\mathrm{m/(m^3/s)}$)，R_2 为液箱 2 输出管的液阻($\mathrm{m/(m^3/s)}$)。

(1) 试确定以 q_1 为输入量、q_3 为输出量时该液面系统的传递函数；

(2) 试确定以 q_1 为输入，以 h_2 为输出时该液面系统的传递函数。(提示：流量(Q)＝液高(H)/液阻(R)，液箱的液容等于液箱的横截面积，液阻(R)＝液面差变化(h)/流量变化(q)。)

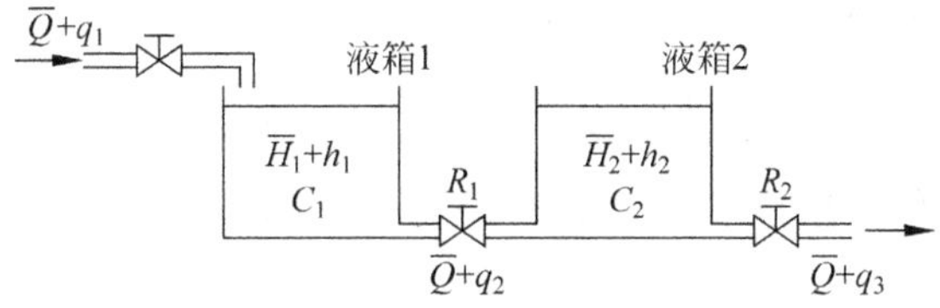

图 P2-9　液面系统

解　在该问题中，两个液箱相互影响。液阻 R_1 连接液箱 1 和液箱 2，根据液阻的定义，有 $R_1=(h_1-h_2)/q_2$。对于 R_2，则有 $R_2=h_2/q_3$。在微小的时间间隔 $\mathrm{d}t$ 内，液箱内液体的增量等于输入量减去输出量，因此对于液箱 1 有

$$C_1\mathrm{d}h_1=(q_1-q_2)\mathrm{d}t \quad 即 \quad C_1\frac{\mathrm{d}h_1}{\mathrm{d}t}=q_1-q_2$$

对于液箱 2，则有

$$C_2\mathrm{d}h_2=(q_2-q_3)\mathrm{d}t \quad 即 \quad C_2\frac{\mathrm{d}h_2}{\mathrm{d}t}=q_2-q_3$$

(1) 当以 q_1 为输入量，q_3 为输出量时，上述各式在零初始条件下取拉普拉斯变换，并消去中间变量 h_1、h_2 和 q_2，则得到所求的传递函数

$$G(s)=\frac{Q_3(s)}{Q_1(s)}=\frac{1}{R_1C_1R_2C_2s^2+(R_1C_1+R_2C_2+R_2C_1)s+1}$$

(2) 当以 q_1 为输入量，h_2 为输出量时，上述各式在零初始条件下取拉普拉斯变换，并消去中间变量 h_1、q_2 和 q_3，可以求得传递函数

$$G(s)=\frac{H_2(s)}{Q_1(s)}=\frac{R_2}{R_1C_1R_2C_2s^2+(R_1C_1+R_2C_2+R_2C_1)s+1}$$

题 2-22　图 P2-10 所示为一个电加热器的示意图。该加热器的输入量为加热电压 u_t，输出量为加热器内的温度 T_o，q_i 为加到加热器的热量，q_o 为加热器向外散发的热量，T_i 为加热器周围的温度。设加热器的热阻和热容已知，试求加热器的传递函数 $G(s)=T_\mathrm{o}(s)/U_\mathrm{t}(s)$。

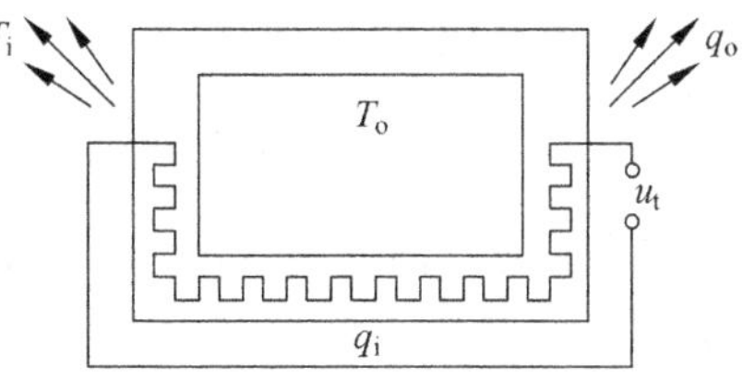

图 P2-10　电加热器示意图

解　电加热器为热力系统中常见的被控对象之一。电加热器的热容 C 表示单位温度变化所需热量的变化，代表加热器的蓄热能力，即

$$C=储存热量的变化量/温度的变化量$$

根据热容的定义和热平衡原理，在时间 $\mathrm{d}t$ 内供给加热器的热量 $(q_\mathrm{i}-q_\mathrm{o})\mathrm{d}t$ 应与其温度变化所需热量平衡，即 $C\mathrm{d}T_\mathrm{o}=(q_\mathrm{i}-q_\mathrm{o})\mathrm{d}t$。而加热器向外散发的热量与其内外的温差成正比，即 $q_\mathrm{o}=(T_\mathrm{o}-T_\mathrm{i})/R$，式中 R 为热阻，两种物质之间的热阻定义为温

差的变化量与热量的变化量之比。电加热器通过电阻丝通电发热产生热量使温度变化，电阻通电发热的关系可近似为比例关系，即 $q_i = K_t u_t$。

综合以上各式，并考虑到其中的变量 q_i 和 T_o 都是增量，因而可以去掉常数项 T_i。这样可得该电加热器的微分方程式

$$RC\frac{dT_o}{dt} + T_o = K_t R u_t$$

对上式在零初始条件下取拉普拉斯变换，并令 $T = RC, K = K_t R$，可得传递函数

$$G(s) = \frac{T_o(s)}{U_t(s)} = \frac{K}{Ts + 1}$$

题 2-23 热交换器如图 P2-11 所示，利用夹套中的蒸汽加热罐中的液体。设夹套中的蒸汽的温度为 T_i；输入到罐中液体的流量为 Q_1，温度为 T_1；由罐内输出的液体的流量为 Q_2，温度为 T_2；罐内液体的体积为 V，温度为 T_0(由于有搅拌作用，可以认为罐内液体的温度是均匀的)，并且假设 $T_2 = T_0, Q_2 = Q_1 = Q$(Q 为液体的流量)。求当以夹套蒸汽温度的变化为输入量、以流出液体的温度变化为输出量时系统的传递函数(设流入液体的温度保持不变)。

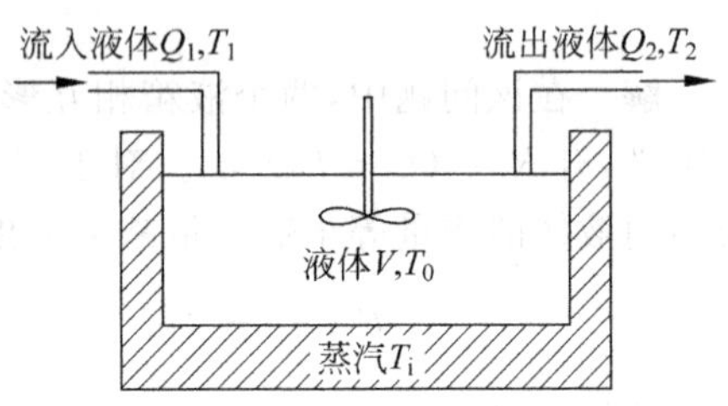

图 P2-11 热交换器示意图

解 根据热传导原理，输入罐内的热量与罐中液体的温度变化率成正比。于是可得热交换器的热平衡方程如下

$$\rho cV\frac{dT_2}{dt} = \rho cQ(T_1 - T_2) + SH(T_i - T_2)$$

式中，ρ 为罐内液体密度，c 为液体的比热，S 为夹套与罐壁的传热面积，H 为传热系数。

由于要研究的是温度变化，式中 T_i 和 T_2 都代表增量，因此常量 T_1 可以略去，上式可以改写成

$$\rho cV\frac{dT_2}{dt} + (\rho cQ + SH)T_2 = SHT_i$$

所以以夹套蒸汽温度的变化为输入量、以流出液体温度的变化为输出量的系统的传递函数为

$$G(s) = \frac{T_2(s)}{T_i(s)} = \frac{SH}{\rho cVs + \rho cQ + SH}$$

题 2-24 已知一系统由如下方程组组成，试绘制系统方框图，并求出闭环传递函数。

$$X_1(s) = X_r(s)W_1(s) - W_1(s)[W_7(s) - W_8(s)]X_c(s)$$

$$X_2(s) = W_2(s)[X_1(s) - W_6(s)X_3(s)]$$

$$X_3(s) = [X_2(s) - X_c(s)W_5(s)]W_3(s)$$

$$X_c(s) = W_4(s)X_3(s)$$

解　分别画出每个子方程的结构图，并按照信号的传递顺序将各个子方程的结构图连接起来，可得图 2-6 所示的系统结构图。

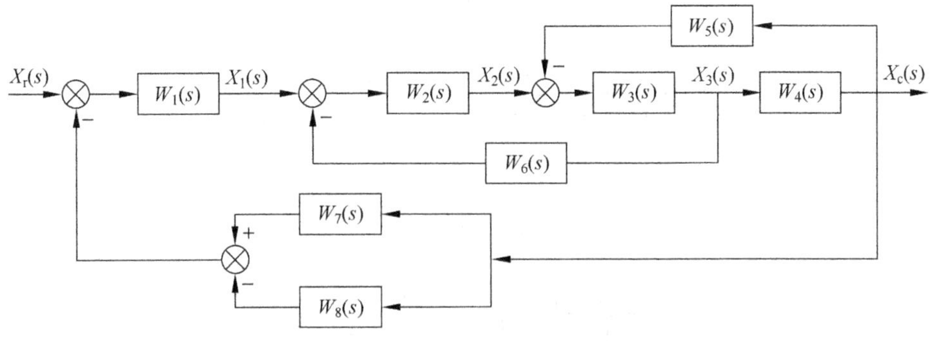

图 2-6　题 2-24 系统的方框图

用结构图的等效变换法求传递函数，等效后系统的方框图如图 2-7 所示。

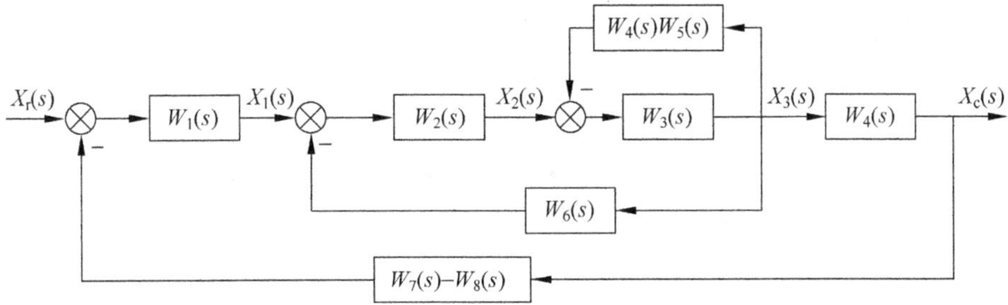

图 2-7　题 2-24 系统等效的方框图

从而得到传递函数

$$W_B = \frac{W_1W_2W_3W_4}{1+W_2W_3W_6+W_3W_4W_5+W_1W_2W_3W_4(W_7-W_8)}$$

题 2-25　试分别化简图 P2-12 和图 P2-13 所示结构图，并求出相应的传递函数。

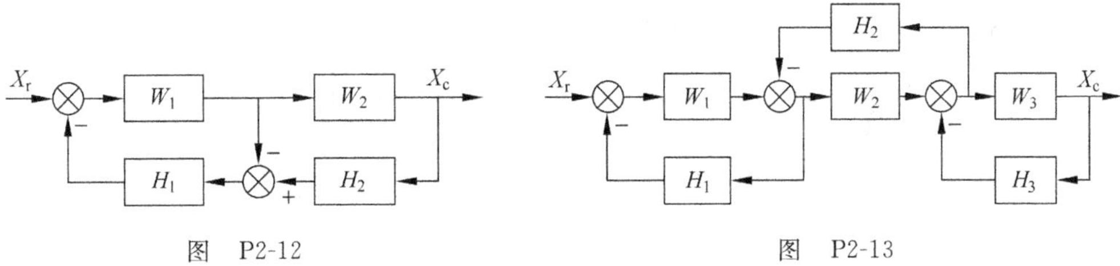

图　P2-12　　　　图　P2-13

解　(1) 对图 P2-12 进行等效变换，如图 2-8 所示。

从而得到传递函数

$$W(s) = \frac{W_1W_2}{1-H_1W_1+W_1W_2H_1H_2}$$

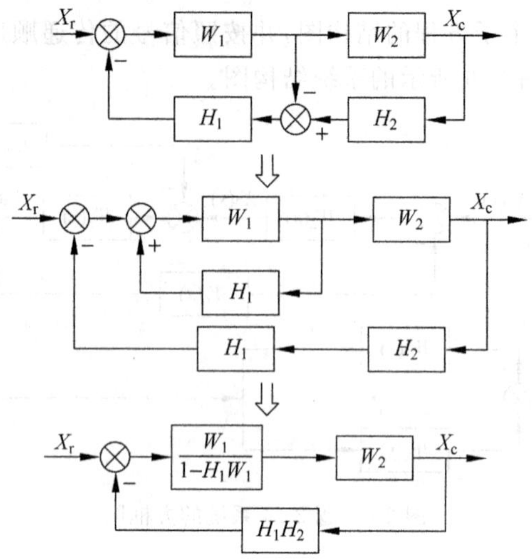

图 2-8　图 P2-12 的等效方框图

(2) 对图 P2-13 进行等效变换，见图 2-9。

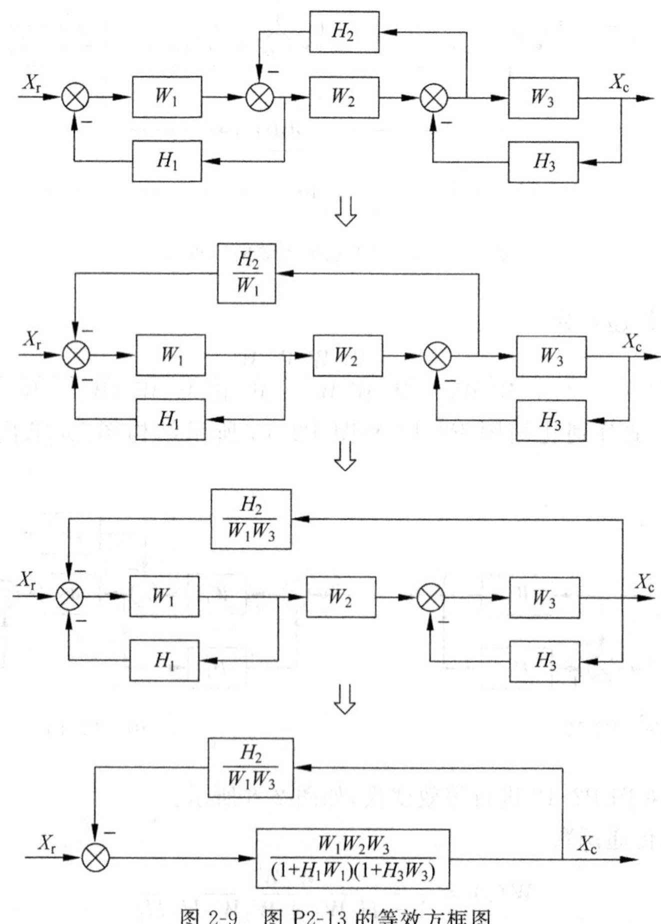

图 2-9　图 P2-13 的等效方框图

所以传递函数为

$$W(s)=\frac{W_1W_2W_3}{1+W_1H_1+W_2H_2+W_3H_3+W_1W_3H_1H_3}$$

题 2-26　求如图 P2-14 所示系统的传递函数：(1)$W_1(s)=\frac{X_c(s)}{X_r(s)}$，(2)$W_2(s)=\frac{X_c(s)}{X_N(s)}$。

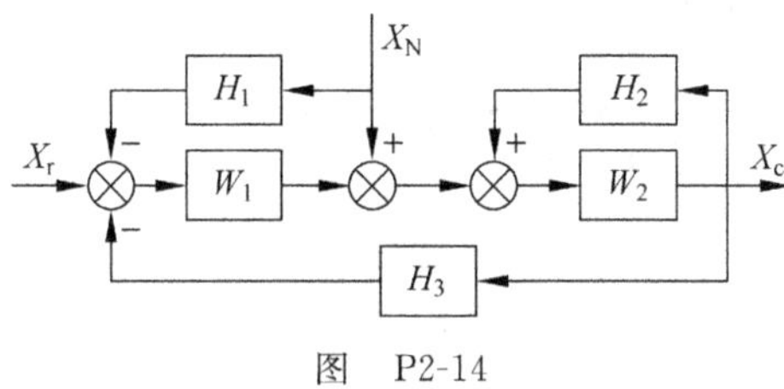

图　P2-14

解　(1) 令 $X_N(s)=0$，可将图 P2-14 化简，见图 2-10。

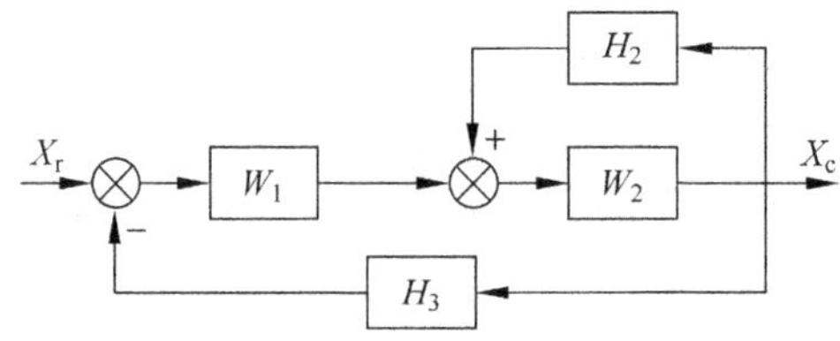

图 2-10　题 2-26(1)的等效方框图

所以

$$W_1(s)=\frac{X_c(s)}{X_r(s)}=\frac{W_1W_2}{1-W_2H_2+W_1W_2H_3}$$

(2) 令 $X_r(s)=0$，图 P2-14 的化简过程如图 2-11 所示。

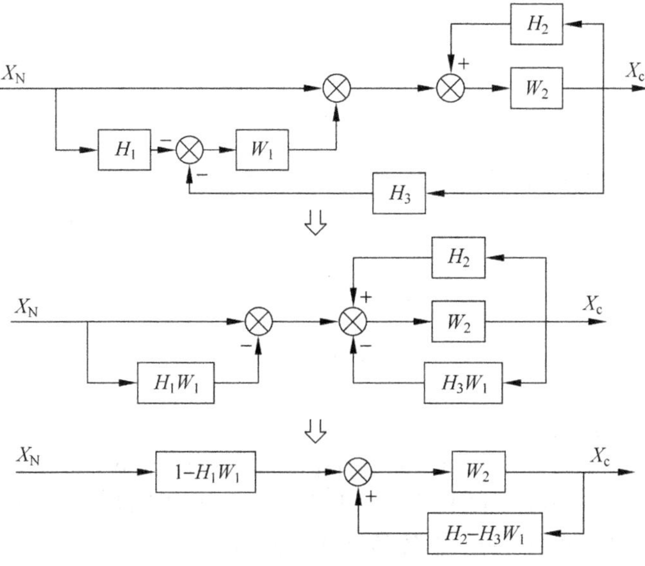

图 2-11　题 2-26(2)的系统方框图

所以

$$W_2(s)=\frac{X_c(s)}{X_N(s)}=\frac{W_2-W_1W_2H_1}{1-W_2H_2+W_1W_2H_3}$$

题 2-27　求如图 P2-15 所示系统的传递函数。

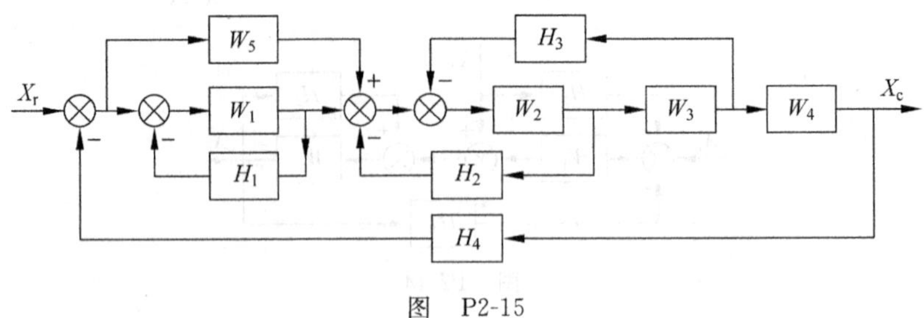

图　P2-15

解　用结构图等效变换法求解,化简过程如图 2-12 所示。

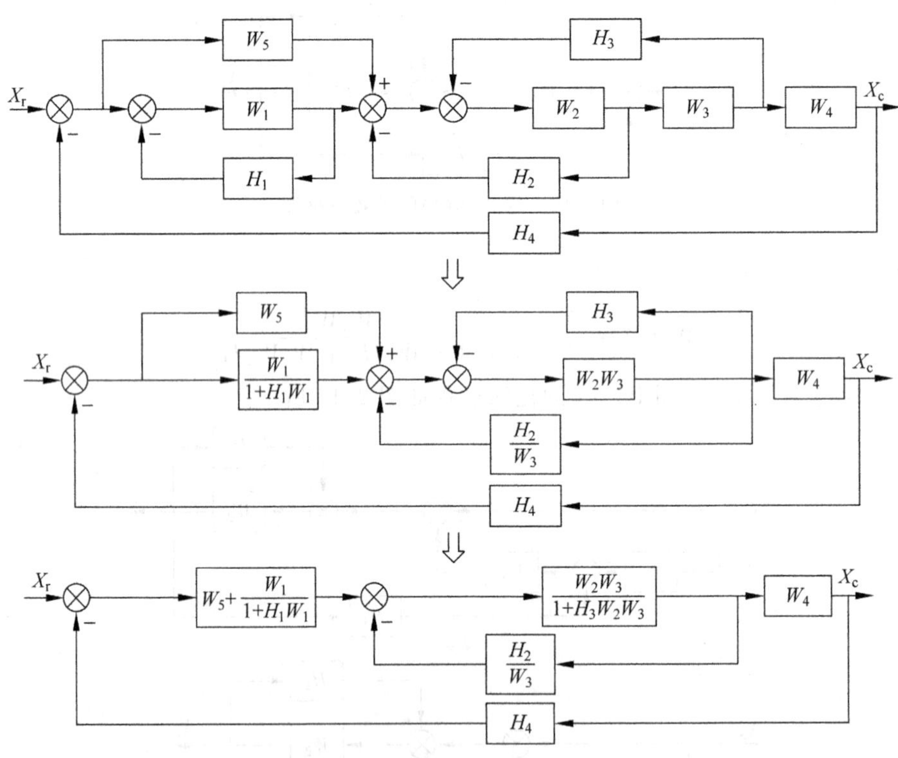

图 2-12　图 P2-15 的化简过程

从而得到传递函数为

$$W_B(s)=\frac{W_2W_3W_4(W_1+W_5+H_1W_1W_5)}{(1+H_1W_1)(1+H_3W_2W_3+W_2H_2)+W_2W_3W_4H_4(W_1+W_5+W_1W_5H_1)}$$

题 2-28　求图 P2-16 所示系统的闭环传递函数。

解　设第一和第二运算放大器的输出端电压分别为 U_1 和 U_2,根据运放电路的

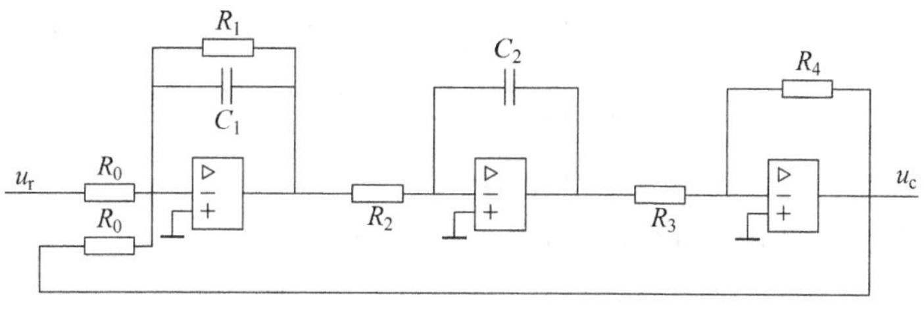

图　P2-16

“虚地”概念可以列出如下方程组

$$\begin{cases}\dfrac{U_r}{R_0}+\dfrac{U_c}{R_0}=-\dfrac{U_1}{R_1\ //\ \dfrac{1}{C_1 s}}\\[2ex] \dfrac{U_1}{R_2}=-\dfrac{U_2}{\dfrac{1}{C_2 s}}\\[2ex] \dfrac{U_2}{R_3}=-\dfrac{U_c}{R_4}\end{cases}$$

消去中间变量 U_1，U_2，整理得闭环传递函数

$$W_B(s)=\frac{U_c(s)}{U_r(s)}=-\frac{R_1R_4}{R_1R_4+R_0R_2R_3C_2s(R_1C_1s+1)}$$

题 2-29　图 P2-17 所示为一位置随动系统，如果电机电枢电感很小可忽略不计，并且不计系统的负载和黏性摩擦，设 $u_r=\beta\varphi_r$，$u_f=\beta\varphi_c$，其中 φ_r、φ_c 分别为位置给定电位计及反馈电位计的转角，减速器的各齿轮的齿数以 N_i 表示。试绘制系统的结构图并求系统的传递函数。

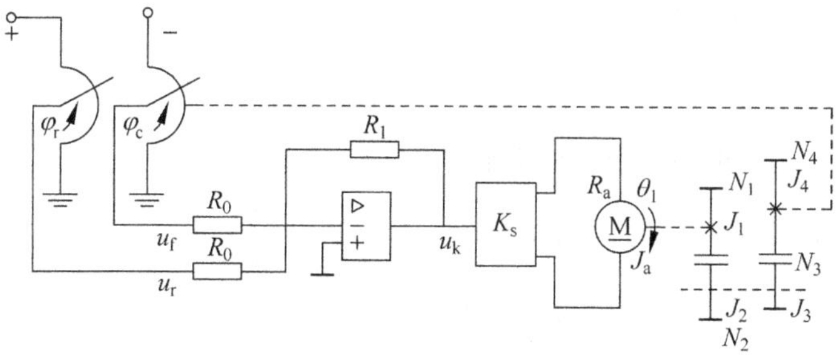

图　P2-17

解　设 u_k 经过功率放大器放大后的输出电压为 u_a，且各传动部件的转矩分别为 M_1、M_2、M_3 和 M_4，轴的角位移分别为 θ_1、θ_2、θ_3 和 θ_4。

依题意将此系统分为三个环节，即运放部分、功放部分和齿轮传动部分。下面分别写出其传递函数。

（1）运放部分

根据运放电路的“虚地”概念，列出如下方程组

$$\begin{cases}\dfrac{u_r(t)}{R_0}-\dfrac{u_f(t)}{R_0}=\dfrac{u_k(t)}{R_1}\\ u_r(t)=\beta\varphi_r(t)\\ u_f(t)=\beta\varphi_c(t)\end{cases} \tag{2-19}$$

对方程组(2-19)取零初始条件下的拉普拉斯变换,得

$$\begin{cases}\dfrac{U_r(s)}{R_0}-\dfrac{U_f(s)}{R_0}=\dfrac{U_k(s)}{R_1}\\ U_r(s)=\beta\varphi_r(s)\\ U_f(s)=\beta\varphi_c(s)\end{cases} \tag{2-20}$$

将方程组(2-20)整理得

$$U_k(s)=\beta\frac{R_1}{R_0}[\varphi_r(s)-\varphi_c(s)] \tag{2-21}$$

运放部分的结构图如图 2-13 所示。

(2) 功放部分

$$u_a(t)=K_s u_k(t) \tag{2-22}$$

式(2-22)在零初始条件下拉普拉斯变换后得

$$U_a(s)=K_s U_k(s)$$

功放部分的结构图如图 2-14 所示。

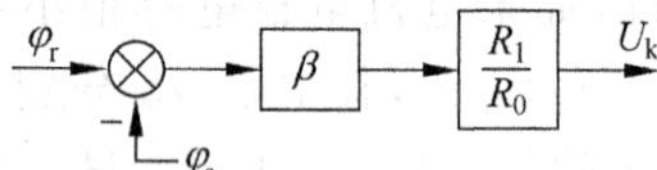

图 2-13 题 2-29 系统中运放部分的结构图

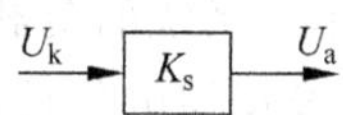

图 2-14 题 2-29 系统中功放部分的结构图

(3) 齿轮传动部分

首先,列出电动机的电枢回路和转动部分方程式

$$\begin{cases}u_a(t)=R_a i_a(t)+C_e n=R_a i_a(t)+C_e\cdot\dfrac{30}{\pi}\cdot\dfrac{d\theta_1(t)}{dt}=R_a i_a(t)+K_e\dfrac{d\theta_1(t)}{dt}\\ M(t)=C_m i_a(t)=(J_a+J_1)\dfrac{d^2\theta_1(t)}{dt^2}+M_1(t)\end{cases} \tag{2-23}$$

其中,$K_e=C_e\dfrac{30}{\pi}$。

对方程组(2-23)取零初始条件下的拉普拉斯变换,得

$$\begin{cases}U_a(s)=R_a I_a(s)+C_e n(s)=R_a I_a(s)+K_e H_i(s)s\\ M(s)=C_m I_a(s)=(J_a+J_1)H_i(s)s^2+M_1(s)\end{cases} \tag{2-24}$$

其次,依据齿轮之间的传动关系列出各轴的相关方程式

$$
\begin{cases}
M_1\theta_1(t) = M_2\theta_2(t) \\
\dfrac{\theta_1(t)}{\theta_2(t)} = \dfrac{N_2}{N_1} \\
\theta_2(t) = \theta_3(t) \\
M_2 = (J_2 + J_3)\dfrac{\mathrm{d}^2\theta_2(t)}{\mathrm{d}t^2} + M_3 \\
M_3\theta_3(t) = M_4\theta_4(t) \\
\dfrac{\theta_3(t)}{\theta_4(t)} = \dfrac{N_4}{N_3} \\
M_4 = J_4\dfrac{\mathrm{d}^2\theta_4(t)}{\mathrm{d}t^2} \\
\varphi_c(t) = \theta_4(t)
\end{cases}
\tag{2-25}
$$

对方程组(2-25)取零初始条件下的拉普拉斯变换,得

$$
\begin{cases}
M_1 H_i(s) = M_2 H_i(s) \\
\dfrac{H_i(s)}{H_i(s)} = \dfrac{N_2}{N_1} \\
H_i(s) = H_i(s) \\
M_2 = (J_2 + J_3)H_i(s)s^2 + M_3 \\
M_3 H_i(s) = M_4 H_i(s) \\
\dfrac{H_i(s)}{H_i(s)} = \dfrac{N_4}{N_3} \\
M_4 = J_4 H_i(s)s^2 \\
\varphi_c(s) = H_i(s)
\end{cases}
\tag{2-26}
$$

将式(2-24)、式(2-26)整理后得

$$
\frac{\varphi_c(s)}{U_a(s)} = \frac{1}{s\left\{R_a \cdot \dfrac{\left\{\left[(J_a + J_1)\cdot\dfrac{N_2}{N_1} + (J_2 + J_3)\cdot\dfrac{N_1}{N_2}\right]\dfrac{N_4}{N_3} + \dfrac{N_1}{N_2}\cdot\dfrac{N_3}{N_4}\cdot J_4\right\}\cdot s}{C_m} + K_e\cdot\dfrac{N_2}{N_1}\cdot\dfrac{N_4}{N_3}\right\}}
$$

$$
= \frac{\dfrac{1}{K_e\cdot\dfrac{N_2}{N_1}\cdot\dfrac{N_4}{N_3}}}{s\left\{1 + \dfrac{R_a\left[(J_a + J_1) + \dfrac{1}{(N_2/N_1)^2}(J_2 + J_3) + \dfrac{1}{(N_2/N_1)^2(N_4/N_3)^2}J_4\right]s}{K_e C_m}\right\}}
$$

令

$$
K'_e = K_e\cdot\frac{N_2}{N_1}\cdot\frac{N_4}{N_3}
$$

$$
T'_m = \frac{R_a\left[(J_a + J_1) + \dfrac{1}{(N_2/N_1)^2}(J_2 + J_3) + \dfrac{1}{(N_2/N_1)^2(N_4/N_3)^2}J_4\right]}{K_e C_m}
$$

则 $$\frac{\varphi_c(s)}{U_a(s)}=\frac{1/K_e'}{s(1+T_m's)}$$

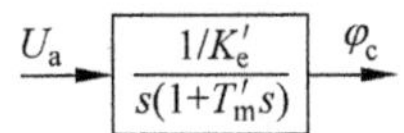

图 2-15 题 2-29 系统中齿轮部分的结构图

所以齿轮部分的结构图如图 2-15 所示。

(4) 系统结构图

结合三个部分的结构图,可以得出如图 2-16 所示的系统结构图。

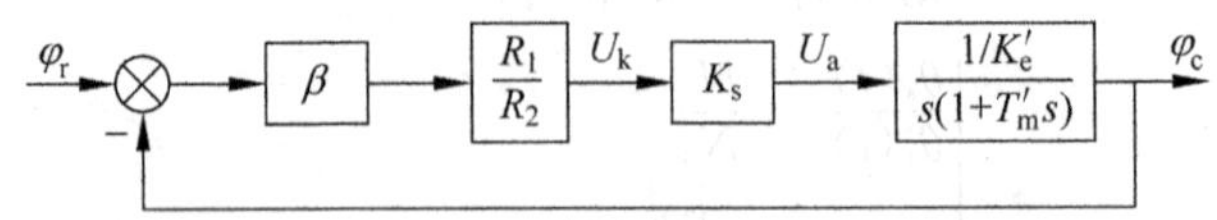

图 2-16 题 2-29 系统的结构图

依图 2-16 可以得出系统的传递函数

$$W(s)=\frac{\varphi_c(s)}{\varphi_r(s)}=\frac{K}{T'_m s^2+s+K}$$

式中 $$K=\beta\frac{R_1}{R_2}K_s\frac{1}{K_e'}$$

题 2-30 画出图 P2-18 所示结构图的信号流图,用梅逊增益公式求传递函数 $W_r(s)=\frac{X_c(s)}{X_r(s)}$,$W_N(s)=\frac{X_c(s)}{X_d(s)}$。

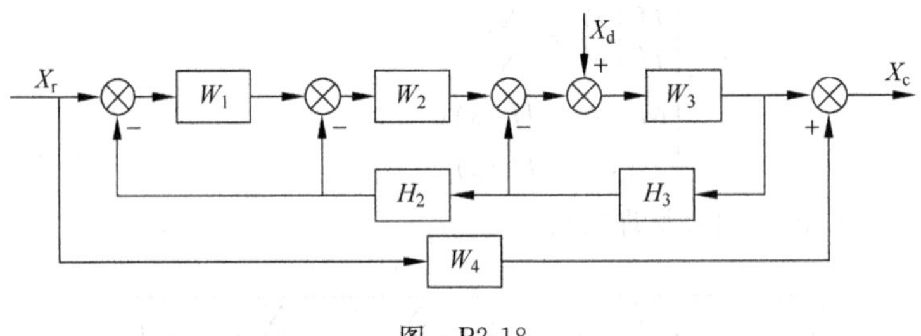

图 P2-18

解 系统的信号流图如图 2-17 所示。

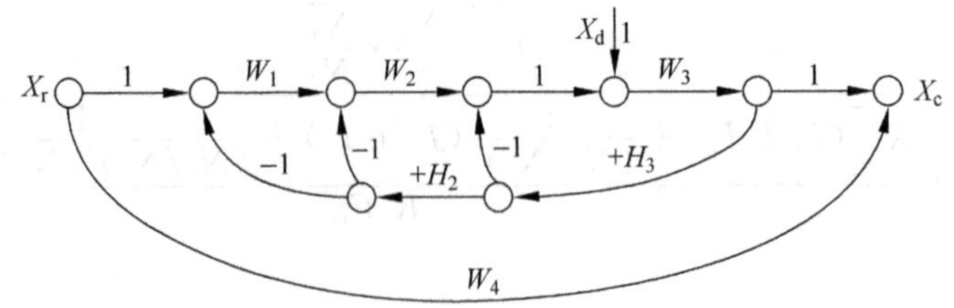

图 2-17 题 2-30 的信号流图

(1) 令 $X_d(s)=0$,由梅逊增益公式得

$$W_r(s)=\frac{X_c(s)}{X_r(s)}=\frac{1}{\Delta}\sum_{k=1}^{n}T_k\Delta_k$$

系统的特征式为

$$\begin{aligned}\Delta &= 1-[-W_1W_2W_3H_3H_2+(-W_3H_3)+(-W_2W_3H_3H_2)]\\ &= 1+W_3H_3+W_2W_3H_3H_2+W_1W_2W_3H_3H_2\end{aligned}$$

前向通路的传输

$$T_1 = W_1W_2W_3 \quad T_2 = W_4$$

前向通路的特征余子式

$$\Delta_1 = 1 \quad \Delta_2 = \Delta$$

所以

$$\begin{aligned}W_r(s) &= \frac{X_c(s)}{X_r(s)} = \frac{1}{\Delta}(T_1\Delta_1+T_2\Delta_2)\\ &= \frac{W_1W_2W_3+W_4(1+W_3H_3+W_2W_3H_2H_3+W_1W_2W_3H_2H_3)}{1+W_3H_3+W_2W_3H_2H_3+W_1W_2W_3H_2H_3}\end{aligned}$$

(2) 令 $X_r(s)=0$，由梅逊增益公式得

$$W_N(s) = \frac{X_c(s)}{X_d(s)} = \frac{1}{\Delta}\sum_{k=1}^{n}T_k\Delta_k$$

$$\Delta = 1-[(-H_3W_3)+(-W_2W_3H_2H_3)+(-W_1W_2W_3H_2H_3)]$$

$$T_1 = W_3 \quad \Delta_1 = 1$$

所以

$$W_N(s) = \frac{X_c(s)}{X_d(s)} = \frac{1}{\Delta}T_1\Delta_1 = \frac{W_3}{1+W_3H_3+W_2W_3H_2H_3+W_1W_2W_3H_2H_3}$$

题 2-31　画出图 P2-19 所示系统的信号流图，并分别求出两个系统的传递函数 $\frac{X_{c1}(s)}{X_{r1}(s)}$，$\frac{X_{c2}(s)}{X_{r2}(s)}$。

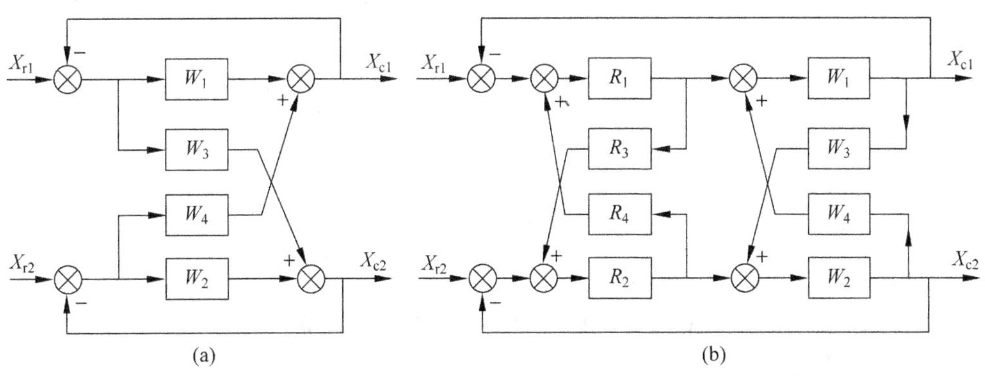

图　P2-19

解　系统(a)的信号流图如图 2-18 所示。

(1) 令 $X_{r2}=0$，由梅逊增益公式得

$$\frac{X_{c1}}{X_{r1}} = \frac{1}{\Delta}\sum_{k=1}^{n}T_k\Delta_k$$

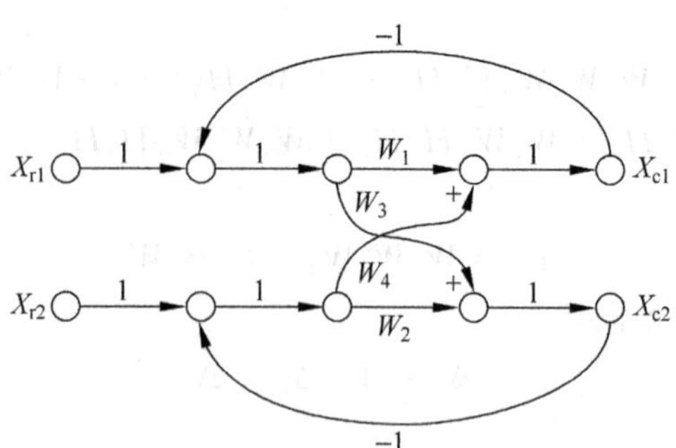

图 2-18 题 2-31 系统(a)的信号流图

系统有三个回环，其传输分别为

$$L_a = -W_1 \quad L_b = -W_2 \quad L_c = W_3W_4$$

对于系统中所有不同的回环有

$$\sum L_1 = L_a + L_b + L_c = -W_1 - W_2 + W_3W_4$$

对于系统中两两互不接触的回环有

$$\sum L_2 = W_1W_2$$

系统的特征式为

$$\Delta = 1 - \sum L_1 + \sum L_2 = 1 + W_1 + W_2 + W_1W_2 - W_3W_4$$

前向通路的传输

$$T_1 = W_1 \quad T_2 = -W_3W_4$$

前向通路的特征余子式

$$\Delta_1 = 1 + W_2 \quad \Delta_2 = 1$$

所以

$$\frac{X_{c1}}{X_{r1}} = \frac{1}{\Delta}(T_1\Delta_1 + T_2\Delta_2) = \frac{W_1(1+W_2) - W_3W_4}{1 + W_1 + W_2 + W_1W_2 - W_3W_4}$$

(2) 令 $X_{r1}=0$，由梅逊增益公式得

$$\frac{X_{c2}}{X_{r2}} = \frac{1}{\Delta}\sum_{k=1}^{n} T_k\Delta_k$$

系统的特征式同(1)，即

$$\Delta = 1 + W_1 + W_2 + W_1W_2 - W_3W_4$$

前向通路的传输

$$T_1 = W_2 \quad T_2 = -W_3W_4$$

前向通路的特征余子式

$$\Delta_1 = 1 + W_1 \quad \Delta_2 = 1$$

所以

$$\frac{X_{c2}}{X_{r2}} = \frac{1}{\Delta}(T_1\Delta_1 + T_2\Delta_2) = \frac{W_2(1+W_1) - W_3W_4}{1 + W_1 + W_2 + W_1W_2 - W_3W_4}$$

系统(b)的信号流图如图 2-19 所示。

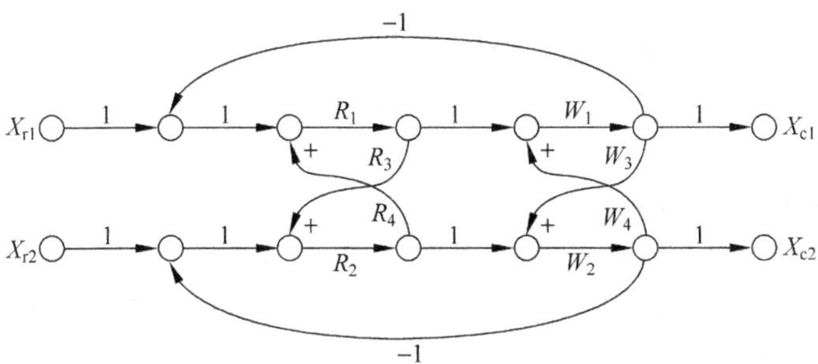

图 2-19　题 2-31 系统(b)的信号流图

(1) 令 $X_{r2}=0$,由梅逊增益公式得

$$\frac{X_{c1}}{X_{r1}}=\frac{1}{\Delta}\sum_{k=1}^{n}T_k\Delta_k$$

系统有六个回环,其传输分别为

$$L_a=-R_1W_1\quad L_b=-R_2W_2$$
$$L_c=R_1R_2R_3R_4\quad L_d=W_1W_2W_3W_4$$
$$L_e=-R_1R_2R_3W_1W_2W_4\quad L_f=-R_1R_2R_4W_1W_2W_3$$

对于系统中所有不同的回环有

$$\begin{aligned}\sum L_1&=L_a+L_b+L_c+L_d+L_e+L_f\\&=-R_1W_1-R_2W_2+R_1R_2R_3R_4+W_1W_2W_3W_4\\&\quad-R_1R_2R_3W_1W_2W_4-R_1R_2R_4W_1W_2W_3\end{aligned}$$

对于系统中两两互不接触的回环有

$$\sum L_2=L_aL_b+L_cL_d=R_1R_2W_1W_2+R_1R_2R_3R_4W_1W_2W_3W_4$$

系统的特征式为

$$\begin{aligned}\Delta&=1-\sum L_1+\sum L_2\\&=1+R_1W_1+R_2W_2-R_1R_2R_3R_4-W_1W_2W_3W_4+R_1R_2R_3W_1W_2W_4\\&\quad+R_1R_2R_4W_1W_2W_3+R_1R_2W_1W_2+R_1R_2R_3R_4W_1W_2W_3W_4\end{aligned}$$

前向通路的传输

$$T_1=R_1W_1$$
$$T_2=R_1R_2R_3W_1W_2W_4$$

前向通路的特征余子式

$$\Delta_1=1+R_2W_2\quad\Delta_2=1$$

所以

$$\frac{X_{c1}}{X_{r1}}=\frac{1}{\Delta}\sum_{k=1}^{n}(T_1\Delta_1+T_2\Delta_2)$$

$$= \frac{R_1 W_1 (1 + R_2 W_2 + R_2 R_3 W_2 W_4)}{\Delta}$$

(2) 令 $X_{r1}=0$，由梅逊增益公式得

$$\frac{X_{c2}}{X_{r2}} = \frac{1}{\Delta}\sum_{k=1}^{n} T_k \Delta_k$$

系统的特征式同(1)，即

$$\Delta = 1 + R_1 W_1 + R_2 W_2 - R_1 R_2 R_3 R_4 - W_1 W_2 W_3 W_4 + R_1 R_2 R_3 W_1 W_2 W_4 + R_1 R_2 R_4 W_1 W_2 W_3 + R_1 R_2 W_1 W_2 + R_1 R_2 R_3 R_4 W_1 W_2 W_3 W_4$$

前向通路的传输

$$T_1 = R_2 W_2$$

$$T_2 = R_1 R_2 R_4 W_1 W_2 W_3$$

前向通路的特征余子式

$$\Delta_1 = 1 + R_1 W_1 \quad \Delta_2 = 1$$

所以

$$\frac{X_{c2}}{X_{r2}} = \frac{1}{\Delta}\sum_{k=1}^{n} T_k \Delta_k = \frac{R_2 W_2 (1 + R_1 W_1 + R_1 R_4 W_1 W_3)}{\Delta}$$

第3章 自动控制系统的时域分析

3.1 内容提要

时域分析是通过直接求解系统在典型输入信号作用下的时域响应来分析系统的性能的。通常以系统单位阶跃响应的超调量、调节时间、稳定性和稳态误差等性能指标来评价系统性能的优劣。

3.1.1 系统的暂态过程和稳定性

系统的暂态过程和稳定性都与系统闭环极点在 s 平面的分布紧密相关，必须非常清楚闭环极点在 s 平面的位置所对应的暂态分量形式，如：负实轴上的极点对应的暂态分量是指数衰减、正实轴上的极点对应的暂态分量是指数发散、实部为负的共轭复极点对应的暂态分量是衰减振荡、实部为正的共轭复极点对应的暂态分量是发散振荡等，这些都决定了系统的稳定性和暂态过程的特征。

典型二阶系统是系统分析研究的主要对象。因为典型二阶系统参数的不同取值，包含了闭环极点的所有可能分布，所以用它可以表征任何一个高阶系统的暂态过程和稳定性。其中二阶系统欠阻尼情况又是本书的重点，这种情况下的主要指标有：上升时间 t_r、最大超调量 $\sigma\%$、调节时间 t_s、峰值时间 t_m、振荡次数 μ 等，这些指标均与系统的阻尼比 ξ 和自然振荡角频率 ω_n 这两个参数有关，应熟练掌握它们的物理含义、计算公式和相互关系等。

对于高阶系统的分析，是以二阶系统为基础的，正确理解主导极点和偶子的概念，对高阶系统的暂态性能进行近似分析。结论是：极点离虚轴越近对系统暂态响应影响越大，离虚轴越远影响越小；零点靠近哪个极点，就把哪个极点的影响减弱。

高阶系统的稳定性判断则通过代数稳定判据来判定。

3.1.2 稳态误差

系统的稳态误差定义为在稳态条件下输出量的期望值与稳态值之间的差值。稳态误差是对系统稳态控制精度的度量,是系统的稳态指标。它既与系统的结构和参数有关,也与控制信号的形式、大小和作用点有关。

稳态误差一般分为两类：一类为扰动稳态误差,主要针对恒值系统；另一类为给定稳态误差,主要针对随动系统。在理解稳态误差的概念的基础上,熟练掌握误差传递函数和稳态误差的计算。

在求解稳态误差时,需把握以下要点：

(1) 首先要将系统开环传递函数写成时间常数形式,即将其常数项系数变成1。

(2) 只要将系统的结构图变换成单回路,且系统中没有给定环节,系统的误差传递函数总是如下形式,即

$$W_e(s)=\frac{E(s)}{X_r(s)}=\frac{1}{1+W_K(s)}$$

3.2 习题与解答

题 3-10 一单位反馈控制系统的开环传递函数为

$$W_K(s)=\frac{1}{s(s+1)}$$

求：(1) 系统的单位阶跃响应及动态特性指标 $\sigma\%$、t_r、t_s、μ；

(2) 输入量 $x_r(t)=t$ 时,系统的输出响应；

(3) 输入量 $x_r(t)$为单位脉冲函数时,系统的输出响应。

解 系统的闭环传递函数为

$$W_B(s)=\frac{W_K(s)}{1+W_K(s)}=\frac{1}{s^2+s+1}$$

与标准形式相对比,可得$\begin{cases}\omega_n^2=1\\2\xi\omega_n=1\end{cases}$,即$\begin{cases}\omega_n=1\\\xi=0.5\end{cases}$。

(1) 当输入量为 $x_{r1}(t)=1(t)$时

① 由公式求得系统的单位阶跃响应为

$$x_{c1}(t)=1-\frac{1}{\sqrt{1-\xi^2}}e^{-\xi\omega_n t}\sin(\sqrt{1-\xi^2}\,\omega_n t+\theta)$$

$$\theta=\arctan\frac{\sqrt{1-\xi^2}}{\xi}\tag{3-1}$$

将 $\xi=0.5$,$\omega_n=1$ 代入式(3-1),整理得

$$x_{c1}(t)=1-1.15e^{-\frac{t}{2}}\sin(0.866t+60^\circ)$$

② $\sigma\%=\mathrm{e}^{-(\xi\pi/\sqrt{1-\xi^2})}\times 100\%=\mathrm{e}^{-1.81}\times 100\%\approx 16.4\%$

③ $t_r=\dfrac{\pi-\theta}{\omega_n\sqrt{1-\xi^2}}\approx 2.42\mathrm{s}$

④ $t_s(5\%)=\dfrac{3}{\xi\omega_n}=6\mathrm{s}$

$$t_s=(2\%)=\frac{4}{\xi\omega_n}=8\mathrm{s}$$

⑤ $t_m=\dfrac{\pi}{\omega_d}=\dfrac{\pi}{\omega_n\sqrt{1-\xi^2}}=3.63\mathrm{s}$

$$t_f=\frac{2\pi}{\omega_d}=\frac{2\pi}{\omega_n\sqrt{1-\xi^2}}=7.26\mathrm{s}$$

$$\mu=\frac{t_s(5\%)}{t_f}=\frac{6}{7.26}=0.826(5\%)$$

(2) 当输入量为 $x_{r2}(t)=t$ 时，求系统的输出响应。

方法一　根据传递函数的定义，利用拉普拉斯变换和拉普拉斯反变换进行计算。

输入量的拉普拉斯变换为 $X_{r2}(s)=\dfrac{1}{s^2}$，则

$$X_{c2}(s)=W_B(s)X_{r2}(s)=\frac{1}{s^2(s^2+s+1)}$$

$$=\frac{A}{s^2}+\frac{B}{s}+\frac{Cs+D}{s^2+s+1}$$

式中

$$A=X_{c2}(s)s^2\mid_{s=0}=1$$

$$B=\frac{\mathrm{d}}{\mathrm{d}s}[X_{c2}(s)s^2]\mid_{s=0}=-1$$

$$(Cs+D)\mid_{s=-0.5-\mathrm{j}\frac{\sqrt{3}}{2}}=X_{c2}(s)(s^2+s+1)\mid_{s=-0.5-\mathrm{j}\frac{\sqrt{3}}{2}}$$

得

$$(0.5C+D)-\mathrm{j}\frac{\sqrt{3}}{2}C=\frac{1}{\left[-0.5-\mathrm{j}\left(\frac{\sqrt{3}}{2}\right)^2\right]}=-\frac{1}{2}-\mathrm{j}\frac{\sqrt{3}}{2}$$

令等式两边实部与实部相等，虚部与虚部相等，解得

$$C=1,\quad D=0$$

所以

$$X_{c2}(s)=\frac{1}{s^2}-\frac{1}{s}+\frac{s}{s^2+s+1}$$

$$=\frac{1}{s^2}-\frac{1}{s}+\frac{s+0.5}{(s+0.5)^2+\left(\frac{\sqrt{3}}{2}\right)^2}-\frac{0.5}{(s+0.5)^2+\left(\frac{\sqrt{3}}{2}\right)^2}$$

将上式进行拉普拉斯反变换，得到系统的输出响应为

$$x_{c2}(t)=t-1+\mathrm{e}^{-0.5t}\cos\frac{\sqrt{3}}{2}t-\frac{1}{\sqrt{3}}\mathrm{e}^{-0.5t}\sin\frac{\sqrt{3}}{2}t$$

方法二 利用线性系统的性质进行计算。

因为
$$x_{r2}(t)=t=\int_0^t 1(t)\mathrm{d}t=\int_0^t x_{r1}\mathrm{d}t$$

所以，利用线性系统的性质得

$$x_{c2}(t)=\int_0^t x_{c1}\mathrm{d}t=\int_0^t\left[1-1.15\mathrm{e}^{-\frac{t}{2}}\sin\left(\frac{\sqrt{3}}{2}t+60^\circ\right)\right]\mathrm{d}t$$
$$=t-1+\mathrm{e}^{-0.5t}\cos\frac{\sqrt{3}}{2}t-\frac{1}{\sqrt{3}}\mathrm{e}^{-0.5t}\sin\frac{\sqrt{3}}{2}t$$

(3) 当输入量 $x_{r3}(t)=\delta(t)$时，求系统的输出响应。

方法一 根据传递函数的定义，利用拉普拉斯变换和拉普拉斯反变换进行计算。

输入量的拉普拉斯变换为 $X_{r3}(s)=1$

则
$$X_{c3}(s)=W_B(s)X_{r3}(s)=\frac{1}{s^2+s+1}=\frac{1}{(s+0.5)^2+\left(\frac{\sqrt{3}}{2}\right)^2}$$

将上式进行拉普拉斯反变换，得到系统的输出响应

$$x_{c3}(t)=\frac{2}{\sqrt{3}}\mathrm{e}^{-0.5t}\sin\frac{\sqrt{3}}{2}t$$

方法二 利用线性系统的性质进行计算。

因为

$$x_{r3}(t)=\delta(t)=\frac{\mathrm{d}1(t)}{\mathrm{d}t}=\frac{\mathrm{d}x_{r1}(t)}{\mathrm{d}t}$$

所以，利用线性系统的性质得

$$x_{c3}(t)=\frac{\mathrm{d}x_{c1}(t)}{\mathrm{d}t}=\frac{\mathrm{d}\left[1-1.15\mathrm{e}^{-\frac{t}{2}}\sin\left(\frac{\sqrt{3}}{2}t+60^\circ\right)\right]}{\mathrm{d}t}$$
$$=\frac{2}{\sqrt{3}}\mathrm{e}^{-0.5t}\sin\frac{\sqrt{3}}{2}t$$

题 3-11 一单位反馈控制系统的开环传递函数为

$$W_K(s)=\frac{K_K}{s(\tau s+1)}$$

其单位阶跃响应曲线如图 P3-1 所示，图中的 $X_m=1.25$，$t_m=1.5\mathrm{s}$。试确定系统参数 K_K 及 τ 值。

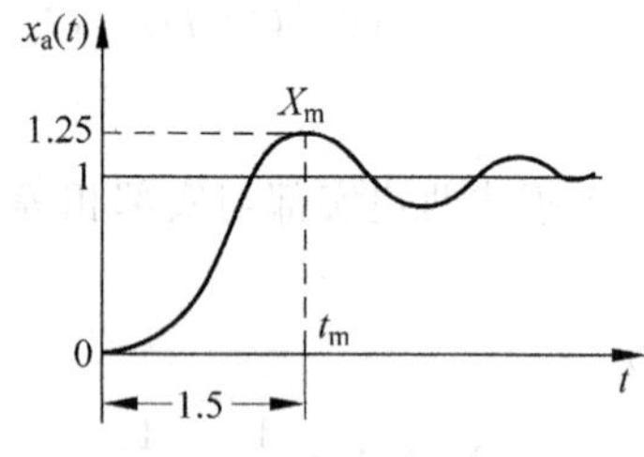

图 P3-1 题 3-11 系统的单位阶跃响应曲线

解 由图 P3-1 可知

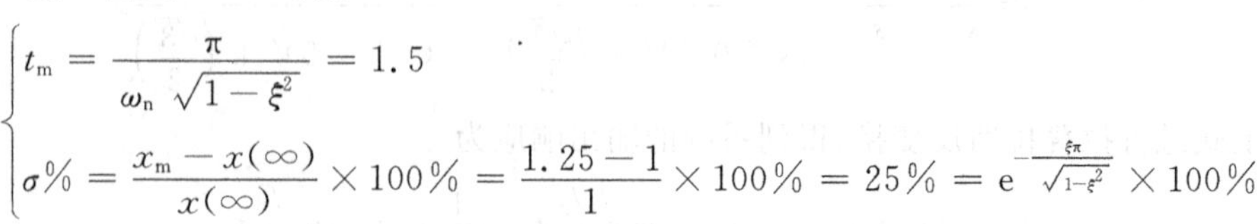

$$\begin{cases} t_m=\dfrac{\pi}{\omega_n\sqrt{1-\xi^2}}=1.5 \\ \sigma\%=\dfrac{x_m-x(\infty)}{x(\infty)}\times100\%=\dfrac{1.25-1}{1}\times100\%=25\%=\mathrm{e}^{-\frac{\xi\pi}{\sqrt{1-\xi^2}}}\times100\% \end{cases}$$

解得

$$\begin{cases}\xi \approx 0.4 \\ \omega_n \approx 2.285\end{cases}$$

本系统的开环传递函数整理为

$$W_K(s) = \frac{\dfrac{K_K}{\tau}}{s\left(s+\dfrac{1}{\tau}\right)}$$

与标准形式 $W_k(s)=\dfrac{\omega_n^2}{s(s+2\xi\omega_n)}$相对比，得

$$\begin{cases}\dfrac{K_K}{\tau} = \omega_n^2 = 2.285^2 \\ \dfrac{1}{\tau} = 2\xi\omega_n = 2\times 0.4\times 2.285\end{cases}$$

解得

$$\begin{cases}K_K \approx 2.856 \\ \tau \approx 0.547\end{cases}$$

题 3-12 一单位反馈控制系统的开环传递函数为 $W_K(s)=\dfrac{\omega_n^2}{s(s+2\xi\omega_n)}$。已知系统的 $x_r(t)=1(t)$，误差时间函数为 $e(t)=1.4e^{-1.07t}-0.4e^{-3.73t}$，求系统的阻尼比 ξ、自然振荡角频率 ω_n、系统的开环传递函数和闭环传递函数、系统的稳态误差。

解 由典型系统的暂态特性可知，当 $\xi>1$ 时，系统的特征根为

$$-p_1=-(\xi-\sqrt{\xi^2-1})\omega_n \quad -p_2=-(\xi+\sqrt{\xi^2-1})\omega_n$$

误差时间函数 $e(t)=x_r(t)-x_c(t)$。

本题中

$$X_c(s) = \frac{\omega_n^2}{s(s^2+2\xi\omega_n s+\omega_n^2)}$$

所以

$$x_c(t) = 1-\frac{1}{2\sqrt{\xi^2-1}}\left(\frac{1}{\xi-\sqrt{\xi^2-1}}e^{-(\xi-\sqrt{\xi^2-1})\omega_n t}-\frac{1}{\xi+\sqrt{\xi^2-1}}e^{-(\xi+\sqrt{\xi^2-1})\omega_n t}\right)$$

且

$$x_r(t) = 1$$

所以

$$\begin{aligned}e(t) &= \frac{1}{2\sqrt{\xi^2-1}}\left(\frac{1}{\xi-\sqrt{\xi^2-1}}e^{-(\xi-\sqrt{\xi^2-1})\omega_n t}-\frac{1}{\xi+\sqrt{\xi^2-1}}e^{-(\xi+\sqrt{\xi^2-1})\omega_n t}\right)\\ &= 1.4e^{-1.07t}-0.4e^{-3.73t}\end{aligned}$$

比较指数项系数得

$$\begin{cases}(\xi-\sqrt{\xi^2-1})\omega_n = 1.07 \\ (\xi+\sqrt{\xi^2-1})\omega_n = 3.73\end{cases} \tag{3-2}$$

由式(3-2)解得

$$\begin{cases}\xi = 1.2 \\ \omega_n = 2\end{cases}$$

因此系统的开环传递函数为

$$W_K(s) = \frac{\omega_n^2}{s(s+2\xi\omega_n)} = \frac{4}{s(s+4.8)}$$

闭环传递函数为

$$W_B(s) = \frac{W_K(s)}{1+W_K(s)} = \frac{\omega_n^2}{s^2+2\xi\omega_n s+\omega_n^2} = \frac{4}{s^2+4.8s+4}$$

系统的稳态误差为 $e(\infty)=\lim\limits_{t\to\infty}e(t)=0$

题 3-13 已知单位反馈控制系统的开环传递函数为 $W_K(s)=\dfrac{K_K}{s(\tau s+1)}$，试选择 K_K 及 τ 值以满足下列指标：

(1) 当 $x_r(t)=t$ 时，系统的稳态误差 $e_v(\infty)\leqslant 0.02$；

(2) 当 $x_r(t)=1(t)$ 时，系统的 $\sigma\%\leqslant 30\%$，$t_s(5\%)\leqslant 0.3\text{s}$。

解

(1) 从系统的开环传递函数 $W_K(s)=\dfrac{K_K}{s(\tau s+1)}$，可以看出此系统为Ⅰ型系统，由稳态误差与系统类型的关系表(见表 3-1)得：

当 $x_r(t)=t$ 时，$e_v(\infty)=\dfrac{1}{K_K}\leqslant 0.02$，所以 $K_K\geqslant 50$。 (3-3)

表 3-1 稳态误差与系统类型关系表

N \ $e(\infty)$ \ x_r	$1(t)$	t	$\frac{1}{2}t^2$
0	$\frac{1}{1+K_K}$	∞	∞
Ⅰ	0	$\frac{1}{K_K}$	∞
Ⅱ	0	0	$\frac{1}{K_K}$

(2) 系统的闭环传递函数为

$W_B(s)=\dfrac{W_K(s)}{1+W_K(s)}=\dfrac{\frac{K_K}{\tau}}{s^2+\frac{1}{\tau}s+\frac{K_K}{\tau}}$，由题意得

① $\sigma\%=e^{-(\xi\pi/\sqrt{1-\xi^2})}\times 100\%\leqslant 30\%$，解得 $\xi\geqslant 0.358$

② $t_s(5\%)=\dfrac{3}{\xi\omega_n}\leqslant 0.3$，解得

$$\omega_n \geqslant 27.9$$

③ 与标准形式相对比，得

$$\begin{cases} \omega_n^2 = \dfrac{K_K}{\tau} \\ 2\xi\omega_n = \dfrac{1}{\tau} \end{cases}$$

即

$$\begin{cases} K_K \geqslant 38.9 \\ \tau \leqslant 0.05 \end{cases} \tag{3-4}$$

由式(3-3)和式(3-4)得

$$\begin{cases} \tau \leqslant 0.05 \\ K_K \geqslant 50 \end{cases}$$

题 3-14　已知单位反馈控制系统的闭环传递函数为 $W_B(s)=\dfrac{\omega_n^2}{s^2+2\xi\omega_n s+\omega_n^2}$，试画出以 ω_n 为常数、ξ 为变数时，系统特征方程式的根在 s 平面上的分布轨迹。

解　系统特征方程为

$$s^2+2\xi\omega_n s+\omega_n^2=0$$

系统的特征根为

$$-p_{1,2}=-\xi\omega_n \pm \omega_n\sqrt{\xi^2-1} \quad (|\xi| \geqslant 1)$$

或

$$-p_{1,2}=-\xi\omega_n \pm \mathrm{j}\omega_n\sqrt{1-\xi^2} \quad (|\xi|<1)$$

当 ω_n 为常数，ξ 为变数时，系统特征方程的根在 s 复平面上分布的轨迹为以原点为圆心、以 ω_n 为半径的圆，如图 3-1 所示。

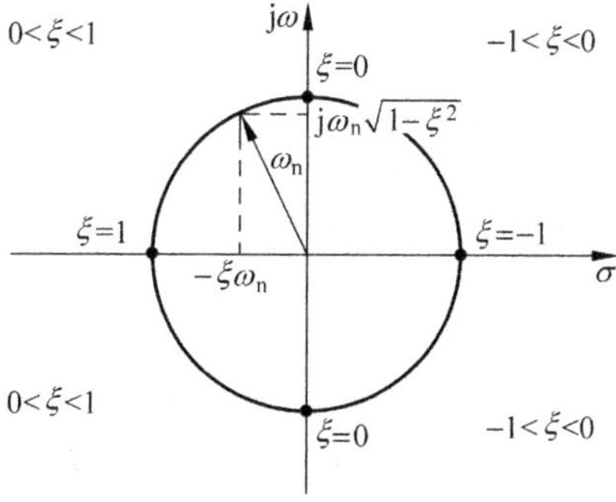

图 3-1　题 3-14 根轨迹分布图

题 3-15　一系统的动态结构图如图 P3-2 所示，求在不同的 K_K 值下(例如，$K_K=1$，$K_K=3$，$K_K=7$)系统的闭环极点、单位阶跃响应、动态性能指标及稳态误差。

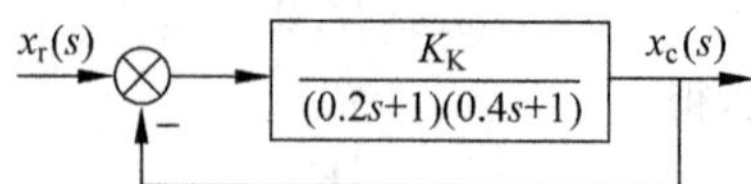

图 P3-2　题 3-15 的系统结构图

解　二阶系统的闭环与开环传递函数的标准型分别为

$$W_B(s)=\frac{\omega_n^2}{s^2+2\xi\omega_n s+\omega_n^2},\quad W_K(s)=\frac{\omega_n^2}{s(s+2\xi\omega_n)}$$

该系统的开环传递函数为

$$W_K(s)=\frac{K_K}{(0.2s+1)(0.4s+1)}=\frac{K_K}{0.08s^2+0.6s+1}$$

闭环传递函数为

$$W_B(s)=\frac{K_K}{0.08s^2+0.6s+1+K_K}=\frac{\frac{K_K}{0.08}}{s^2+7.5s+12.5(1+K_K)}$$

$$=\frac{\left(\frac{K_K}{0.08}\right)\times 0.08}{1+K_K}\times\frac{12.5(1+K_K)}{s^2+7.5s+12.5(1+K_K)}$$

$$=\frac{K_K}{1+K_K}\times\frac{12.5(1+K_K)}{s^2+7.5s+12.5(1+K_K)}$$

(1) 由系统特征方程 $s^2+7.5s+12.5(1+K_K)=0$ 可求得系统的闭环极点为

$$-p_{1,2}=\frac{-7.5\pm\sqrt{7.5^2-4\times 12.5(1+K_K)}}{2}=-3.75\pm 0.5\sqrt{6.25-50K_K}$$

当 $K_K=1$ 时，$-p_{1,2}=-3.75\pm j3.3$；当 $K_K=3$ 时，$-p_{1,2}=-3.75\pm j5.99$；当 $K_K=7$ 时，$-p_{1,2}=-3.75\pm j9.27$。

(2) 不同 K_K 值时，ω_n 与 ξ 的计算。

① 当 $K_K=1$ 时

$$W_B(s)=0.5\times\frac{25}{s^2+7.5s+25}$$

与标准型相对比可得 $\omega_n=5$；由 $2\xi\omega_n=7.5$，得 $\xi=0.75$。

② 当 $K_K=3$ 时

$$W_B(s)=0.75\times\frac{50}{s^2+7.5s+50}$$

与标准型相对比可得 $\omega_n=\sqrt{50}=7.07$；由 $2\xi\omega_n=7.5$，得 $\xi=0.53$。

③ 当 $K_K=7$ 时

$$W_B(s)=0.875\times\frac{100}{s^2+7.5s+100}$$

与标准型相对比可得 $\omega_n=10$；由 $2\xi\omega_n=7.5$，得 $\xi=0.375$。

(3) 单位阶跃响应。

因为 $0<\xi<1$

所以　　$x_c(t)=\alpha\cdot\left[1-\dfrac{e^{-\xi\omega_n t}}{\sqrt{1-\xi^2}}\sin(\omega_d t+\theta)\right]$

其中 $\omega_d=\omega_n\sqrt{1-\xi^2}$，$\theta=\arctan\dfrac{\sqrt{1-\xi^2}}{\xi}$，$\alpha=\dfrac{K_K}{1+K_K}$。

① $K_K=1$ 时

$$\omega_d=5\sqrt{1-0.75^2}=3.31$$
$$\theta=41.4^\circ=0.72\text{rad}$$
$$x_c(t)=0.5[1-1.5e^{-3.75t}\sin(3.31t+0.72)]$$

② $K_K=3$ 时

$$\omega_d=7.07\sqrt{1-0.53^2}=6.0$$
$$\theta=58^\circ=1.01\text{rad}$$
$$x_c(t)=0.75[1-1.179e^{-3.75t}\sin(6.0t+1.01)]$$

③ $K_K=7$ 时

$$\omega_d=10\sqrt{1-0.375^2}=9.3$$
$$\theta=68^\circ=1.186\text{rad}$$
$$x_c(t)=0.875[1-1.079e^{-3.75t}\sin(9.3t+1.186)]$$

(4) 动态指标。

由公式

$$\sigma\%=e^{-\left(\xi\pi/\sqrt{1-\xi^2}\right)}\times100\%\quad t_r=\frac{\pi-\theta}{\omega_d}$$
$$t_m=\frac{\pi}{\omega_d}\quad t_s(5\%)=\frac{3}{\xi\omega_n}\quad t_s(2\%)=\frac{4}{\xi\omega_n}$$

得

$$\sigma\%=\begin{cases}2.84\% & (K_K=1)\\ 14\% & (K_K=3)\\ 28.1\% & (K_K=7)\end{cases}\quad t_r=\begin{cases}0.73\text{s} & (K_K=1)\\ 0.355\text{s} & (K_K=3)\\ 0.21\text{s} & (K_K=7)\end{cases}$$

$$t_m=\begin{cases}0.949\text{s} & (K_K=1)\\ 0.52\text{s} & (K_K=3)\\ 0.338\text{s} & (K_K=7)\end{cases}\quad t_s(5\%)=0.8\text{s}\quad t_s(2\%)=1.067\text{s}$$

由上述结果知，α 的取值不影响系统的动态指标。

(5) 稳态误差。

由 $W_K(s)$看出该系统是 0 型系统，根据稳态误差与系统类型的关系表(见表 3-1)得

$$e(\infty)=\begin{cases}0.5 & (K_K=1)\\ 0.25 & (K_K=3)\\ 0.125 & (K_K=7)\end{cases}$$

题 3-16　一闭环反馈控制系统的动态结构图如图 P3-3 所示。

(1) 试求当 $\sigma\%\leqslant20\%$，$t_s(5\%)=1.8\text{s}$ 时，系统的参数 K_1 及 τ 值。

(2) 试求上述系统的位置稳态误差系数 K_p、速度稳态误差系数 K_v、加速度稳态误差系数 K_a 及其相应的稳态误差。

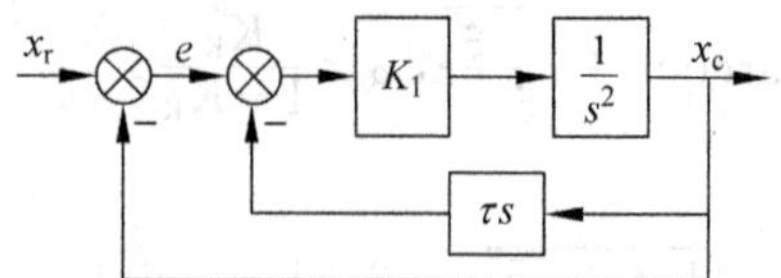

图 P3-3 题 3-16 的系统结构图

解 (1) 系统开环传递函数为

$$W_K(s)=\frac{\frac{K_1}{s^2}}{1+\frac{K_1\tau s}{s^2}}=\frac{K_1}{s(s+K_1\tau)}=\frac{\frac{1}{\tau}}{s\left(\frac{1}{K_1\tau}s+1\right)}$$

与标准型相对比,得

$$\begin{cases}\omega_n^2=K_1\\2\xi\omega_n=K_1\tau\\K_K=\frac{1}{\tau}\end{cases}$$

由 $\sigma\%\leqslant20\%$,得

$$\xi\geqslant-\frac{\ln0.2}{\sqrt{\pi^2+(\ln0.2)^2}}\approx0.46$$

由 $t_s(5\%)=1.8$,得

$$\omega_n\leqslant\frac{3}{\xi t_s}=3.65$$

所以

$$\begin{cases}K_1\leqslant13.32\\\tau\geqslant0.25\end{cases}\quad 即\begin{cases}K_1=13.32\\\tau=0.25\\K_K=4\end{cases}$$

(2) 由 W_K 可知该系统为Ⅰ型系统,由表 3-1 并根据稳态误差与稳态误差系数之间的关系,得

$$e_p(\infty)=0,\qquad K_p=\infty$$

$$e_v(\infty)=\frac{1}{K_K}=0.25,\quad K_v=4$$

$$e_a(\infty)=\infty,\qquad K_a=0$$

题 3-17 一系统的动态结构图如图 P3-4 所示。试求:

(1) $\tau_1=0,\tau_2=0.1$ 时,系统的 $\sigma\%,t_s(5\%)$;

(2) $\tau_1=0.1,\tau_2=0$ 时,系统的 $\sigma\%,t_s(5\%)$;

(3) 比较上述两种校正情况下的动态性能指标及稳态性能。

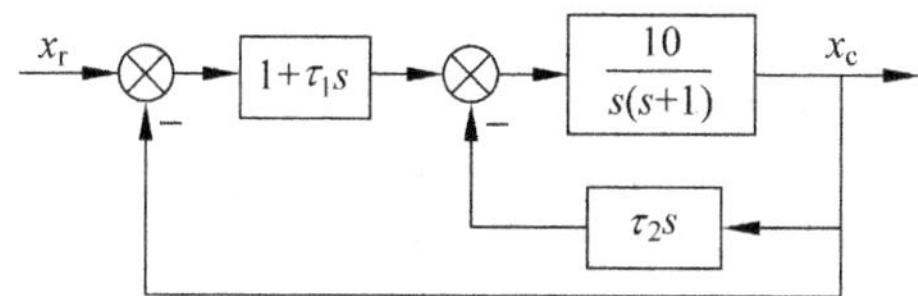

图 P3-4　题 3-17 的系统动态结构图

解　(1) $\tau_1=0,\tau_2=0.1$ 时系统的闭环传递函数为

$$W_B(s)=\frac{10}{s^2+(1+10\tau_2)s+10}=\frac{10}{s^2+2s+10}$$

所以

$$\omega_n=\sqrt{10}=3.16$$

$$\xi=\frac{2}{6.32}=0.316$$

由二阶系统的计算公式得

$$\sigma\%=e^{-\left(\xi\pi/\sqrt{1-\xi^2}\right)}\times100\%\approx35\%$$

$$t_s(5\%)=\frac{3}{\xi\omega_n}\approx3s$$

(2) $\tau_1=0.1,\tau_2=0$ 时系统的闭环传递函数为

$$W_B(s)=\frac{10(0.1s+1)}{s^2+2s+10}$$

可以看出此时系统为具有零点的二阶系统，其标准型为

$$W_B=\frac{\omega_n^2(\tau_1 s+1)}{s^2+2\xi\omega_n s+\omega_n^2}=\frac{\omega_n^2(s+z)}{z(s^2+2\xi\omega_n s+\omega_n^2)}$$

与之相对比，可得

$$z=\frac{1}{\tau_1}=10 \tag{3-5}$$

$$\omega_n=\sqrt{10}=3.16 \tag{3-6}$$

$$\xi=\frac{1}{3.16}=0.316 \tag{3-7}$$

根据具有零点的二阶系统的计算公式，得

$$l=\sqrt{(z-\xi\omega_n)^2+(\omega_n\sqrt{1-\xi^2})^2}=9.5 \tag{3-8}$$

$$r=\frac{\xi\omega_n}{z}=0.1 \tag{3-9}$$

$$\theta=\arctan\frac{\sqrt{1-\xi^2}}{\xi}=\arctan3\approx71.9^\circ=1.25\text{rad} \tag{3-10}$$

$$\varphi=\arctan\frac{\omega_n\sqrt{1-\xi^2}}{z-\xi\omega_n}=\arctan0.33=18.42^\circ=0.32\text{rad} \tag{3-11}$$

① 求最大超调量 $\sigma\%$

根据最大超调量的定义进行计算：

$$\sigma\% = \frac{x_{\mathrm{cmax}} - x_{\mathrm{c}}(\infty)}{x_{\mathrm{c}}(\infty)} \times 100\% \tag{3-12}$$

式(3-12)中，当输入为单位阶跃时，$x_{\mathrm{c}}(\infty)=1$。

利用具有零点的二阶系统的单位阶跃响应的计算公式，并根据求极值的方法求 $\sigma\%$，即

$$\left.\frac{\mathrm{d}x_{\mathrm{c}}(t)}{\mathrm{d}t}\right|_{t=t_{\mathrm{m}}} = 0 \tag{3-13}$$

$$x_{\mathrm{c}}(t)\big|_{t=t_{\mathrm{m}}} = x_{\mathrm{cmax}} \tag{3-14}$$

$$x_{\mathrm{c}}(t) = 1 - \frac{1}{\sqrt{1-\xi^2}}\mathrm{e}^{-\xi\omega_{\mathrm{n}}t} \cdot \frac{l}{z} \cdot \sin(\sqrt{1-\xi^2}\,\omega_{\mathrm{n}}t + \varphi + \theta) \tag{3-15}$$

将式(3-12)与式(3-13)、式(3-14)、式(3-15)联立，求得

$$\sigma\% = \frac{1}{\xi}\sqrt{\xi^2 - 2r\xi + r^2}\,\mathrm{e}^{-\left[\xi(\pi-\varphi)/\sqrt{1-\xi^2}\right]} \times 100\% \tag{3-16}$$

将式(3-7)、式(3-9)、式(3-11)代入式(3-16)，解得

$$\sigma\% = 37.1\%$$

② 计算调节时间 $t_{\mathrm{s}}(5\%)$

根据调节时间的定义可知

$$\Delta x = x_{\mathrm{c}}(\infty) - x_{\mathrm{c}}(t) = 0.05 \tag{3-17}$$

或

$$\Delta x = x_{\mathrm{c}}(\infty) - x_{\mathrm{c}}(t) = 0.02 \tag{3-18}$$

将式(3-15)代入式(3-17)和式(3-18)，忽略正弦函数的影响，在输入为单位阶跃时，解得

$$t_{\mathrm{s}}(5\%) = \left(3 + \ln\frac{l}{z}\right)\frac{1}{\xi\omega_{\mathrm{n}}} \tag{3-19}$$

$$t_{\mathrm{s}}(2\%) = \left(4 + \ln\frac{l}{z}\right)\frac{1}{\xi\omega_{\mathrm{n}}} \tag{3-20}$$

所以，将式(3-5)、式(3-6)、式(3-7)、式(3-8)代入式(3-19)，解得

$$t_{\mathrm{s}}(5\%) = \left(3 + \ln\frac{l}{z}\right)\frac{1}{\xi\omega_{\mathrm{n}}} = 2.95\mathrm{s}$$

③ 计算上升时间 t_{r}

根据上升时间的定义，可知

$$x_{\mathrm{c}}(t)\big|_{t=t_{\mathrm{r}}} = 1 \tag{3-21}$$

将式(3-15)与式(3-21)联立，求得

$$t_{\mathrm{r}} = \frac{\pi - (\varphi + \theta)}{\omega_{\mathrm{n}}\sqrt{1-\xi^2}} \tag{3-22}$$

所以，将式(3-6)、式(3-7)、式(3-10)、式(3-11)代入式(3-22)，解得

$$t_r = \frac{\pi - (\varphi + \theta)}{\omega_n \sqrt{1-\xi^2}} = 0.52\text{s}$$

(3) 稳态误差

① $\tau_1=0, \tau_2=0.1$ 时，系统的开环传递函数为

$$W_K(s) = \frac{5}{s(0.5s+1)}$$

此时该系统为Ⅰ型系统，$K_K=5$。

由表 3-1 并根据稳态误差与误差系数之间的关系，可知

$$e_p(\infty) = 0 \quad (K_p = \infty)$$

$$e_v(\infty) = \frac{1}{K_K} = \frac{1}{5} \quad \left(K_v = \frac{1}{e_v(\infty)} = 5\right)$$

$$e_a(\infty) = \infty \quad \left(K_a = \frac{1}{e_a(\infty)} = 0\right)$$

② $\tau_1=0.1, \tau_2=0$ 时，系统的开环传递函数为

$$W_K(s) = \frac{10(0.1s+1)}{s(s+1)}$$

此时，该系统为Ⅰ型系统，$K_K=10$。

由表 3-1 并根据稳态误差与误差系数之间的关系，可知

$$e_p(\infty) = 0 \quad (K_p = \infty)$$

$$e_v(\infty) = \frac{1}{K_K} = \frac{1}{10} \quad \left(K_v = \frac{1}{e_v(\infty)} = 10\right)$$

$$e_a(\infty) = \infty \quad \left(K_a = \frac{1}{e_a(\infty)} = 0\right)$$

题 3-18　如图 P3-5 所示系统，图中的 $W_g(s)$ 为调节对象的传递函数，$W_c(s)$ 为调节器的传递函数。如果被控对象为 $W_g(s) = \frac{K_g}{(T_1s+1)(T_2s+1)}$，$T_1 > T_2$，系统要求的指标为：位置稳态误差为零，调节时间最短，超调量 $\sigma\% \leqslant 4.3\%$，问下述三种调节器中哪一种能满足上述指标？其参数应具备什么条件？三种调节器分别为(a)$W_c(s)=K_p$；(b)$W_c(s)=K_p\frac{(\tau s+1)}{s}$；(c)$W_c(s)=K_p\frac{(\tau_1 s+1)}{(\tau_2 s+1)}$。

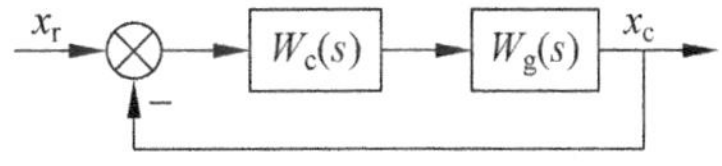

图 P3-5　题 3-18 的系统结构图

解

$$W_K(s) = W_c(s)W_g(s)$$

要求位置稳态误差为零，则系统应为Ⅰ型或Ⅰ型以上系统，所以只能选(b)，即系统开环传递函数为

$$\begin{aligned} W_K(s) &= W_c(s)W_g(s) \\ &= K_p\frac{(\tau s+1)}{s}\frac{K_g}{(T_1s+1)(T_2s+1)} \end{aligned}$$

$$= \frac{K_p K_g(\tau s + 1)}{s(T_1 s + 1)(T_2 s + 1)}$$

按照系统最小实现原则，应选 $\tau = T_1$ 或 $\tau = T_2$。

(1) 当 $\tau = T_1$ 时

$$W_K(s) = \frac{K_p K_g}{s(T_2 s + 1)} = \frac{K_p K_g / T_2}{s(s + 1/T_2)}$$

由 $\sigma\% = e^{-(\xi\pi/\sqrt{1-\xi^2})} \times 100\% \leqslant 4.3\%$，得 $\xi \geqslant \frac{1}{\sqrt{2}}$。

与标准型相对比，得

$$2\xi\omega_n = \frac{1}{T_2}$$

即

$$\frac{1}{\xi\omega_n} = 2T_2$$

将此结果代入公式 $t_s(5\%) = \frac{3}{\xi\omega_n}$ 中，得

$$t_{s1} = 6T_2$$

(2) 当 $\tau = T_2$ 时

$$W_K(s) = \frac{K_p K_g}{s(T_1 s + 1)} = \frac{K_p K_g / T_1}{s(s + 1/T_1)}$$

由 $\sigma\% = e^{-(\xi\pi/\sqrt{1-\xi^2})} \times 100\% \leqslant 4.3\%$，得 $\xi \geqslant \frac{1}{\sqrt{2}}$。

与标准型相对比，得

$$2\xi\omega_n = \frac{1}{T_1}$$

即

$$\frac{1}{\xi\omega_n} = 2T_1$$

将此结果代入公式 $t_s(5\%) = \frac{3}{\xi\omega_n}$ 中，得

$$t_{s2} = 6T_1$$

因为 $T_1 > T_2$，所以 $t_{s1} = 6T_2 < t_{s2} = 6T_1$。因此，当 $\tau = T_1$ 时，调节时间最短。此时，与标准型相对比，得

$$\begin{cases} \omega_n^2 = \dfrac{K_p K_g}{T_2} \\ 2\xi\omega_n = \dfrac{1}{T_2} \\ \xi \geqslant \dfrac{1}{\sqrt{2}} \end{cases} \quad 即 \begin{cases} K_p \leqslant \dfrac{1}{2T_2 K_g} \\ \omega_n \leqslant \dfrac{\sqrt{2}}{2T_2} \\ \xi \geqslant \dfrac{1}{\sqrt{2}} \end{cases}$$

所以当调节器选择(b)，并且取 $\tau = T_1$，$K_p = \frac{1}{2T_2 K_g}$ 时，满足题目的要求。

题 3-19　有闭环系统的特征方程式如下，试用劳斯判据判断系统的稳定性，并说明特征根在复平面上的分布。

(1) $s^3+20s^2+4s+50=0$

(2) $s^3+20s^2+4s+100=0$

(3) $s^4+2s^3+6s^2+8s+8=0$

(4) $2s^5+s^4-15s^3+25s^2+2s-7=0$

(5) $s^6+3s^5+9s^4+18s^3+22s^2+12s+12=0$

解　(1) $s^3+20s^2+4s+50=0$

列劳斯表得

$$\begin{array}{lll} s^3 & 1 & 4 \\ s^2 & 20 & 50 \\ s^1 & \dfrac{3}{2} & \\ s^0 & 50 & \end{array}$$

劳斯表第一列元素全大于零，由劳斯判据知该系统稳定。

(2) $s^3+20s^2+4s+100=0$

$$\begin{array}{lll} s^3 & 1 & 4 \\ s^2 & 20 & 100 \\ s^1 & -1 & \\ s^0 & 100 & \end{array}$$

劳斯表第一列元素变号两次，由劳斯判据可知该系统不稳定，在 s 平面右半平面有两个根。

(3) $s^4+2s^3+6s^2+8s+8=0$

$$\begin{array}{llll} s^4 & 1 & 6 & 8 \\ s^3 & 2 & 8 & \\ s^2 & 2 & 8 & \\ s^1 & 0(\xi) & & \\ s^0 & 8 & & \end{array}$$

劳斯表第一列元素出现零，且上下无变号，表明该系统临界稳定，又因为出现在 s^1 行上，所以有一对共轭虚根。

(4) $2s^5+s^4-15s^3+25s^2+2s-7=0$

不用列劳斯表，由方程系数前有负号就知该系统不稳定。为了解根的分布，仍需列劳斯表。

$$\begin{array}{llll} s^5 & 2 & -15 & 2 \\ s^4 & 1 & 25 & -7 \\ s^3 & -65 & 16 & \\ s^2 & \dfrac{16}{65}+25 & -7 & \\ s^1 & -2.02 & & \\ s^0 & -7 & & \end{array}$$

劳斯表第一列元素变号三次，该系统不稳定，有三个根在 s 平面右半平面。

(5) $s^6+3s^5+9s^4+18s^3+22s^2+12s+12=0$

s^6	1	9	22	12
s^5	3	18	12	
s^4	3	18	12	
s^3	0(12)	0(36)		
s^2	9	12		
s^1	20			
s^0	12			

辅助方程 $F(s)=3s^4+18s^2+12=0$

$$F'(s)=12s^3+36s$$

劳斯表出现某一行（s^3 行）为 0 的情况，并且第一列元素无变号，表明该系统临界稳定，有共轭虚根。

题 3-20 单位反馈系统的开环传递函数为

$W_K(s)=\dfrac{K_K(0.5s+1)}{s(s+1)(0.5s^2+s+1)}$，试确定使系统稳定的 K_K 值范围。

解 系统的特征方程为

$1+W_K(s)=1+\dfrac{K_K(0.5s+1)}{s(s+1)(0.5s^2+s+1)}=0$，展开得

$$0.5s^4+1.5s^3+2s^2+(1+0.5K_K)s+K_K=0$$

列劳斯表

s^4	0.5	2	K_K
s^3	1.5	$1+0.5K_K$	
s^2	$\dfrac{5}{3}(1-0.1K_K)$	K_K	
s^1	$1+0.5K_K+\dfrac{0.9K_K}{0.1K_K-1}$		
s^0	K_K		

若系统稳定，则劳斯表中第一列元素全大于零，即

$$\begin{cases}K_K>0\\ \dfrac{5}{3}(1-0.1K_K)>0\\ 1+0.5K_K+\dfrac{0.9K_K}{(0.1K_K-1)}>0\end{cases} \quad 解得\begin{cases}K_K>0\\ K_K<10\\ K_K<1.71\end{cases}$$

整理后，得 $0<K_K<1.71$。

题 3-21 已知系统的结构图如图 P3-6 所示，试用劳斯判据确定使系统稳定的 K_f 值范围。

解 由系统结构图可知开环传递函数

$$W_K(s)=\left(1+\frac{1}{s}\right)\frac{10}{s^2+(1+10K_f)s}$$

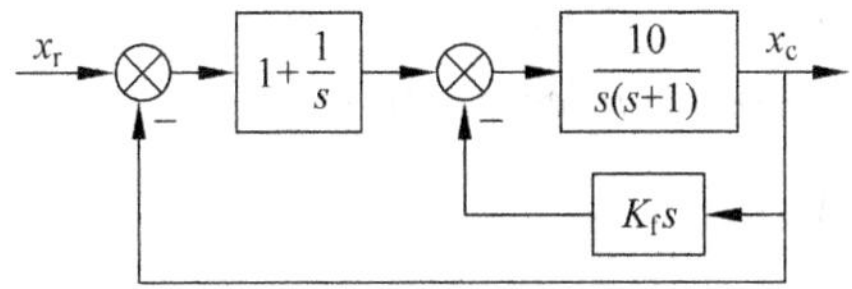

图 P3-6 题 3-21 的系统结构图

系统特征方程为

$$1+W_K(s)=1+\frac{10(1+s)}{s^2(s+1+10K_f)}=0$$

将其展开

$$s^3+(1+10K_f)s^2+10s+10=0$$

列劳斯表,得

$$\begin{array}{lll} s^3 & 1 & 10 \\ s^2 & 1+10K_f & 10 \\ s^1 & 10-\dfrac{10}{1+10K_f} & \\ s^0 & 10 & \end{array}$$

当

$$\begin{cases} 10-\dfrac{10}{1+10K_f}>0 \\ 1+10K_f>0 \end{cases}$$

时系统稳定,解不等式,得

$$K_f>0$$

题 3-22 如果采用图 P3-7 所示系统,问 τ 取何值时,系统方能稳定?

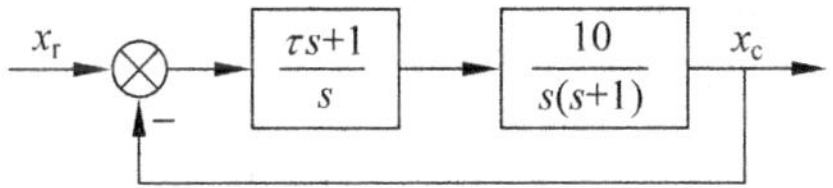

图 P3-7 题 3-22 的系统结构图

解 系统特征方程为

$$1+W_K(s)=1+\frac{\tau s+1}{s}\cdot\frac{10}{s(s+1)}=0$$

展开得

$$s^3+s^2+10\tau s+10=0$$

列劳斯表

$$\begin{array}{lll} s^3 & 1 & 10\tau \\ s^2 & 1 & 10 \\ s^1 & 10\tau-10 & \\ s^0 & 10 & \end{array}$$

若要系统稳定，则 $10\tau-10>0$，解得 $\tau>1$。

题 3-23 设单位反馈系统的开环传递函数为

$$W_K(s)=\frac{K}{s(1+0.33s)(1+0.167s)}$$

要求闭环特征根的实部均小于-1，求 K 值应取的范围。

解 系统特征方程为

$$s(1+0.33s)(1+0.167s)+K=0$$

整理得

$$0.055s^3+0.497s^2+s+K=0$$

令 $s=z-1$ 代入上式，得

$$0.055\,(z-1)^3+0.497\,(z-1)^2+(z-1)+K=0$$

整理得

$$0.055z^3+0.332z^2+0.171z+(K-0.558)=0$$

列劳斯表

$$\begin{array}{lll} z^3 & 0.055 & 0.171 \\ z^2 & 0.332 & K-0.558 \\ z^1 & 0.265-0.166K & 0 \\ z^0 & K-0.558 & \end{array}$$

由 $\begin{cases}0.265-0.166K>0\\ K-0.558>0\end{cases}$ 得 $\begin{cases}K<1.596\\ K>0.558\end{cases}$ 即 $0.558<K<1.596$。

题 3-24 设有一单位反馈系统，如果其开环传递函数为

(1) $W_K(s)=\dfrac{10}{s(s+4)(5s+1)}$；

(2) $W_K(s)=\dfrac{10(s+0.1)}{s^2(s+4)(5s+1)}$。

试求输入量为 $x_r(t)=t$ 和 $x_r(t)=2+4t+5t^2$ 时系统的稳态误差。

解 (1) 将原式整理得

$$W_K(s)=\frac{2.5}{s(0.25s+1)(5s+1)}$$

由上式可知 $K_K=2.5$，系统为Ⅰ型系统。所以

① 当 $x_r(t)=t$ 时，$e(\infty)=\dfrac{1}{K_K}=\dfrac{1}{2.5}=0.4$。

② 当 $x_r(t)=2+4t+5t^2=2\times 1(t)+4\times t+10\times\dfrac{1}{2}t^2$ 时

$$e(\infty)=2\times 0+4\times\frac{1}{K_K}+10\times\infty=\infty$$

(2) 将原式整理得

$$W_K(s)=\frac{2.5(s+0.1)}{s^2(0.25s+1)(5s+1)}=\frac{0.25(10s+1)}{s^2(0.25s+1)(5s+1)}$$

由上式可知 $K_K=0.25$,系统为Ⅱ型系统

① 当 $x_r(t)=t$ 时,$e(\infty)=0$。

② 当 $x_r(t)=2+4t+5t^2=2\times 1(t)+4\times t+10\times \frac{1}{2}t^2$ 时

$$e(\infty)=2\times 0+4\times 0+10\times \frac{1}{K_K}=40$$

题 3-25 有一单位反馈系统,系统的开环传递函数为 $W_K(s)=\frac{K_K}{s}$,求当输入量为 $x_r(t)=\frac{1}{2}t^2$ 和 $x_r(t)=\sin\omega t$ 时,控制系统的稳态误差。

解 由稳态误差公式 $E(s)=\frac{X_r(s)}{1+W_K(s)}$得

(1) 当 $x_r(t)=\frac{1}{2}t^2$,即 $X_r(s)=\frac{1}{s^3}$时

$$e(\infty)=\lim_{s\to 0} sE(s)=\lim_{s\to 0}\frac{sX_r(s)}{1+W_K(s)}$$

$$=\lim_{s\to 0}\frac{s\cdot\frac{1}{s^3}}{1+\frac{K_K}{s}}=\lim_{s\to 0}\frac{1}{s(s+K_K)}=\infty$$

注:此问也可由表 3-1 和该系统为Ⅰ型系统直接求出 $e(\infty)=\infty$。

(2) 当 $x_r(t)=\sin\omega t$,即 $X_r(s)=\frac{\omega}{s^2+\omega^2}$时

$$E(s)=\frac{X_r(s)}{1+W_K(s)}=\frac{\omega}{s^2+\omega^2}\cdot\frac{1}{1+W_K(s)}$$

有两个虚极点,不满足终值定理条件,不能用终值定理的方法来求解。具体求法在第 5 章中将做介绍。

题 3-26 有一单位反馈系统,其开环传递函数为 $W_K(s)=\frac{3s+10}{s(5s-1)}$,求系统的动态误差系数;并求当输入量为 $x_r(t)=1+t+\frac{1}{2}t^2$ 时,稳态误差的时间函数 $e(t)$。

解 (1) 系统的误差传递函数为

$$\frac{E(s)}{X_r(s)}=\frac{1}{1+W_K(s)}=\frac{-s+5s^2}{10+2s+5s^2}=-\frac{1}{10}s+\frac{13}{25}s^2-\frac{27}{500}s^3+\cdots$$

故知动态误差系数为 $k_0=\infty, k_1=-10, k_2=\frac{25}{13},\cdots$

(2) 稳态误差的时间函数为

$$e(t)=\frac{1}{k_0}x_r(t)+\frac{1}{k_1}x_r'(t)+\frac{1}{k_2}x_r''(t)+\cdots$$

$$=0-\frac{1}{10}x_r'(t)+\frac{13}{25}x_r''(t)+\cdots$$

当输入量为 $x_r(t)=1+t+\frac{1}{2}t^2$ 时

$$x'_r(t)=1+t \quad x''_r(t)=1 \quad x'''_r(t)=0$$

解得 $e(t)=-\frac{1}{10}(1+t)+\frac{13}{25}=-\frac{1}{10}t+\frac{21}{50}$。

题 3-27 一系统的结构图如图 P3-8 所示，并设 $W_1(s)=\frac{K_1(1+T_1s)}{s}$，$W_2(s)=\frac{K_2}{s(1+T_2s)}$。当扰动量分别以 $\Delta X_d(s)=\frac{1}{s}$、$\frac{1}{s^2}$ 作用于系统时，求系统的扰动稳态误差。

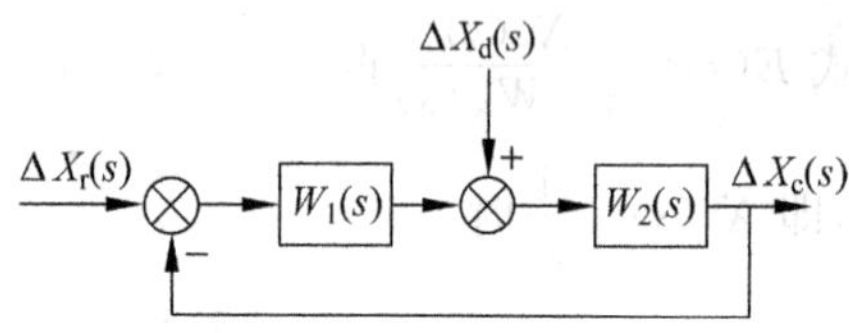

图 P3-8 题 3-27 的系统结构图

解 系统的扰动误差传递函数为

$$W_e(s)=\frac{\Delta X_c(s)}{\Delta X_d(s)}=\frac{W_2(s)}{1+W_1(s)W_2(s)}$$

则系统的扰动稳态误差为

$$e(\infty)=\lim_{t\to\infty}\Delta x_c(t)=\lim_{s\to 0}s\cdot W_e(s)\Delta X_d(s)=\lim_{s\to 0}s\cdot\frac{W_2(s)}{1+W_1(s)W_2(s)}\cdot\Delta X_d(s) \tag{3-23}$$

(1) 当扰动量 $\Delta X_d(s)=\frac{1}{s}$ 时，代入式(3-23)得

$$e(\infty)=\lim_{s\to 0}s\cdot\frac{W_2(s)}{1+W_1(s)W_2(s)}\cdot\frac{1}{s}=\lim_{s\to 0}\frac{W_2(s)}{1+W_1(s)W_2(s)}$$

$$=\lim_{s\to 0}\frac{\frac{K_2}{s(1+T_2s)}}{1+\frac{K_1(1+T_1s)}{s}\cdot\frac{K_2}{s(1+T_2s)}}$$

$$=\lim_{s\to 0}\frac{K_2}{s(1+T_2s)+\frac{K_1K_2(1+T_1s)}{s}}$$

$$=\frac{K_2}{\lim\limits_{s\to 0}\left(\frac{K_1K_2}{s}+T_1\right)}=\frac{K_2}{\infty}=0$$

(2) 当扰动量 $\Delta X_d(s)=\frac{1}{s^2}$ 时，代入式(3-23)得

$$e(\infty)=\lim_{s\to 0}s\cdot\frac{W_2(s)}{1+W_1(s)W_2(s)}\cdot\frac{1}{s^2}=\lim_{s\to 0}\frac{1}{s}\cdot\frac{W_2(s)}{1+W_1(s)W_2(s)}$$

$$=\lim_{s\to 0}\frac{K_2}{s^2(1+T_2 s)+K_1K_2+K_1K_2T_1 s}=\frac{K_2}{K_1K_2}=\frac{1}{K_1}$$

题 3-28　一复合控制系统的结构图如图 P3-9 所示，其中 $K_1=2K_3=1$，$T_2=0.25\text{s}$，$K_2=2$。试求：

（1）输入量分别为 $x_r(t)=1$，$x_r(t)=t$，$x_r(t)=\frac{1}{2}t^2$ 时系统的稳态误差；

（2）系统的单位阶跃响应及其 $\sigma\%$，t_s。

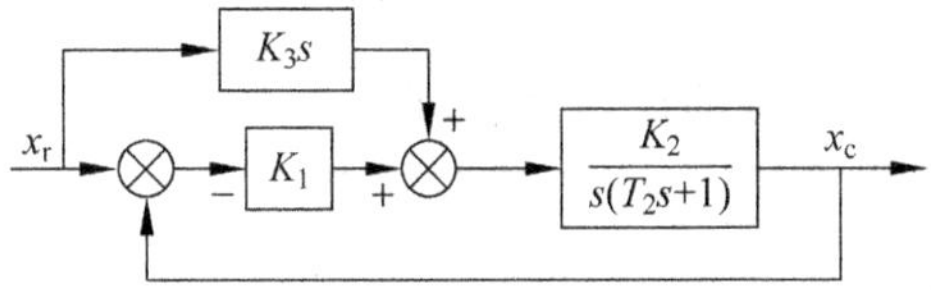

图 P3-9　题 3-28 的系统结构图

解　系统的闭环传递函数为

$$W_B(s)=\frac{2(0.5s+1)}{s(0.25s+1)+2}$$

系统的给定误差的拉普拉斯变换为

$$\begin{aligned}E(s)&=[1-W_B(s)]X_r(s)\\&=\frac{0.25s^2}{0.25s^2+s+2}X_r(s)\end{aligned}\tag{3-24}$$

（1）当 $x_r(t)=1$ 时，即 $X_r(s)=\frac{1}{s}$，代入式(3-24)得

$$E(s)=\frac{0.25s}{0.25s^2+s+2}$$

系统的稳态误差为

$$e(\infty)=\lim_{s\to 0}sE(s)=\lim_{s\to 0}\frac{0.25s^2}{0.25s^2+s+2}=0$$

当 $x_r(t)=t$ 时，即 $X_r(s)=\frac{1}{s^2}$，同理可得

$$e(\infty)=\lim_{s\to 0}sE(s)=\lim_{s\to 0}\frac{0.25s}{0.25s^2+s+2}=0$$

当 $x_r(t)=\frac{1}{2}t^2$ 时，即 $X_r(s)=\frac{1}{s^3}$，同理可得

$$e(\infty)=\lim_{s\to 0}sE(s)=\lim_{s\to 0}\frac{0.25}{0.25s^2+s+2}=0.125$$

（2）系统的闭环传递函数为

$$W_B(s)=\frac{X_c(s)}{X_r(s)}=\frac{s+2}{0.25s^2+s+2}=\frac{4s+8}{s^2+4s+8}$$

可知该系统为具有零点 z 的二阶系统，将其化为标准型

$$W_B=\frac{\omega_n^2(\tau s+1)}{s^2+2\xi\omega_n s+\omega_n^2}=\frac{\omega_n^2(s+z)}{z(s^2+2\xi\omega_n s+\omega_n^2)}$$

即

$$W_{B}(s)=\frac{8\ (s+2)}{2\ (s^{2}+4s+8)}$$

所以

$$\omega_{n}=\sqrt{8}$$

$$\xi=\frac{4}{2\omega_{n}}=\frac{1}{\sqrt{2}}$$

$$z=2$$

根据具有零点的二阶系统的计算公式，得

$$l=\sqrt{(z-\xi\omega_{n})^{2}+(\omega_{n}\sqrt{1-\xi^{2}})^{2}}=2$$

$$r=\frac{\xi\omega_{n}}{z}=1$$

$$\theta=\arctan\frac{\sqrt{1-\xi^{2}}}{\xi}=\arctan 1=45^{\circ}=\frac{\pi}{4}\text{rad}$$

$$\varphi=\arctan\frac{\omega_{n}\sqrt{1-\xi^{2}}}{z-\xi\omega_{n}}=\arctan\infty=90^{\circ}=\frac{\pi}{2}\text{rad}$$

由式(3-15)、式(3-16)、式(3-19)分别解得：

单位阶跃响应为

$$\begin{aligned}x_{c}(t)&=1-\frac{1}{\sqrt{1-\xi^{2}}}e^{-\xi\omega_{n}t}\cdot\frac{l}{z}\cdot\sin(\sqrt{1-\xi^{2}}\omega_{n}t+\varphi+\theta)\\&=1-\sqrt{2}e^{-2t}\sin\left(2t+\frac{3}{4}\pi\right)\end{aligned}$$

调节时间为

$$t_{s}(5\%)=\left(3+\ln\frac{l}{z}\right)\frac{1}{\xi\omega_{n}}=1.5\text{s}$$

最大超调量为

$$\sigma\%=\frac{1}{\xi}\sqrt{\xi^{2}-2r\xi+r^{2}}e^{-\left[\xi(\pi-\varphi)/\sqrt{1-\xi^{2}}\right]}\times100\%=21\%$$

题 3-29 一复合控制系统如图 P3-10 所示，图中 $W_{c}(s)=as^{2}+bs$，$W_{g}(s)=\frac{10}{s(1+0.1s)(1+0.2s)}$。如果系统由Ⅰ型提高为Ⅲ型系统，求 a 值及 b 值。

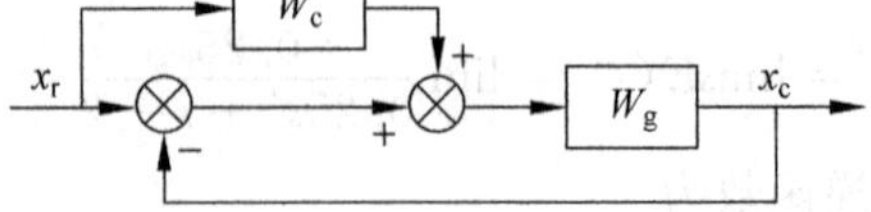

图 P3-10 题 3-29 的系统结构图

解 系统闭环传递函数为

$$W_{B}(s)=\frac{(1+W_{c})W_{g}}{1+W_{g}}=\frac{10(as^{2}+bs+1)}{s(0.1s+1)(0.2s+1)+10}\qquad(3\text{-}25)$$

给定误差的拉普拉斯变换为

$$E(s)=X_r(s)-X_c(s)=[1-W_B(s)]X_r(s)$$

给定稳定误差为

$$e(\infty)=\lim_{t\to\infty}e(t)=\lim_{s\to 0}sE(s)=\lim_{s\to 0}s(1-W_B)X_r \tag{3-26}$$

根据稳态误差与系统类型的关系可知，若系统为Ⅲ型系统，则当输入为 $X_r(s)=\frac{1}{s^3}$时，给定稳态误差应为零。所以，将 $X_r(s)=\frac{1}{s^3}$和式(3-25)代入式(3-26)，得

$$\begin{aligned}e(\infty)&=\lim_{s\to 0}s(1-W_B)X_r\\&=\lim_{s\to 0}s\left(1-\frac{10(as^2+bs+1)}{s(0.1s+1)(0.2s+1)+10}\right)\frac{1}{s^3}\\&=\lim_{s\to 0}\frac{s^2+(15-500a)s+50-500b}{s^4+15s^3+50s^2+500s}\end{aligned}$$

令 $e(\infty)=0$，得到

$$\begin{cases}15-500a=0\\50-500b=0\end{cases}\quad \text{即}\quad \begin{cases}a=0.03\\b=0.1\end{cases}$$

第4章 根轨迹法

4.1 内容提要

闭环系统特征方程的根决定着闭环系统的稳定性及主要动态性能。对于高阶系统而言，其特征根是很难直接求解出来的。因此，有必要探索不解高次代数方程也能求出系统闭环特征方程的根，进而分析系统闭环特性的有效方法。根轨迹法就是这样的一种图解方法。它根据基本法则，利用系统的开环零、极点的分布，绘出系统闭环极点的运动轨迹，形象且直观地反映出系统参数的变化对根的分布位置的影响，并在此基础上对系统的性能进行进一步的分析。

利用根轨迹法分析系统时，根轨迹的绘制是前提。只有比较准确地绘制出系统的根轨迹，利用根轨迹法及相关的已知条件，得出系统的闭环零极点在 s 平面的分布，才能在此基础上运用第 3 章讲述的时域分析方法，判断系统的稳定性、估算动态性能指标、计算系统稳态误差等。

从不同的角度，根轨迹有几种类型划分：常义根轨迹、广义根轨迹（参数根轨迹）、180°根轨迹、0°根轨迹等。而这些不同类型的根轨迹，则是由系统的不同结构（正反馈或负反馈）、不同性质（最小相位或非最小相位）所形成的特征方程的形式决定的。所以，在绘制根轨迹时，首先要解决的关键问题是系统特征方程的列写。

依照系统的不同结构和性质，将系统的开环传递函数的分子和分母多项式的 s 最高次项系数变为 $+1$，其特征方程的形式有如下 4 种可能：

$$\pm\frac{K^*\prod_{i=1}^{m}(s+z_i)}{\prod_{j=1}^{n}(s+p_j)}=\pm 1 \tag{4-1}$$

这 4 种可能又归结为

$$\frac{\prod_{i=1}^{m}(s+z_i)}{\prod_{j=1}^{n}(s+p_j)}=\pm\frac{1}{K^*}\quad (K^*>0) \tag{4-2}$$

根据式(4-2)等号右端的符号就可确定相应的根轨迹类型——“+”对应 0°根轨迹,“−”对应 180°根轨迹；式(4-2)中的 K^* 为系统的根轨迹放大系数或系统的其他参数，$-z_i$ 和 $-p_j$ 分别为等效的系统开环零点和极点。

4.2　习题与解答

题 4-6　求下列各开环传递函数所对应的负反馈系统的根轨迹。

(1) $W_K(s)=\dfrac{K_g(s+3)}{(s+1)(s+2)}$

解　① 起点：两个开环极点为 $-p_1=-1,-p_2=-2$；终点：系统有一个开环有限零点为 $-z=-3$。

② 实轴上的根轨迹区间为 $(-\infty,-3],[-2,-1]$。

③ 根轨迹的分离点、会合点计算。

$$N'(s)D(s)-D'(s)N(s)=0$$

即

$$(s+1)(s+2)-(s+3)[(s+1)+(s+2)]=0$$

$$s^2+6s+7=0$$

$$s_{1,2}=\frac{1}{2}(-6\pm\sqrt{36-28})=\frac{1}{2}(-6\pm\sqrt{8})=-3\pm\sqrt{2}$$

因为根轨迹在 $(-\infty,-3]$ 和 $[-2,-1]$ 上，所以，分离点为 −1.58，会合点为 −4.42。

根轨迹如图 4-1 所示。

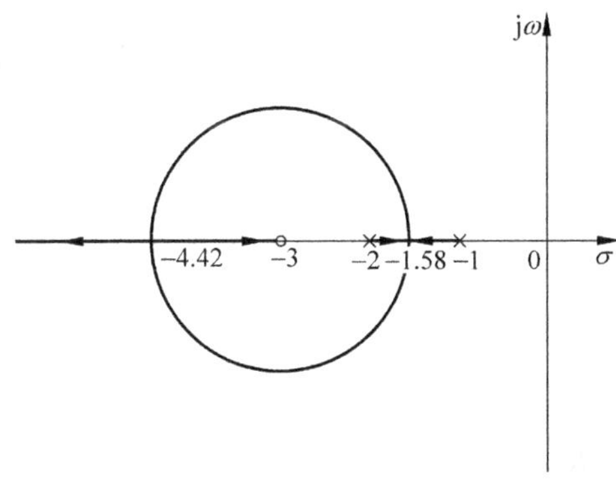

图 4-1　题 4-6(1)根轨迹图

(2) $W_K(s)=\dfrac{K_g(s+5)}{s(s+3)(s+2)}$

解　① 起点：三个开环极点 $-p_1=0,-p_2=-3,-p_3=-2$；终点：系统有一个开环有限零点 $-z=-5$。

② 实轴上根轨迹区间为[$-5,-3$],[$-2,0$]。

③ 渐近线倾角及交点计算。由公式

$$\begin{cases} \varphi = \dfrac{\mp 180^\circ(1+2\mu)}{n-m} \quad (\mu = 0,1,2,\cdots) \\ -\sigma_k = -\dfrac{\sum\limits_{j=1}^{n} p_j - \sum\limits_{i=1}^{m} z_i}{n-m} \end{cases}$$

求得根轨迹的渐近线倾角和渐近线与实轴的交点为

$$\varphi = \frac{\mp 180^\circ}{3-1} = \pm 90^\circ \quad -\sigma_k = -\frac{3+2-5}{3-1} = 0$$

④ 求分离点 $N'(s)D(s)-D'(s)N(s)=0$。即

$$s(s+3)(s+2)-(s+5)[(s+3)(s+2)+s(s+2)+s(s+3)]=0$$

得

$$s^3+10s^2+25s+15=0$$

解得 $s_1=-0.89, s_2=-2.60, s_3=-6.51$。

因为在($-\infty,-5$)和($-3,-2$)区间内无根轨迹,所以分离点应为 $s_1=-0.89$。

根轨迹如图 4-2 所示。

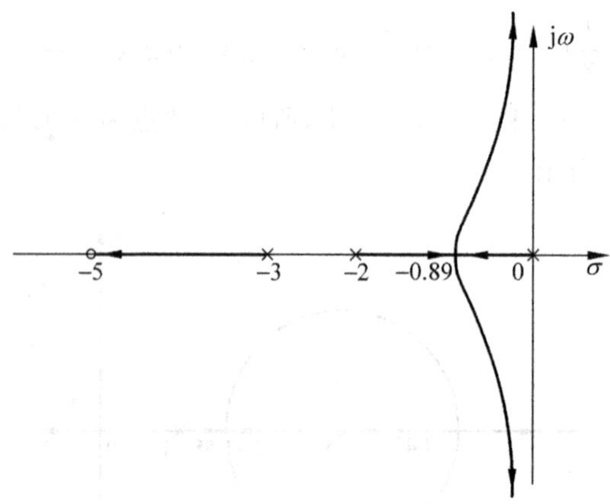

图 4-2 题 4-6(2)根轨迹图

(3) $W_K(s)=\dfrac{K_g(s+3)}{(s+1)(s+5)(s+10)}$

解 ① 起点:三个开环极点为 $-p_1=-1, -p_2=-5, -p_3=-10$;终点:系统有一个开环有限零点为 $-z=-3$。

② 实轴上根轨迹区间为[$-10,-5$],[$-3,-1$]。

③ 渐近线倾角及交点计算。由公式

$$\begin{cases} \varphi = \dfrac{\mp 180^\circ(1+2\mu)}{n-m} \quad (\mu = 0,1,2,\cdots) \\ -\sigma_k = -\dfrac{\sum\limits_{j=1}^{n} p_j - \sum\limits_{i=1}^{m} z_i}{n-m} \end{cases}$$

求得根轨迹的渐近线倾角和渐近线与实轴的交点为

$$\varphi = \frac{\mp 180^\circ(1+2\mu)}{3-1} = \pm 90^\circ$$

$$-\sigma_k = -\frac{5+10+1-3}{3-1} = -6.5$$

④ 分离点、会合点计算。由公式

$$N'(s)D(s) - D'(s)N(s) = 0$$

得

$$(s+1)(s+5)(s+10) - (s+3) \cdot [(s+5)(s+10) + (s+1)(s+10) + (s+1)(s+5)] = 0$$

整理得

$$2s^3 + 25s^2 + 96s + 145 = 0$$

解得

$$s_1 = -7.3 \quad s_{2,3} = -2.62 \pm \mathrm{j}1.77$$

因为分离点在（-10，-5）区间内，所以取 $s=-7.3$。

根轨迹如图 4-3 所示。

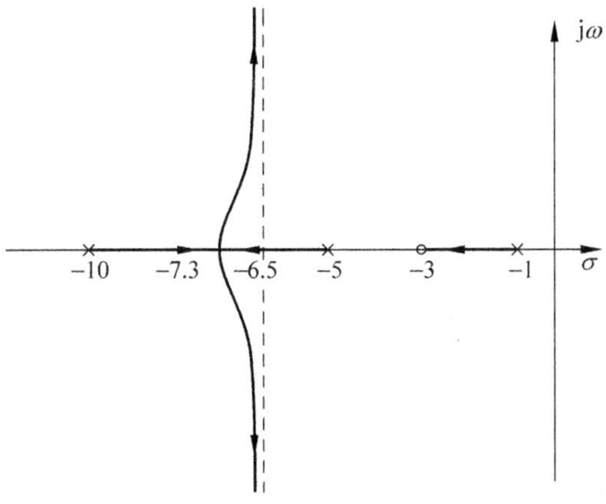

图 4-3 题 4-6(3)根轨迹图

题 4-7 已知负反馈控制系统开环零、极点分布如图 P4-1 所示，试写出相应的开环传递函数并绘制概略根轨迹图。

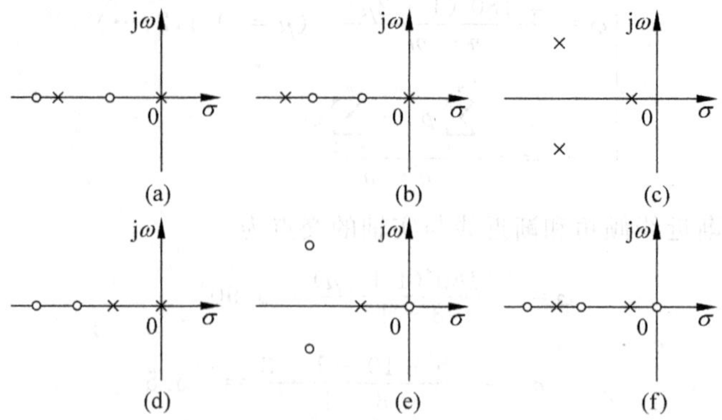

图 P4-1 题 4-7 的系统开环零、极点分布

解 (a) $W(s)=\dfrac{K(s+z_1)(s+z_2)}{s(s+p_1)}$ $(-z_1>-p_1>-z_2)$

起点：两个开环极点 $0,-p_1$。

终点：两个开环有限零点 $-z_1$，$-z_2$。

实轴上的根轨迹区间为$[-z_2,-p_1]$和$[-z_1,0]$。

相应的根轨迹图绘于图 4-4 中。

(b) $W(s)=\dfrac{K(s+z_1)(s+z_2)}{s(s+p_1)}$ $(-z_1>-z_2>-p_1)$

起点：两个开环极点 0，$-p_1$。

终点：两个开环有限零点 $-z_1$，$-z_2$。

实轴上的根轨迹区间为$[-p_1,-z_2]$和$[-z_1,0]$。

相应的根轨迹图绘于图 4-5 中。

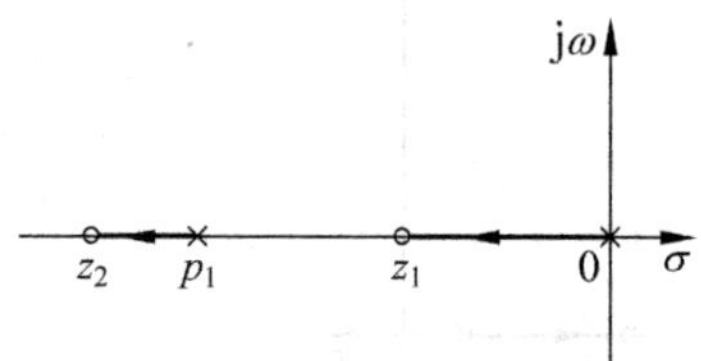

图 4-4 题 4-7(a)的根轨迹图

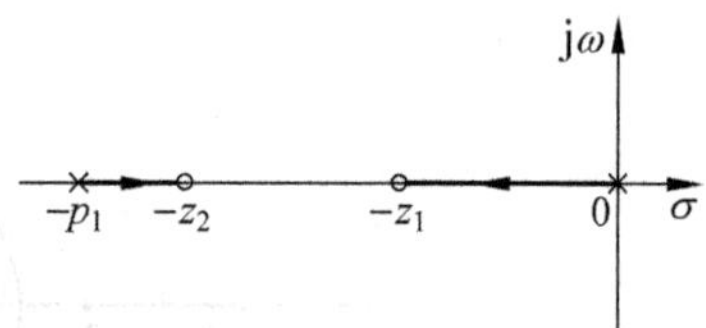

图 4-5 题 4-7(b)的根轨迹图

(c) $W(s)=\dfrac{K}{(s+p_1)(s^2+2\xi\omega s+\omega^2)}$

起点：三个开环极点 $-p_1$，$-p_2$，$-p_3$。其中 $(s+p_2)(s+p_3)=s^2+2\xi\omega s+\omega^2$。

终点：三个无限零点。

实轴上的根轨迹区间为$(-\infty,-p_1]$。

渐近线与实轴的夹角 $\varphi=\dfrac{\mp180^\circ(1+2\mu)}{3}=\pm60^\circ,180^\circ$。

相应的根轨迹图绘于图 4-6 中。

(d) $W(s)=\dfrac{K(s+z_1)(s+z_2)}{s(s+p_1)}$　$(-p_1>-z_1>-z_2)$

起点：两个开环极点 0，$-p_1$。

终点：两个开环有限零点 $-z_1$，$-z_2$。

实轴上的根轨迹区间为 $[-z_2, -z_1]$和$[-p_1, 0]$。

相应的根轨迹图绘于图 4-7 中。

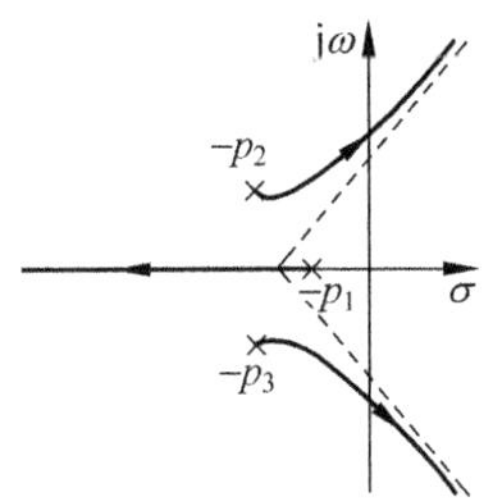

图 4-6　题 4-7(c)的根轨迹图

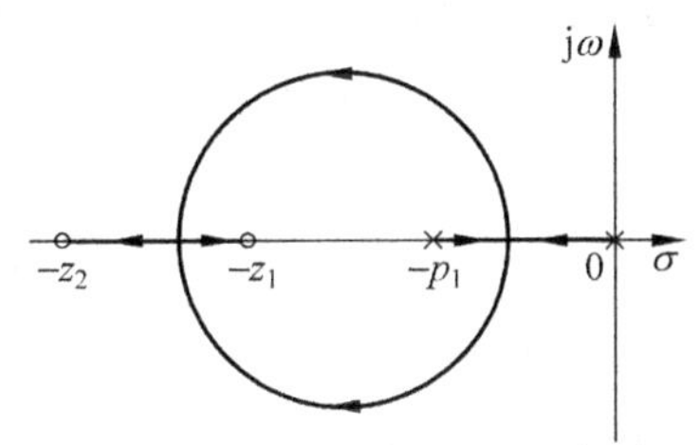

图 4-7　题 4-7(d)的根轨迹图

(e) $W(s)=\dfrac{Ks(s^2+2\xi\omega s+\omega^2)}{(s+p_1)}$

起点：一个开环极点为 $-p_1$。

终点：三个开环有限零点 0，$-z_1$，$-z_2$。其中 $(s+z_1)(s+z_2)=s^2+2\xi\omega s+\omega^2$。

实轴上的根轨迹区间为$[-p_1, 0]$。

渐近线与实轴的夹角 $\varphi=\dfrac{\mp 180^\circ(1+2\mu)}{2}=90^\circ, -90^\circ$。

相应的根轨迹图绘于图 4-8 中。

(f) $W(s)=\dfrac{Ks(s+z_1)(s+z_2)}{(s+p_1)(s+p_2)}$　$(-p_1>-z_1>-p_2>-z_2)$

起点：两个开环极点 $-p_1$，$-p_2$。

终点：三个开环有限零点 0，$-z_1$，$-z_2$。

实轴上的根轨迹区间为$(-\infty, -z_2]$，$[-p_2, -z_1]$和$[-p_1, 0]$。

相应的根轨迹图绘于图 4-9 中。

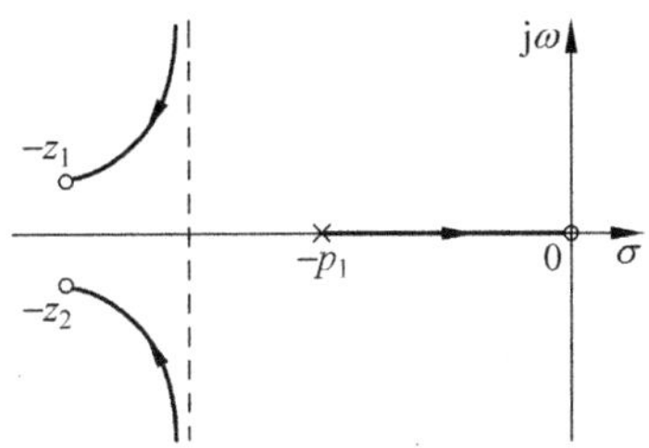

图 4-8　题 4-7(e)的根轨迹图

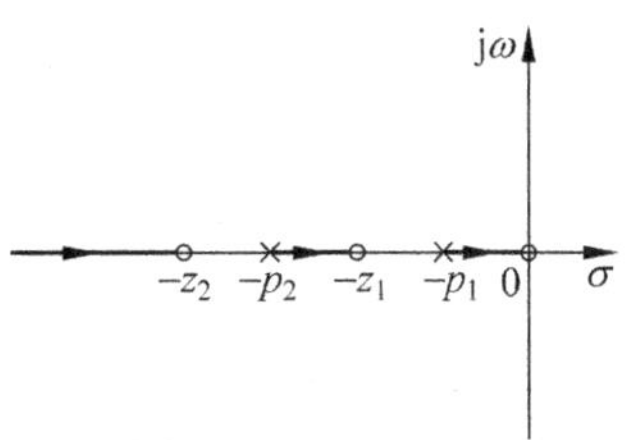

图 4-9　题 4-7(f)的根轨迹图

题 4-8　求下列各环传递函数所对应的负反馈系统根轨迹。

(1) $W_K(s)=\dfrac{K_g(s+2)}{s^2+2s+3}$

解　① 起点：两个开环极点 $-p_1=-1+j\sqrt{2}$，$-p_2=-1-j\sqrt{2}$；终点：系统有一个开环有限零点 $-z=-2$。

② 实轴上根轨迹区间为 $(-\infty,-2]$。

③ 求分离点，会合点。由 $N'(s)D(s)-D'(s)N(s)=0$ 得

$$s^2+2s+3-(s+2)(2s+2)=0$$

整理得

$$s^2+4s+1=0$$

解得 $s_1=-2-\sqrt{3}$，$s_2=-2+\sqrt{3}$。

由于实轴上的根轨迹在 $(-2,\infty)$ 区间内，所以分离点应为 $s_1=-2-\sqrt{3}\approx-3.7$。

④ 出射角计算。由 $\beta_{sc}=180°-\left(\sum_{j=1}^{n-1}\beta_j-\sum_{i=1}^{m}\alpha_i\right)$ 得

$$\beta_{sc1}=180°-(90°-54.7°)=144.7°$$

同理，$\beta_{sc2}=-144.7°$。

根轨迹如图 4-10 所示。

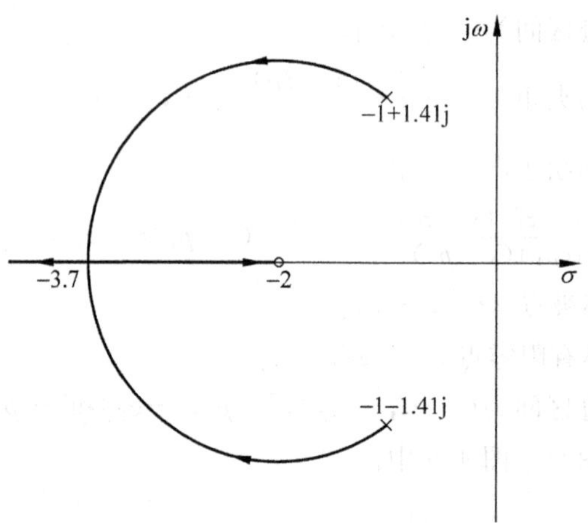

图 4-10　题 4-8(1)根轨迹图

(2) $W_K(s)=\dfrac{K_g}{s(s+2)(s^2+2s+2)}$

解　① 起点：系统四个开环极点为 $-p_1=0$，$-p_2=-2$，$-p_3=-1-j$，$-p_4=-1+j$；终点：四个无限零点。

② 渐近线计算。由公式

$$\begin{cases}\varphi=\dfrac{\mp 180^\circ(1+2\mu)}{n-m} & (\mu=0,1,2,\cdots)\\ -\sigma_{\mathrm{k}}=-\dfrac{\sum\limits_{j=1}^{n}p_j-\sum\limits_{i=1}^{m}z_i}{n-m}\end{cases}$$

求得根轨迹的渐近线倾角和渐近线与实轴的交点为

$$\varphi=\frac{\mp 180^\circ(1+2\mu)}{4}=\pm 45^\circ、\pm 135^\circ$$

$$-\sigma_{\mathrm{k}}=-\frac{2+1+1}{4}=-1$$

③ 分离点，会合点计算。

$$D'(s)N(s)-N'(s)D(s)=0$$

整理得

$$(s+1)^3=0$$

解得 $s_{1,2,3}=-1$。

④ 出射角计算。由 $\beta_{\mathrm{sc}}=180^\circ-\left(\sum\limits_{j=1}^{n-1}\beta_j-\sum\limits_{i=1}^{m}\alpha_i\right)$ 得

$$\beta_{\mathrm{sc1}}=180^\circ-(90^\circ+135^\circ+45^\circ)=-90^\circ$$

同理，$\beta_{\mathrm{sc2}}=+90^\circ$。

⑤ 与虚轴的交点。系统的特征方程为

$$s^4+4s^3+6s^2+4s+K_{\mathrm{g}}=0$$

列劳斯表，得

$$\begin{array}{llll} s^4 & 1 & 6 & K_{\mathrm{g}}\\ s^3 & 4 & 4 & \\ s^2 & 5 & K_{\mathrm{g}} & \\ s^1 & 4-\dfrac{4}{5}K_{\mathrm{g}} & & \\ s^0 & K_{\mathrm{g}} & & \end{array}$$

令 s^1 行为零，即 $4-\dfrac{4}{5}K_{\mathrm{g}}=0$，得 $K_{\mathrm{g}}=5$。

将 $K_{\mathrm{g}}=5$ 代入 s^2 行，即 $5s^2+5=0$ 得 $s=\pm\mathrm{j}$。即根轨迹与虚轴的交点为 $s_{1,2}=\pm\mathrm{j}$，此时 $K_{\mathrm{g}}=5$。

根轨迹如图 4-11 所示。

(3) $W_{\mathrm{K}}(s)=\dfrac{K_{\mathrm{g}}(s+2)}{s(s+3)(s^2+2s+2)}$

解 ① 起点：四个开环极点 $-p_1=0,-p_2=-3,-p_3=-1-\mathrm{j},-p_4=-1+\mathrm{j}$；终点：系统有一个开环有限零点 $-z=-2$。

② 实轴上根轨迹区间为 $(-\infty,-3]$，$[-2,0]$。

③ 渐近线计算。

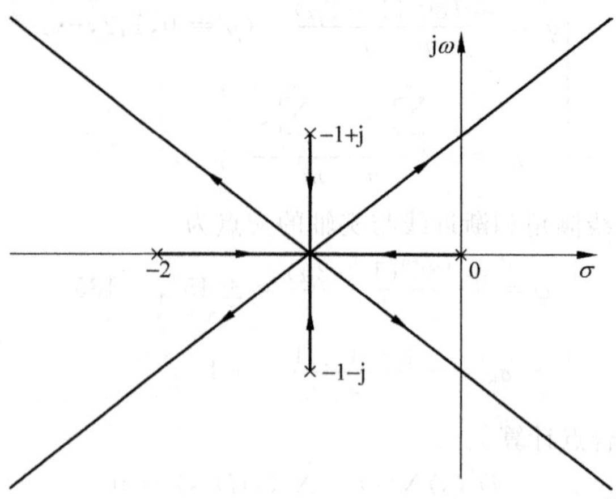

图 4-11　题 4-8(2)根轨迹图

$$\varphi=\frac{\pm 180°(1+2\mu)}{4-1}=\pm 60°,180°$$

$$-\sigma_k=-\frac{-2+3+2}{4-1}=-1$$

④ 出射角计算。由 $\beta_{sc}=180°-\left(\sum_{j=1}^{n-1}\beta_j-\sum_{i=1}^{m}\alpha_i\right)$ 得

$$\beta_{sc1}=180°-(90°+135°+26.6°-45°)=-26.6°$$

同理，$\beta_{sc2}=+26.6°$。

⑤ 与虚轴交点。系统的特征方程为

$$s^4+5s^3+8s^2+(6+K_g)s+2K_g=0$$

列劳斯表，得

s^4	1	8	$2K_g$
s^3	5	$6+K_g$	
s^2	$-\frac{1}{5}(K_g-34)$	$2K_g$	
s^1	$6+K_g+\frac{50K_g}{K_g-34}$		
s^0	$2K_g$		

令 s^1 行元素为 0，得 $K_g\approx 7$。

求得根轨迹与虚轴的交点为 $s_{1,2}=\pm j1.61$。

根轨迹如图 4-12 所示。

(4) $W_K(s)=\frac{K_g(s+1)}{s(s-1)(s^2+4s+16)}$

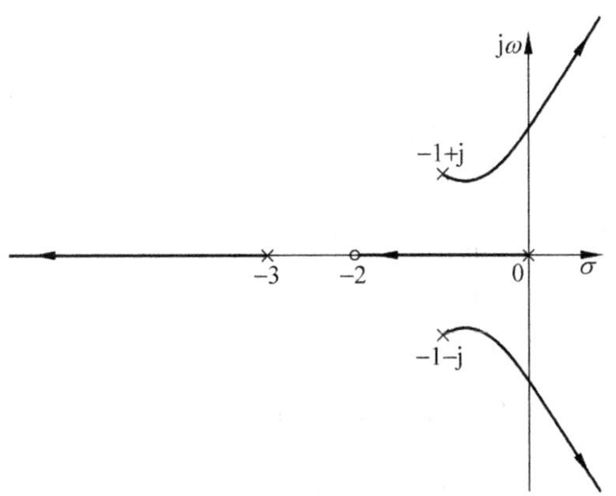

图 4-12　题 4-8(3)根轨迹图

解　① 起点：四个开环极点 $-p_1=0,-p_2=1,-p_{3,4}=-2\pm j2\sqrt{3}$；终点：系统有一个开环有限零点 $-z=-1$。

② 渐近线计算。

$$\varphi=\frac{\pm 180^\circ(1+2\mu)}{4-1}=\pm 60^\circ,180^\circ$$

$$-\sigma_k=-\frac{-1+2+2-1}{4-1}=-\frac{2}{3}$$

③ 分离点、会合点计算。

$$D'(s)N(s)-N'(s)D(s)=0$$

整理得

$$3s^4+10s^3+21s^2+24s-16=0$$

解得 $s_1=-2.26,s_2=0.45,s_{3,4}=-0.76\pm j2.16$。

因为分离点与会合点分别在 $(-\infty,-1]$ 和 $[0,1]$ 区间内，所以取 $s_1=0.45$，$s_2=-2.22$。

④ 出射角计算。由 $\beta_{sc}=180^\circ-\left(\sum_{j=1}^{n-1}\beta_j-\sum_{i=1}^{m}\alpha_i\right)$ 得

$$\beta_{sc1}=180^\circ-[(90^\circ+180^\circ-60^\circ+180^\circ-49.1^\circ)-(180^\circ-73.9^\circ)]=-54.8^\circ$$

同理，$\beta_{sc2}=54.8^\circ$。

⑤ 求根轨迹与虚轴的交点。

系统特征方程为

$$s^4+3s^3+12s^2+(K_g-16)s+K_g=0$$

列劳斯表，得

s^4	1	12	K_g
s^3	3	K_g-16	0
s^2	$-\frac{1}{3}(K_g-52)$	K_g	
s^1	$\frac{9K_g}{K_g-52}+K_g-16$	0	
s^0	K_g		

令 s^1 行为 0,即 $K_g^2-59K_g+832=0$,得 $K_{g1}=35.7, K_{g2}=23.3$。分别将其代入劳斯表第一列元素中,发现不变号,所以全部保留。

将 $K_{g1}=35.7, K_{g2}=23.3$ 分别代入辅助方程 $-\frac{1}{3}(K_g-52)s^2+K_g=0$ 中,解得根轨迹与虚轴的交点为

$$s_{1,2}=\pm j2.56(K_{g1}=35.7)$$
$$s_{3,4}=\pm j1.56(K_{g2}=23.3)$$

根轨迹如图 4-13 所示。

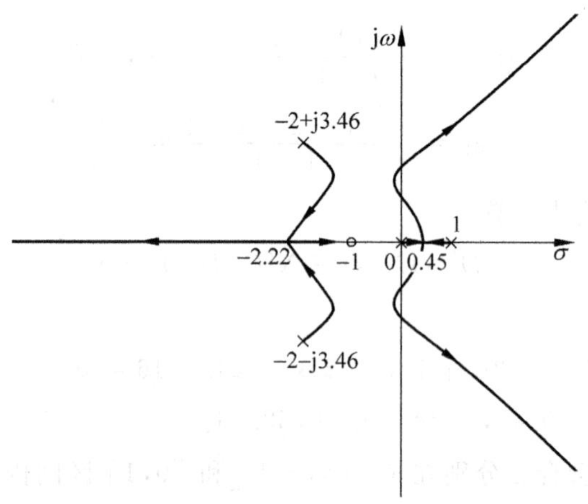

图 4-13　题 4-8(4)根轨迹图

(5) $W_K(s)=\frac{K_g(0.1s+1)}{s(s+1)(0.25s+1)^2}$

解　系统开环传递函数整理为

$$W_K(s)=\frac{K_g(s+10)}{s(s+1)(s+4)^2},\quad 其中\ K_g=1.6K$$

① 起点:四个开环极点 $-p_1=0, -p_2=-1, -p_{3,4}=-4$;终点:系统有一个开环有限零点 $-z=-10$。

② 实轴上的根轨迹区间为$(-\infty,-10]$，$[-1,0]$。

③ 渐近线

$$\varphi=\frac{\mp 180^\circ(1+2\mu)}{3}=\mp 60^\circ,180^\circ$$

$$-\sigma_k=-\frac{1+4+4-10}{4-1}=\frac{1}{3}$$

④ 分离点计算：$D'(s)N(s)-N'(s)D(s)=0$

整理得

$$3s^4+58s^3+294s^2+480s+160=0$$

解得 $s_1=-4$，$s_2=-0.45$，$s_3=-12.48$，$s_4=-2.41$。

因为根轨迹在实轴$(-4,-1)$区间没有轨迹，所以 $s_4=-2.41$ 舍去。

⑤ 根轨迹与虚轴的交点。

系统特征方程为

$$s^4+9s^3+24s^2+16s+K_g(10+s)=0$$

将 $s=\mathrm{j}\omega$ 代入上式，令等式两边实部与实部相等，虚部与虚部相等，得

$$\begin{cases}\mathrm{j}\omega(16-\omega^2)-\mathrm{j}8\omega^3+\mathrm{j}\omega K_g=0\\-\omega^2(24-\omega^2)+10K_g=0\end{cases}$$

则根轨迹与虚轴的交点为

$$s_{1,2}=\pm\mathrm{j}1.53$$

对应的根轨迹放大系数为 $K_g\approx 5$，即 $K=3.125$。

注：也可以用列劳斯表的方法求根轨迹与虚轴的交点及对应的 K_g 值。

该系统的根轨迹如图 4-14 所示。

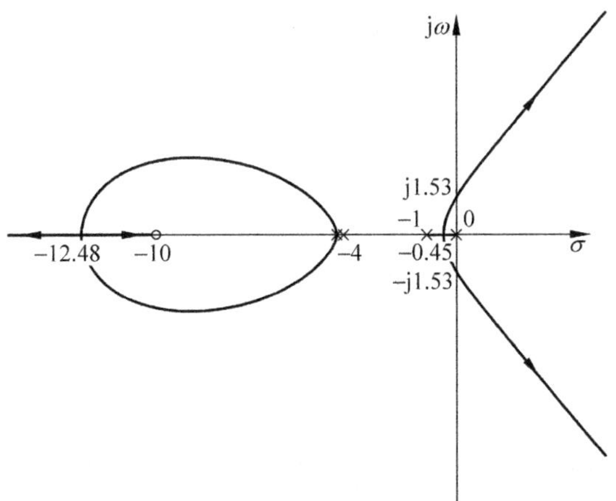

图 4-14　题 4-2(5)根轨迹图

题 4-9 负反馈控制系统的开环传递函数如下，绘制概略根轨迹，并求产生纯虚根的开环增益 K_1。

$$W_K(s) = \frac{K_g}{s(s+1)(s+10)}$$

解 ① 起点：三个开环极点为 $-p_1=0, -p_2=-1, -p_3=-10$；终点：三个无限零点。

② 实轴上的根轨迹区间为 $[-1,0], (-\infty,-10]$。

③ 分离点、会合点计算。

$$D'(s)N(s) - N'(s)D(s) = 0$$

整理得

$$3s^2 + 22s + 10 = 0$$

解得 $s_1=-0.49, s_2=-6.85$（舍去）。

④ 渐近线计算。由公式

$$\begin{cases} \varphi = \dfrac{\mp 180^\circ(1+2\mu)}{n-m} & (\mu = 0,1,2\cdots) \\ -\sigma_k = -\dfrac{\sum\limits_{j=1}^{n} p_j - \sum\limits_{i=1}^{m} z_i}{n-m} \end{cases}$$

求得根轨迹的渐近线倾角和渐近线与实轴的交点为

$$\varphi = \frac{\mp 180^\circ(1+2\mu)}{3} = \pm 60^\circ, 180^\circ$$

$$-\sigma_K = -\frac{1+10}{3} = -3.67$$

⑤ 与虚轴的交点。系统的特征方程为

$$s(s+1)(s+10) + K_g = 0$$

令 $s=j\omega$，得

$$j\omega(j\omega+1)(j\omega+10) + K_g = 0$$

即

$$\begin{cases} \omega^3 - 10\omega = 0 \\ 11\omega^2 - K_g = 0 \end{cases}$$

解得

$$\omega = \pm\sqrt{10}$$

即根轨迹与虚轴的交点为 $s_{1,2}=\pm j\sqrt{10}$，此时 $K_g=K_1=110$。

根轨迹绘于图 4-15。

题 4-10 已知单位负反馈系统的开环传递函数为

$$W_K(s) = \frac{K}{s(Ts+1)(s^2+2s+2)}$$

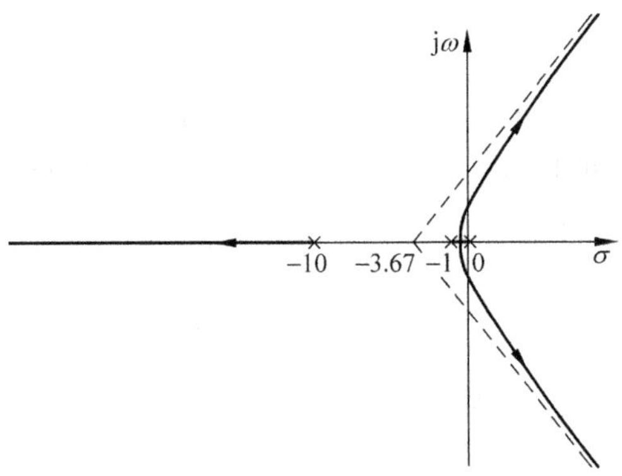

图 4-15　题 4-9 的根轨迹图

求当 $K=4$ 时，以 T 为参变量的根轨迹。

解

① 求解特征方程

$$1+W_{\mathrm{K}}(s)=1+\frac{4}{s(sT+1)(s^2+2s+2)}=0$$

将上式整理后，得

$$\frac{s^2(s^2+2s+2)}{s(s^2+2s+2)+4}=-\frac{1}{T}$$

即

$$W_{\mathrm{Keq}}(s)=\frac{Ts^2(s^2+2s+2)}{(s^2+2)(s+2)}$$

② 起点：系统有三个极点 $-p_{1,2}=\pm \mathrm{j}\sqrt{2},-p_3=-2$。终点：系统有四个有限零点为 $-z_1=0,-z_2=0,-z_{3,4}=-1\pm \mathrm{j}$。

③ 实轴上的根轨迹为$(-\infty,-2]$。

④ 渐近线计算。

$$\varphi=\frac{\mp 180^\circ(1+2\mu)}{3-4}=180^\circ$$

$$-\sigma_{\mathrm{k}}=-\frac{2-2}{3-4}=0$$

⑤ 分离点计算。由公式

$$N'(s)D(s)-D'(s)N(s)=0$$

得

$$s^2(s^2+2s+2)[2s(s+2)+(s^2+2)] \\ -(s^2+2)(s+2)[2s(s^2+2s+2)+s^2(2s+2)]=0$$

整理得

$$s(s^5+4s^4+8s^3+24s^2+28s+16)=0$$

解得

$$s_1=0 \quad s_2=-3.15 \quad s_{3,4}=0.32\pm \mathrm{j}2.28 \quad s_{5,6}=-0.74\pm \mathrm{j}0.64$$

根据题意，实轴上的根轨迹不在$(-2,0)$区间内，所以分离点为 $s_2=-3.15$。

⑥ 出射角与入射角计算。

出射角计算：由 $\beta_{sc}=180°-\left(\sum_{j=1}^{n-1}\beta_j-\sum_{i=1}^{m}\alpha_i\right)$ 得

$$\beta_{sc1}=180°-\left[\left(90°+\arctan\frac{\sqrt{2}}{2}\right)-(\arctan(\sqrt{2}-1)+\arctan(\sqrt{2}+1)+180°)\right]$$
$$=-35.26°$$

同理，$\beta_{sc2}=+35.26°$。

入射角计算：由 $\alpha_{sr}=180°+\left(\sum_{j=1}^{n}\beta_j-\sum_{i=1}^{m-1}\alpha_i\right)$ 得

$$\alpha_{sr1}=180°+[180°+\arctan(\sqrt{2}-1)+90°+\arctan(\sqrt{2}+1)+45°]$$
$$-(90°+90°+45°+90°+45°)=180°$$

同理，$\alpha_{sr2}=-180°$。

根轨迹如图 4-16 所示。

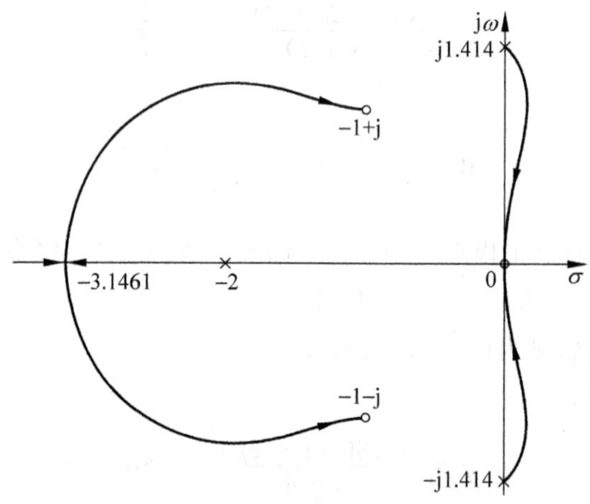

图 4-16 题 4-10 根轨迹图

题 4-11 已知单位负反馈系统的开环传递函数为

$$W_K(s)=\frac{K(s+a)}{s^2(s+1)}$$

求当 $K=\frac{1}{4}$ 时，以 a 为参变量的根轨迹。

解 闭环系统特征方程为

$$s^2(s+1)+K(s+a)=0$$

即

$$1+\frac{aK}{s^2(s+1)+Ks}=0$$

当 $K=\frac{1}{4}$ 时，有

$$1+\frac{\frac{1}{4}a}{s^2(s+1)+\frac{1}{4}s}=1+\frac{\frac{1}{4}a}{s\left(s^2+s+\frac{1}{4}\right)}=0$$

所以 $W_{\text{Keq}}=\frac{\frac{1}{4}a}{s\left(s^2+s+\frac{1}{4}\right)}=\frac{\frac{1}{4}a}{s\left(s+\frac{1}{2}\right)^2}=\frac{a_1}{s\left(s+\frac{1}{2}\right)^2}$，其中 $a_1=\frac{1}{4}a$。

① 起点：系统有三个开环极点 $-p_1=0,-p_2=-\frac{1}{2},-p_3=-\frac{1}{2}$；终点：三个无限零点。

② 实轴上的根轨迹：负实轴。

③ 渐近线计算。

$$\varphi=\frac{\mp 180^\circ(1+2\mu)}{n-m}=\pm 60^\circ,180^\circ$$

$$-\sigma_{\text{k}}=-\frac{0+\frac{1}{2}+\frac{1}{2}}{3}=-\frac{1}{3}$$

④ 分离点计算。由公式 $D'(s)N(s)-N'(s)D(s)=0$ 得

$$3s^2+2s+\frac{1}{4}=0$$

解得 $s_1=-\frac{1}{6},s_2=-\frac{1}{2}$。

⑤ 根轨迹与虚轴的交点。

系统特征方程式为

$$s^3+s^2+0.25s+a_1=0$$

列劳斯表，得

$$\begin{array}{lll} s^3 & 1 & \frac{1}{4} \\ s^2 & 1 & a_1 \\ s^1 & \frac{1}{4}-a_1 & \\ s^0 & a_1 & \end{array}$$

令 $\frac{1}{4}-a_1=0$，得 $a_1=\frac{1}{4}$，即 $a=1$。将 $a_1=\frac{1}{4}$ 代入 $s^2+a_1=0$，解得 $s_{1,2}=\pm \text{j}\,\frac{1}{2}$。

即根轨迹与虚轴的交点为 $s_{1,2}=\pm j\dfrac{1}{2}$。

根轨迹如图 4-17 所示。

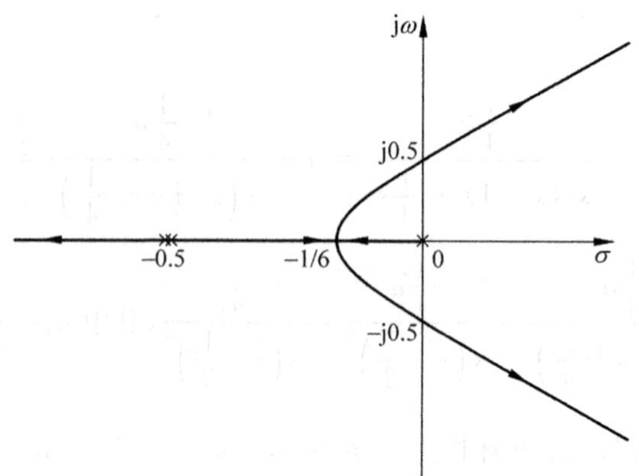

图 4-17 题 4-11 根轨迹图

题 4-12 设系统结构图如图 P4-2 所示。为使闭环极点位于

$$s=-1\pm j\sqrt{3}$$

试确定增益 K 和反馈系数 K_h 的值，并以计算得到的 K 值为基准，绘出以 K_h 为变量的根轨迹。

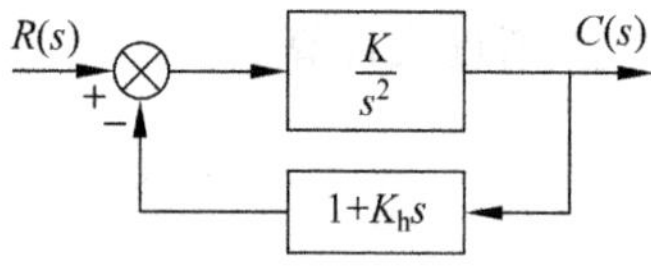

图 P4-2 题 4-12 的控制系统结构图

解 系统闭环传递函数为

$$W_B(s)=\frac{\dfrac{K}{s^2}}{1+\dfrac{K}{s^2}(1+K_hs)}=\frac{K}{s^2+KK_hs+K}$$

由于闭环极点位于 $s=-1\pm j\sqrt{3}$，则系统闭环特征方程为

$$s^2+KK_hs+K=(s+1+j\sqrt{3})(s+1-j\sqrt{3})$$

整理得

$$s^2+KK_hs+K=s^2+2s+4$$

所以 $K=4$，$K_h=0.5$。

以 $K=4$ 值为基准，绘制以 K_h 为变量的根轨迹时，系统对应的等效开环传递函数为：

$$W_{Keq}(s)=\frac{4K_hs}{s^2+4}$$

① 起点：两个开环极点 $-p_{1,2}=\pm 2j$。

终点：一个有限零点，$-z_1=0$。

② 实轴上的根轨迹区间为$(-\infty,0]$。

③ 分离点，会合点计算。

$$D'(s)N(s) - N'(s)D(s) = 0$$

整理得

$$s^2 = 4$$

则　$s_1 = -2 \quad s_2 = 2$

根据题意，实轴上的根轨迹在$(-\infty, 0]$区间内，所以会合点为 $s_1 = -2$。

根轨迹绘于图 4-18。

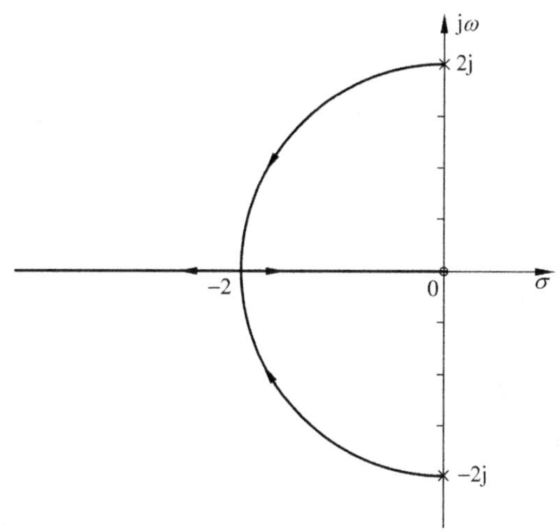

图 4-18　题 4-12 的以 K_h 为变量的根轨迹

题 4-13　已知单位负反馈系统的开环传递函数为

$$W_K(s) = \frac{K_g}{(s+16)(s^2+2s+2)}$$

试用根轨迹法确定使闭环主导极点的阻尼比 $\xi = 0.5$ 和自然振荡角频率 $\omega_n = 2$ 时的 K_g 值。

解　① 起点：系统有三个开环极点 $-p_{1,2} = -1 \pm j$，$-p_3 = -16$；终点：三个无限零点。

② 实轴上的根轨迹为$(-\infty, -16]$。

③ 渐近线计算

$$\varphi = \frac{\mp 180°(1+2\mu)}{n-m} = \pm 60°, 180°$$

$$-\sigma_k = -\frac{16+1+1}{3} = -6$$

④ 出射角计算。由 $\beta_{sc} = 180° - \left(\sum_{j=1}^{n-1}\beta_j - \sum_{i=1}^{m}\alpha_i\right)$ 得

$$\beta_{sc1} = 180° - \left(90° + \arctan\frac{1}{15}\right) = 86.2°$$

同理，$\beta_{sc2} = -86.2°$。

⑤ 与虚轴交点。系统特征方程式为

$$(s+16)(s^2+2s+2)+K_g=0$$

展开整理得

$$s^3+18s^2+34s+(32+K_g)=0$$

列劳斯表，得

$$\begin{array}{lll} s^3 & 1 & 34 \\ s^2 & 18 & 32+K_g \\ s^1 & \dfrac{18\times 34-(32+K_g)}{18} & \\ s^0 & 32+K_g & \end{array}$$

令$\dfrac{18\times 34-(32+K_g)}{18}=0$，得 $K_g=580$。代入 $18s^2+(32+K_g)=0$，得 $s_{1,2}=\pm j5.83$，即为根轨迹与虚轴的交点。

系统的根轨迹如图 4-19 所示。

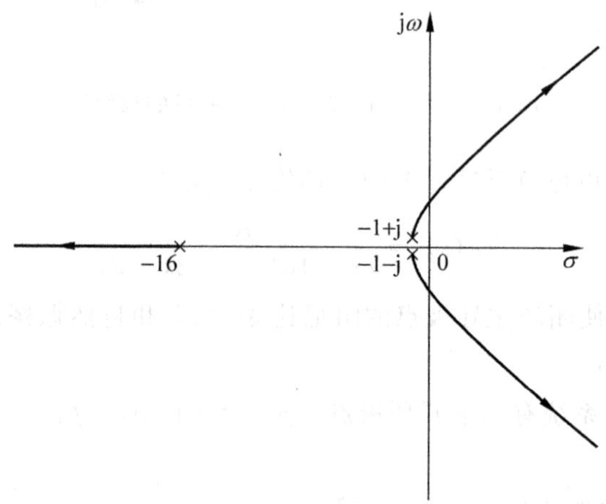

图 4-19　题 4-13 根轨迹图

⑥ 主导极点为 $s_{1,2}=-\xi\omega_n\pm j\sqrt{1-\xi^2}\omega_n$，代入 $1+W_K(s)=0$ 得，

$$K_g+(-\xi\omega_n\pm j\sqrt{1-\xi^2}\omega_n+16)$$
$$\cdot(-\xi\omega_n\pm j\sqrt{1-\xi^2}\omega_n+1+j)(-\xi\omega_n\pm j\sqrt{1-\xi^2}\omega_n+1-j)=0$$

将 $\xi=0.5$ 代入 $s_1=-\xi\omega_n+j\sqrt{1-\xi^2}\omega_n$ 有

$$K_g+\left(-\frac{\omega_n}{2}+j\frac{\sqrt{3}}{2}\omega_n+16\right)\left(-\frac{\omega_n}{2}+j\frac{\sqrt{3}}{2}\omega_n+1+j\right)$$
$$\cdot\left(-\frac{\omega_n}{2}+j\frac{\sqrt{3}}{2}\omega_n+1-j\right)=0$$

整理得

$$\omega_n^3+(9-j16)\omega_n^2+(-17+j29.44)\omega_n+32+K_g=0$$

令等式两边实部与实部相等,虚部与虚部相等得

$$\begin{cases}\omega_n^3+9\omega_n^2-17\omega_n+32+K_g=0\\ -16\omega_n^2+29.44\omega_n=0\end{cases}$$

解得

$$\omega_n=1.9 \text{ 或 } 0(\text{舍去})$$

则当 $\xi=0.5$ 时 $K_g=25.46$。

当 $\omega_n=2$ 时,特征方程为

$$K_g+(-2\xi+j2\sqrt{1-\xi^2}+16)(-2\xi+j2\sqrt{1-\xi^2}+1+j)$$
$$\cdot(-2\xi+j2\sqrt{1-\xi^2}+1-j)=0$$

整理得

$$K_g-32\xi^3+(144+j32\sqrt{1-\xi^2})\xi^2+(-44-j144\sqrt{1-\xi^2})\xi$$
$$+40+60\sqrt{1-\xi^2}=0$$

令实部与实部相等,虚部与虚部相等得

$$\begin{cases}K_g-32\xi^3+144\xi^2-44\xi+40+60\sqrt{1-\xi^2}=0\\ 32\sqrt{1-\xi^2}\xi^2-144\sqrt{1-\xi^2}\xi=0\end{cases}$$

解得 $\xi_1=4.04$(舍),$\xi_2=0.46$,$\xi_3=1$(舍),$\xi_4=-1$(舍)。

将 $\xi_2=0.46$ 代入,计算得 $K_g=47.12$。

题 4-14　已知单位正反馈系统的开环传递函数为

$$W_K(s)=\frac{K_g}{(s+1)(s-1)(s+4)^2}$$

试绘制其根轨迹。

解　① 起点:系统有四个开环极点 $-p_1=-1$,$-p_2=1$,$-p_{3,4}=-4$;终点:四个无限零点。

② 实轴上根轨迹区间为 $(-\infty,-1]$,$[+1,+\infty)$。

③ 渐近线计算。

$$\varphi=\frac{\mp 180°(1+2\mu)}{n-m}=\pm 90°,180°,0°$$

$$-\sigma_k=-\frac{-1+1+4+4}{4}=-2$$

④ 分离点计算。由 $D'(s)N(s)=N'(s)D(s)$ 得

$$4s^3+24s^2+30s-8=0$$

解得 $s_1\approx-2.22, s_2=-4, s_3=0.22$。

由于实轴上根轨迹的区间为 $(-\infty,-1],[+1,+\infty)$，所以分离点取 $s_1=-2.22$ 和 $s_2=-4$，-4 是开环极点是根轨迹的起点。

根轨迹如图 4-20 所示。

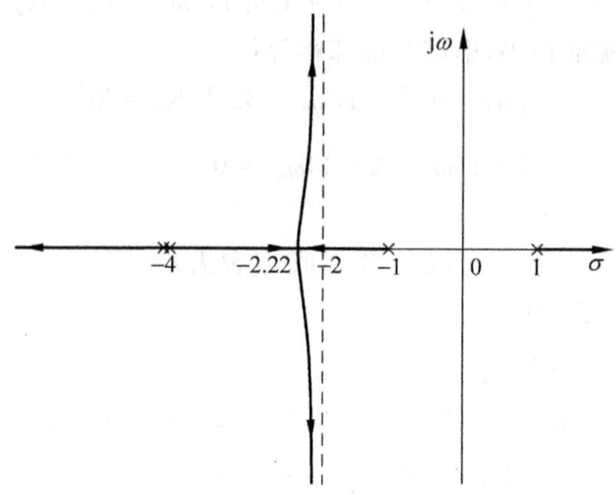

图 4-20　题 4-14 根轨迹图

题 4-15　已知系统开环传递函数为

$$W_K(s)=\frac{K_g(s+1)}{s^2(s+2)(s+4)}$$

试绘制系统在负反馈与正反馈两种情况下的根轨迹。

解　起点：系统有四个开环极点 $-p_{1,2}=0, -p_3=-2, -p_4=-4$；终点：一个开环有限零点 $-z=-1$。

(1) 负反馈

① 实轴上根轨迹区间为$(-\infty,-4],[-2,-1]$。

② 渐近线计算。

$$\varphi=\frac{\mp180^\circ(1+2\mu)}{n-m}=\pm60^\circ,180^\circ$$

$$-\sigma_k=-\frac{2+4-1}{3}=-\frac{5}{3}$$

③ 与虚轴交点。将 $s=j\omega$ 代入系统特征方程 $1+W_K(s)=0$，得

$$(j\omega)^2(j\omega+2)(j\omega+4)+K_g(j\omega+1)=0$$

由实部虚部分别相等，得

$$\begin{cases}\omega^4-8\omega^2+K_g=0\\-6\omega^3+K_g\omega=0\end{cases}$$

解得 $\omega^2=2, \omega=\pm\sqrt{2}$；$K_g=6\omega^2=12$。则根轨迹与虚轴的交点为 $s_{1,2}=\pm j\sqrt{2}$，对应的根轨迹放大系数为 $K_g=12$。

根轨迹如图 4-21 所示。

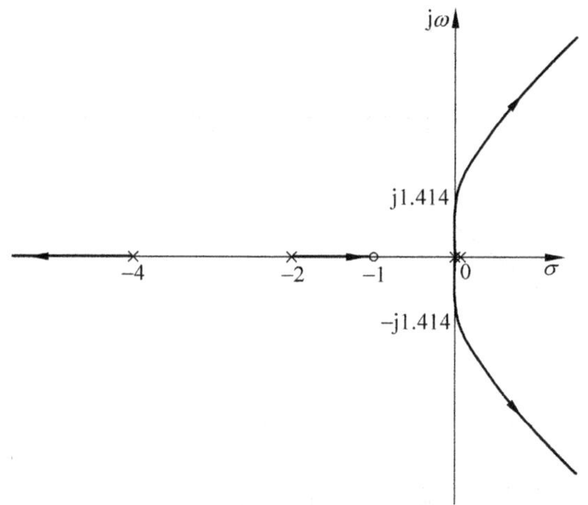

图 4-21 题 4-15 负反馈情况下的根轨迹图

(2) 正反馈

① 实轴上 [−4,−2],[−1,0]区间为根轨迹。

② 渐近线计算。

$$\varphi=\frac{\mp 360^\circ\mu}{n-m}=\pm 120^\circ, 0^\circ$$

$$-\sigma_k=-\frac{2+4-1}{3}=-\frac{5}{3}$$

③ 分离点计算。

由 $D'(s)N(s)-N'(s)D(s)=0$ 得

$$(4s^3+18s^2+16s)(s+1)-s^2(s^2+6s+8)=0$$

整理得

$$s(3s^3+16s^2+26s+16)=0$$

解得 $s_1\approx-3.1$，$s_2=0, s_{3,4}=-1.12\pm j0.68$。

由于实轴上根轨迹的区间为[−4,−2],[−1,0]，所以分离点取 $s_1=-3.1$。

根轨迹如图 4-22 所示。

题 4-16 某单位负反馈系统的开环传递函数为

$$W_K(s)=\frac{K_g}{s(s+2)(s+4)}$$

(1) 绘制 K_g 由 0→∞变化的根轨迹。

(2) 求系统产生持续等幅振荡时的 K_g 值和振荡频率。

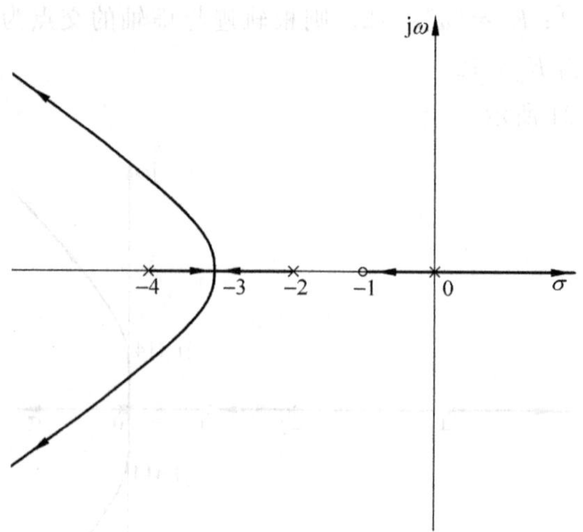

图 4-22 题 4-15 正反馈情况下的根轨迹图

(3) 确定系统呈阻尼振荡动态响应的 K_g 值范围。

(4) 求主导复数极点具有阻尼比为 0.5 时的 K_g 值。

解 (1) 绘制 K_g 由 0→∞变化的根轨迹。

① 起点：三个开环极点 $-p_1=0,-p_2=-2,-p_3=-4$；终点：三个无限零点。

② 实轴上的根轨迹区间为$(-\infty,-4]$,$[-2,0]$。

③ 渐近线计算。由公式

$$\begin{cases}\varphi=\dfrac{\mp 180^\circ(1+2\mu)}{n-m} & (\mu=0,1,2,\cdots)\\ -\sigma_k=-\dfrac{\sum\limits_{j=1}^{n}p_j-\sum\limits_{i=1}^{m}z_i}{n-m}\end{cases}$$

求得根轨迹的渐近线倾角和渐近线与实轴的交点为

$$\varphi=\frac{\mp 180^\circ(1+2\mu)}{3}=\pm 60^\circ,180^\circ$$

$$-\sigma_k=-\frac{2+4}{3}=-2$$

④ 分离点,会合点计算。

$$N'(s)D(s)-D'(s)N(s)=0$$

整理得

$$3s^2+12s+8=0$$

解得 $s_1\approx-0.85,s_2\approx-3.15$。

因为分离点在$[-2,0]$区间内,所以分离点应为 $s_1=-0.85$。

根轨迹图绘于图 4-23。

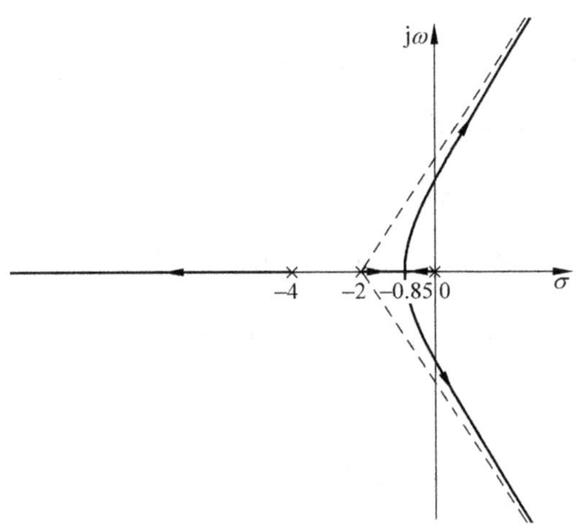

图 4-23　题 4-16 的根轨迹图

(2) 系统产生持续等幅振荡时的 K_g 值，即根轨迹与虚轴交点的 K_g 值。

系统的特征方程为

$$s^3 + 6s^2 + 8s + K_g = 0$$

列劳斯表，得

$$\begin{array}{lll} s^3 & 1 & 8 \\ s^2 & 6 & K_g \\ s^1 & \dfrac{48-K_g}{6}>0 & \\ s^0 & K_g & \end{array}$$

劳斯表中令 s^1 行元素为零，解得 $K_g=K_1=48$。

根轨迹与虚轴的交点可利用 s^2 行的辅助方程求得，即

$$6s^2 + K_g = 0$$

将 $K_g=K_1=48$ 代入上式，即得根轨迹与虚轴的交点为 $s=\pm 2\sqrt{2}\mathrm{j}$，所以振荡频率 $\omega=\pm 2\sqrt{2}$。

(3) 设分离点对应的 $K_g=K_{g1}$，从图 4-23 中可以看出，系统呈阻尼振荡瞬态响应的 K_g 值范围为 $K_{g1}<K_g<K_1$。

分离点所对应的 K_{g1} 值可由 $1+W_K(s_1)=0$ 解得。

即

$$\begin{cases} 1+\dfrac{K_{g1}}{s_1(s_1+2)(s_1+4)}=0 \\ s_1=-0.85 \end{cases}$$

得

$$K_{g1} = 3.08$$

则系统呈阻尼振荡瞬态响应的 K_g 值范围为 $3.08 < K_g < 48$。

(4) 设系统的主导复数极点为

$$-p_{1,2} = -0.5\omega_n \pm j\sqrt{1-0.5^2}\,\omega_n = -\frac{1}{2}\omega_n \pm j\frac{\sqrt{3}}{2}\omega_n$$

并设系统另一个极点 $-p_3 = -a$。则系统的闭环特征方程为

$$(s+a)\left(s+\frac{1}{2}\omega_n \pm j\frac{\sqrt{3}}{2}\omega_n\right) = s^3 + 6s^2 + 8s + K_g$$

解得

$$\begin{cases} \omega_n + a = 6 \\ \omega_n^2 + a\omega_n = 8 \\ a\omega_n^2 = K_g \end{cases}$$

所以 $\omega_n = \dfrac{4}{3}$，$K_g = \dfrac{224}{27}$。

题 4-17　已知单位负反馈系统的开环传递函数为

$$W_K(s) = \frac{K_g(1-s)}{s(s+2)}$$

(1) 绘制 K_g 由 $0 \to \infty$ 变化时的根轨迹。

(2) 求产生重根和纯虚根时的 K_g 值。

解　(1) 将 W_k 整理成标准型，并结合特征方程的形式可知，应按 $0°$ 根轨迹的绘制法则进行计算。

① 起点：两个开环极点 $-p_1 = 0$，$-p_2 = -2$；终点：一个开环有限零点 $-z = 1$。

② 实轴的根轨迹区间为 $[1, \infty)$，$[-2, 0]$。

③ 渐近线计算。由公式

$$\begin{cases} \varphi = \dfrac{\mp 360°\mu}{n-m} \qquad (\mu = 0, 1, 2, \cdots) \\ -\sigma_k = -\dfrac{\sum\limits_{j=1}^{n} p_j - \sum\limits_{i=1}^{m} z_i}{n-m} \end{cases}$$

求得根轨迹的渐近线倾角和渐近线与实轴的交点为

$$\varphi = \frac{\mp 360°\mu}{2-1} = 0°$$

$$-\sigma_k = -\frac{2+1}{2-1} = -3$$

④ 分离点，会合点计算。

$$N'(s)D(s) - D'(s)N(s) = 0$$

整理得

$$(s^2+2s)-(s-1)(2s+2)=0$$

解得 $$s_1\approx -0.73, s_2\approx 2.73$$

根轨迹图绘于图 4-24。

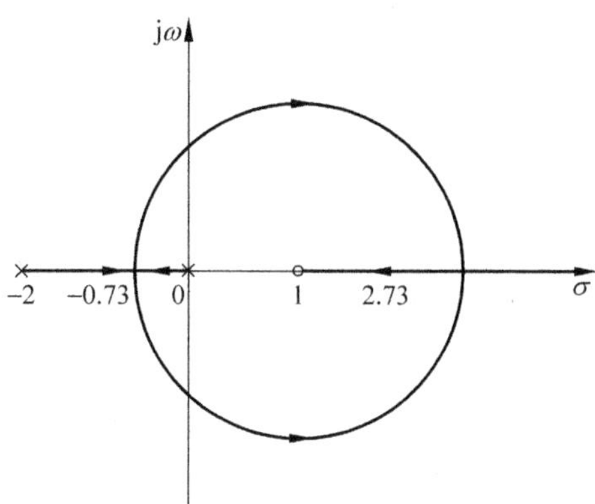

图 4-24 题 4-17 的根轨迹图

(2) 产生重根和纯虚根时的 K_g 值。

① 当 $s_1\approx -0.73, s_2\approx 2.73$ 时，系统有重根，将其带入系统闭环方程中得

$$(s+s_1)^2=s(s+2)+K_g(1-s) \text{ 和 } (s+s_2)^2=s(s+2)+K_g(1-s)$$

解得 $$K_{g1}\approx 0.44,\quad K_{g2}\approx 7.56$$

所以产生重根时 $K_g=0.44$ 或 $K_g=7.56$。

② 根轨迹与虚轴的交点即为系统产生的纯虚根。系统的特征方程为

$$s^2+(2-K_g)s+K_g=0$$

令 $s=j\omega$ 代入上式解得 $K_g=2, \omega=\pm\sqrt{2}$，所以产生纯虚根时 $K_g=2$。

题 4-18 设一单位负反馈系统的开环传递函数为 $W_K(s)=\dfrac{K_g}{s^2(s+2)}$。

(1) 由所绘制的根轨迹图，说明对所有的 K_g 值 $(0<K_g<\infty)$ 该系统总是不稳定的。

(2) 在 $s=-a(0<a<2)$ 处加一零点，由所作出的根轨迹，说明加零点后的系统是稳定的。

解 (1) 首先绘制根轨迹。

① 起点：三个开环极点 $-p_1=0, -p_2=0, -p_3=-2$；终点：三个无限零点。

② 实轴上的根轨迹区间为 $(-\infty, -2]$。

③ 渐近线计算。由公式

$$\begin{cases}\varphi=\dfrac{\mp 180^\circ(1+2\mu)}{n-m} & (\mu=0,1,2,\cdots)\\ -\sigma_k=-\dfrac{\sum\limits_{j=1}^{n}p_j-\sum\limits_{i=1}^{m}z_i}{n-m}\end{cases}$$

求得根轨迹的渐近线倾角和渐近线与实轴的交点为

$$\varphi=\frac{\mp 180^\circ(1+2\mu)}{3}=\pm 60^\circ,180^\circ$$

$$-\sigma_k=-\frac{2}{3}$$

根轨迹绘于图 4-25。

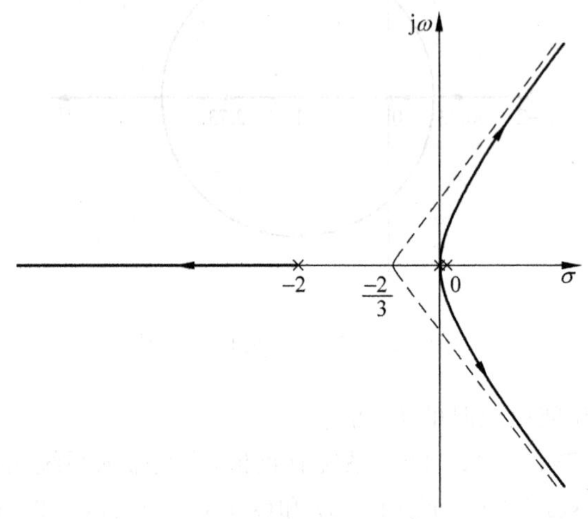

图 4-25　题 4-18(1)的原始根轨迹

从根轨迹图中可以看到,针对所有的 K_g 值 ($0<K_g<\infty$) 系统总是有一部分根在虚轴的右边,即 s 右半平面,因此系统总是不稳定的。

(2) 在 $s=-a(0<a<2)$ 处加一零点后,求系统的根轨迹(设 $a=1$)。

① 起点:三个开环极点 $-p_1=0,-p_2=0,-p_3=-2$;终点:一个开环有限零点 $-z=-1$。

② 实轴上的根轨迹区间为$[-2,-1]$。

③ 渐近线计算。由公式

$$\begin{cases}\varphi=\dfrac{\mp 180^\circ(1+2\mu)}{n-m} & (\mu=0,1,2,\cdots)\\ -\sigma_k=-\dfrac{\sum\limits_{j=1}^{n}p_j-\sum\limits_{i=1}^{m}z_i}{n-m}\end{cases}$$

求得根轨迹的渐近线倾角和渐近线与实轴的交点为

$$\varphi=\frac{\mp 180^\circ(1+2\mu)}{3-1}=90^\circ,-90^\circ$$

$$-\sigma_k=-\frac{2-1}{3-1}=-0.5$$

④ 分离点，会合点计算。

$$N'(s)D(s)-D'(s)N(s)=0$$

整理得

$$s^2(s+2)-(s+1)(3s^2+4s)=0$$

解得　$s_1=0$，　$s_{2,3}=-1.25\pm j0.66$（舍）

加零点后系统的根轨迹图绘于图 4-26。

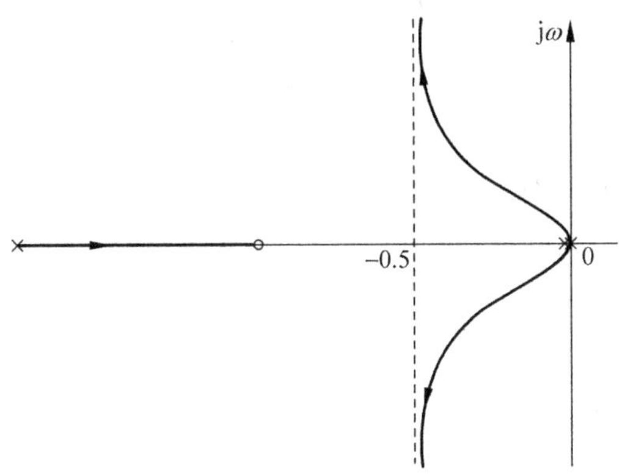

图 4-26　题 4-18(2) 加零点后的根轨迹图

由根轨迹图可以看到，加 $s=-1$ 的零点后，针对所有的 K_g 值（$0<K_g<\infty$）系统的根轨迹始终在虚轴左边，即左半 s 平面，因此系统是稳定的。

题 4-19　一控制系统如图 P4-3 所示，其中 $W(s)=\dfrac{1}{s(s-1)}$。

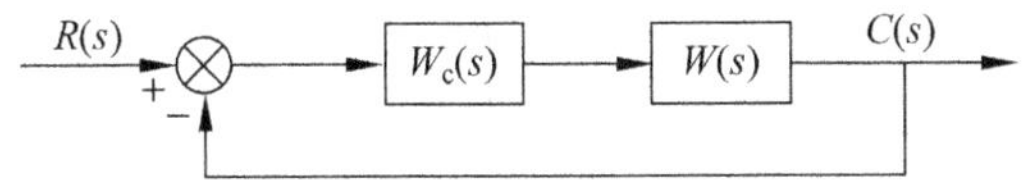

图 P4-3　题 4-19 的控制系统结构图

(1) 当 $W_c(s)=K_g$ 时，由所绘制的根轨迹证明系统总是不稳定的。

(2) 当 $W_c(s)=\dfrac{K_g(s+2)}{(s+20)}$ 时，绘制系统的根轨迹，并确定使系统稳定的 K_g 值范围。

解　(1) 系统的开环传递函数 $W_k(s)=\dfrac{K_g}{s(s-1)}$。

① 起点：两个开环极点 $-p_1=0,-p_2=1$；终点：两个无限零点。

② 实轴上的根轨迹区间为[0,1]。

③ 渐近线计算。由公式

$$\begin{cases} \varphi = \dfrac{\mp 180°(1+2\mu)}{n-m} & (\mu = 0,1,2,\cdots) \\ -\sigma_k = -\dfrac{\sum\limits_{j=1}^{n} p_j - \sum\limits_{i=1}^{m} z_i}{n-m} \end{cases}$$

求得根轨迹的渐近线倾角和渐近线与实轴的交点为

$$\varphi = \frac{\mp 180°(1+2\mu)}{2} = 90°, -90°$$

$$-\sigma_k = -\frac{-1}{2} = 0.5$$

④ 分离点,会合点计算。

$$N'(s)D(s) - D'(s)N(s) = 0$$

整理得

$$2s - 1 = 0, \quad s = 0.5$$

根轨迹绘于图 4-27。

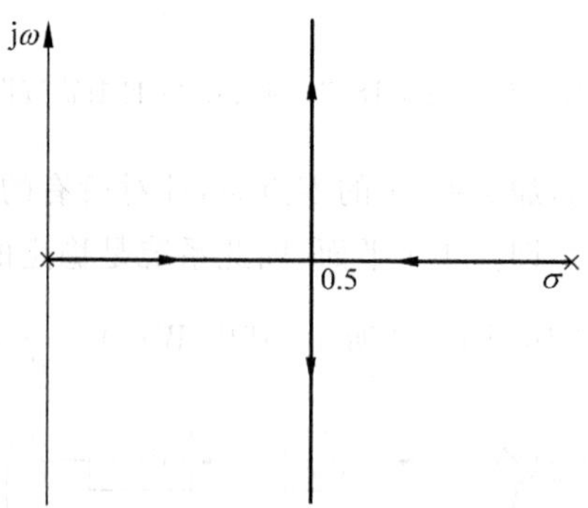

图 4-27 题 4-19(1) 的根轨迹图

由图可以看出系统的所有根都在虚轴的右边,所以系统总是不稳定的。

(2) 系统的开环传递函数 $W_k(s) = \dfrac{K_g(s+2)}{s(s-1)(s+20)}$。

① 起点:三个开环极点 $-p_1=0, -p_2=1, -p_3=-20$;终点:一个开环有限零点 $-z=-2$。

② 实轴上的根轨迹区间为$[-20,-2],[0,1]$。

③ 渐近线计算。由公式

$$\begin{cases} \varphi = \dfrac{\mp 180°(1+2\mu)}{n-m} & (\mu = 0,1,2,\cdots) \\ -\sigma_k = -\dfrac{\sum\limits_{j=1}^{n} p_j - \sum\limits_{i=1}^{m} z_i}{n-m} \end{cases}$$

求得根轨迹的渐近线倾角和渐近线与实轴的交点为

$$\varphi=\frac{\mp 180^{\circ}(1+2\mu)}{3-1}=90^{\circ},-90^{\circ}$$

$$-\sigma_{k}=-\frac{-1+20-2}{3-1}=-8.5$$

④ 分离点，汇合点计算。

$$N'(s)D(s)-D'(s)N(s)=0$$

整理得

$$(s+2)(3s^{2}+38s-20)-s(s-1)(s+20)=0$$

解得　　$s_1\approx 0.46\quad s_{2,3}\approx -6.48\pm \mathrm{j}1.39$（舍）

⑤ 与虚轴的交点。系统的特征方程为

$$s^{3}+19s^{2}+(K_{g}-20)s+2K_{g}=0$$

列劳斯表，得

s^3	1	K_g-20
s^2	19	$2K_g$
s^1	$\frac{17}{19}K_g-20$	
s^0	$2K_g$	

令 s^1 行元素为 0，得 $K_g\approx 22.35$，所以当系统稳定时 K_g 的范围为 $K_g>22.35$。

根轨迹绘于图 4-28。

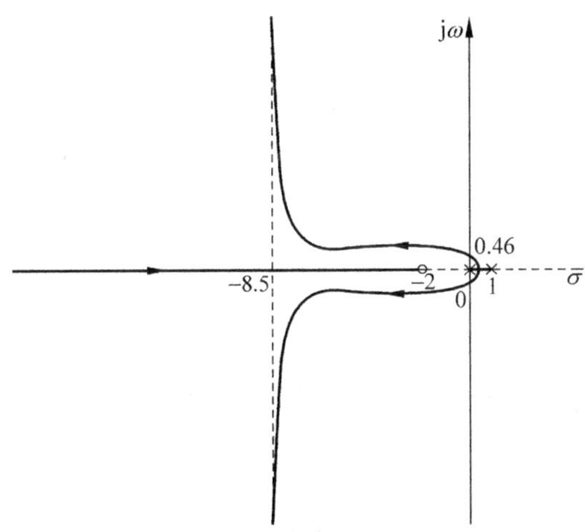

图 4-28　题 4-19(2)的根轨迹图

题 4-20　已知一单位负反馈系统的开环传递函数为

$$W_{k}(s)=\frac{K_{g}(s+16/17)}{(s+20)(s^{2}+2s+2)}$$

(1) 作系统的根轨迹图,并确定临界阻尼时的 K_g 值。

(2) 求系统稳定的 K_g 值范围。

解 (1) 画根轨迹。

① 起点:三个开环极点 $-p_1=-20, -p_{2,3}=-1\pm j$;终点:一个开环有限零点 $-z=-\frac{16}{17}$。

② 实轴上的根轨迹区间为$\left[-20, -\frac{16}{17}\right]$。

③ 渐近线计算。由公式

$$\begin{cases} \varphi = \dfrac{\mp 180°(1+2\mu)}{n-m} \qquad (\mu = 0,1,2,\cdots) \\ -\sigma_k = -\dfrac{\sum\limits_{j=1}^{n} p_j - \sum\limits_{i=1}^{m} z_i}{n-m} \end{cases}$$

求得根轨迹的渐近线倾角和渐近线与实轴的交点为

$$\varphi = \frac{\mp 180°(1+2\mu)}{3-1} = 90°, -90°$$

$$-\sigma_k = -\frac{20+2-\frac{16}{17}}{3-1} \approx -10.53$$

④ 分离点,会合点计算。

$$N'(s)D(s) - D'(s)N(s) = 0$$

整理得

$$(s+20)(s^2+2s+2) - \left(s+\frac{16}{17}\right)(s+20)(2s+s)$$

$$-\left(s+\frac{16}{17}\right)(s^2+2s+2) = 0$$

解得 $s_1 \approx -2 \quad s_2 \approx -10.42 \quad s_3 \approx 0.01$

由于实轴的根轨迹区间为$\left[-20, -\frac{16}{17}\right]$,所以分离点为 $s_2 \approx -10.42$,会合点为 $s_1 \approx -2$。

⑤ 出射角计算。由 $\beta_{sc} = 180° - \left(\sum\limits_{j=1}^{n-1}\beta_j - \sum\limits_{i=1}^{m}\alpha_i\right)$

得

$$\beta_{sc1} = 180° + 93.32° - 90° - 3.01° = 180.31°$$

同理 $\beta_{sc2} = -180.31°$。

根轨迹绘于图 4-29。

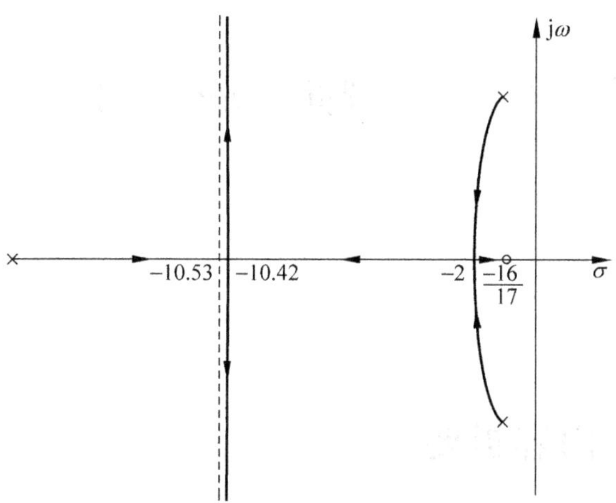

图 4-29　题 4-20 的根轨迹图

临界阻尼时为系统有重根点处，即为系统的分离点和会合点，将由分离点和会合点计算中所求得的分离点和会合点值 $s_1\approx-2$，$s_2\approx-10.42$ 代入特征方程中，求得 $K_{g1}=33.96$，$K_{g2}=90.69$，即临界阻尼时 K_g 的值为 33.96 或 90.69。

(2) 从根轨迹图中可以看出对所有 $K_g>0$ 的情况，系统都是稳定的。

第5章 频率法

5.1 内容提要

频率特性是当系统(或环节)的输入信号为正弦函数时,在稳定状态下,系统(或环节)的输出量和输入量的比也是系统(或环节)数学模型的一种。

频率法是研究控制系统的一种常用的工程方法。根据系统的频率特性,能够间接地揭示系统的特性,并且可以简单而迅速地判断某些环节或参数对系统性能的影响。在用频率法分析系统时,首先应重点掌握的是幅相频率特性(又称奈奎斯特曲线或 Nyquist-Plot、P-Q 图)和对数频率特性(又称伯德图或 Bode-Plot)的画法,在此基础上才能建立频域和时域指标之间的联系,进一步利用频率特性曲线分析系统的性能。因此,频率特性曲线的绘制是频率法的基础和关键。

在绘制频率特性曲线之前,首先要解决的问题是频率特性表达式的正确描述。

(1) 模型的标准化。首先将传递函数变成时间常数表达形式,然后作变量代换,得到相应的频率特性表达式。式(5-1)表示的是带有 m 个零点的 n 阶系统的开环传递函数的通用形式。

$$W_{\mathrm{K}}(s)=\frac{K_{\mathrm{K}}\prod_{i=1}^{p}(T_i s+1)\prod_{l=1}^{h}(T_l^2 s^2+2\xi_l T_l s+1)}{s^N\prod_{j=1}^{q}(T_j s+1)\prod_{k=1}^{r}(T_k^2 s^2+2\xi_k T_k s+1)} \tag{5-1}$$

式中,$n=N+q+2r$,$m=p+2h$。

从系统连接的等效传递函数的角度,可以认为开环系统中串联了如下的典型环节：N 个积分环节(零极点),q 个惯性环节(实数极点),r 个振荡环节(共轭极点),p 个一阶微分环节(实数零点),h 个二阶微分环节(共轭零点)。

(2) 相频特性的写法。从矢量合成的角度,又可把频率特性表达式看成是由多个小矢量(即上述各典型环节)的合成。由矢量的特征描述,我们知道,模相同的矢量,角度不一定相同。在将频率特性表达式分写成幅频特性和相频特性时，关键是要利用矢量运算规则，把每个小矢量准确地加以描述。以一阶微分环节为例，典型的(或称理想的)一阶微分环节的传递函数为$(Ts+1)$，而实际情况可能是$(\pm Ts\pm 1)$—— 4 种形式，这 4 种形式所对应的幅频特性相同，相角的变化范围都是 90°，相频特性却各异：

$$\angle(Ts+1)=\arctan(\omega T)$$
$$\angle(Ts-1)=\pi-\arctan(\omega T)$$
$$\angle(-Ts+1)=2\pi-\arctan(\omega T)=-\arctan(\omega T)$$
$$\angle(-Ts-1)=\pi+\arctan(\omega T)$$

这些是在书写某一实际系统的相频特性时应该特别注意的，因为它是绘制频率特性的基础。

5.2 习题与解答

题 5-7 已知单位反馈系统的开环传递函数为 $W_K(s)=\dfrac{10}{s+1}$，当系统的给定信号为

(1) $x_{r1}(t)=\sin(t+30°)$

(2) $x_{r2}(t)=2\cos(2t-45°)$

(3) $x_{r3}(t)=\sin(t+30°)-2\cos(2t-45°)$

时，求系统的稳态输出。

解 此题有两种解法。

方法一 运用时域分析方法求解，即先利用输入量的拉普拉斯变换式和传递函数求出输出量的拉普拉斯变换式，再求其拉普拉斯反变换。

方法二 利用频率特性的基本概念直接求解，其依据是：正弦信号作用下线性系统的稳态输出，是与输入同频率的正弦信号，只是在幅值和相位上有所变化。

由已知得

$$W_B(s)=\frac{W_K(s)}{1+W_K(s)}=\frac{\dfrac{10}{s+1}}{1+\dfrac{10}{s+1}}=\frac{10}{s+11}$$

(1) $x_{r1}(t)=\sin(t+30°)$

方法一

$$X_{r_1}(s)=\frac{1}{s^2+1}e^{\frac{\pi}{6}s}=\frac{1}{(s+j)(s-j)}e^{\frac{\pi}{6}s}$$
$$X_{c_1}(s)=W_B(s)X_{r_1}(s)$$
$$=\frac{10}{s+11}\frac{1}{(s+j)(s-j)}e^{\frac{\pi}{6}s}$$
$$=\left[\frac{a_1}{s+11}+\frac{a_2}{(s+j)}+\frac{\bar{a}_2}{(s-j)}\right]e^{\frac{\pi}{6}s}$$

$$x_{c_1}(t)=\mathcal{L}^{-1}[X_{c_1}(s)]=a_1e^{-11\left(t+\frac{\pi}{6}\right)}+a_2e^{-j\left(t+\frac{\pi}{6}\right)}+\bar{a}_2e^{j\left(t+\frac{\pi}{6}\right)}$$

当 $t\to\infty$ 时 $x_{c_1}(t)$ 的第一项为0,故

$$x_{c_1}(t)=a_2e^{-j\left(t+\frac{\pi}{6}\right)}+\bar{a}_2e^{j\left(t+\frac{\pi}{6}\right)}$$

其中 $a_2=X_{c_1}(s)(s+j)|_{s=-j}=\left.\dfrac{10}{(s+11)(s-j)}\right|_{s=-j}=-\dfrac{1}{2j}\times\dfrac{10}{11-j}$

$$\bar{a}_2=X_{c_1}(s)(s-j)|_{s=+j}=\left.\frac{10}{(s+11)(s+j)}\right|_{s=+j}=\frac{1}{2j}\times\frac{10}{11+j}$$

所以

$$\begin{aligned}x_{c_1}(t)&=\frac{10}{2j}\left[-\frac{1}{11-j}e^{-j\left(t+\frac{\pi}{6}\right)}+\frac{1}{11+j}e^{j\left(t+\frac{\pi}{6}\right)}\right]\\&=\frac{10}{2j}(-e^{-j\left(t+\frac{\pi}{6}\right)}e^{j\frac{1}{11}}+e^{j\left(t+\frac{\pi}{6}\right)}e^{-j\frac{1}{11}})\times\frac{1}{11}\\&=\frac{10}{11}\sin\left(t+\frac{\pi}{6}-\frac{1}{11}\right)\\&=0.91\sin(t+30^\circ-5.19^\circ)\end{aligned}$$

方法二

因为

$$A(\omega)=\frac{10}{\sqrt{\omega^2+11^2}}\quad\varphi(\omega)=-\arctan\frac{\omega}{11}$$

所以

$$A(\omega)=A(1)=\frac{10}{\sqrt{1+121}}=0.905$$

$$\varphi(\omega)=\varphi(1)=-\arctan\frac{1}{11}=-5.19^\circ$$

$$\begin{aligned}x_{c_1}(t)&=A(\omega)e^{j\varphi(\omega)}x_{r_1}(t)\\&=0.905\sin(t+30^\circ-5.19^\circ)\end{aligned}$$

(2) $x_{r2}(t)=2\cos(2t-45^\circ)$

方法一

因为 $x_{r2}(t)=2\cos(2t-45^\circ)=2\sin(2t+45^\circ)$

$$X_{r2}(s)=\frac{2\times2}{s^2+4}e^{\frac{\pi}{4}s}$$

$$\begin{aligned}X_{c2}(s)&=W_B(s)X_{r2}(s)\\&=\frac{10}{s+11}\times\frac{4}{s^2+4}e^{\frac{\pi}{4}s}\\&=\left(\frac{a_1}{s+11}+\frac{a_2}{s+j2}+\frac{\bar{a}_2}{s-j2}\right)e^{\frac{\pi}{4}s}\end{aligned}$$

$$x_{c2}(t)=\mathcal{L}^{-1}[x_{c2}(s)]$$

$$x_{c2}(t)=a_1e^{-11\left(t+\frac{\pi}{4}\right)}+a_2e^{-j2\left(t+\frac{\pi}{4}\right)}+\bar{a}_2e^{j2\left(t+\frac{\pi}{4}\right)}$$

稳态时,$t\to\infty$,$a_1e^{-11\left(t+\frac{\pi}{4}\right)}\to0$,所以 $x_{c2}(t)=a_2e^{-j2\left(t+\frac{\pi}{4}\right)}+\bar{a}_2e^{j2\left(t+\frac{\pi}{4}\right)}$,故只需求 a_2

和$\bar{a}_2$。

因为
$$a_2=X_{c_2}(s)(s+\mathrm{j}2)\big|_{s=-2\mathrm{j}}=\frac{40}{-\mathrm{j}2+11}\times\frac{4}{-\mathrm{j}4}=\frac{20}{-\mathrm{j}2}\times\frac{1}{-\mathrm{j}2+11}$$
$$\bar{a}_2=\frac{20}{\mathrm{j}2}\times\frac{1}{\mathrm{j}2+11}$$

所以
$$x_{c2}(t)=20\cdot\frac{1}{2\mathrm{j}}\left(-\frac{1}{-\mathrm{j}2+11}\mathrm{e}^{-\mathrm{j}\left(2t+\frac{\pi}{4}\right)}+\frac{1}{\mathrm{j}2+11}\mathrm{e}^{\mathrm{j}\left(2t+\frac{\pi}{4}\right)}\right)$$
$$=\frac{20}{\sqrt{4+121}}\cdot\frac{1}{\mathrm{j}2}\left(\mathrm{e}^{\mathrm{j}\left(2t+\frac{\pi}{4}\right)}\cdot\mathrm{e}^{-\mathrm{j}\arctan\frac{2}{11}}-\mathrm{e}^{-\mathrm{j}\left(2t+\frac{\pi}{4}\right)}\cdot\mathrm{e}^{\mathrm{j}\arctan\frac{2}{11}}\right)$$
$$=1.788\sin(2t+45^\circ-10.3^\circ)$$
$$=1.788\cos(2t-45^\circ-10.3^\circ)$$

方法二

因为
$$x_{r2}(t)=2\cos(2t-45^\circ)=2\sin(2t+45^\circ)$$

所以
$$A(\omega)=A(2)=\frac{10}{\sqrt{2^2+121}}=0.89$$
$$\varphi(\omega)=\varphi(2)=-\arctan\frac{2}{11}=-10.3^\circ$$
$$x_{c_2}(t)=A(\omega)\mathrm{e}^{\mathrm{j}\varphi(\omega)}x_{r_2}(t)=0.894\times 2\sin(2t+45^\circ-10.3^\circ)=1.788\cos(2t-45^\circ-10.3^\circ)$$

(3) $x_{r_3}(t)=\sin(t+30^\circ)-2\cos(2t-45^\circ)$

这是前两种情况的迭加，故可以直接写出结果

$$x_{c_3}(t)=0.905\sin(t+30^\circ-5.19^\circ)-1.788\cos(2t-45^\circ-10.3^\circ)$$

题 5-8　绘出下列各传递函数对应的幅相频率特性。

(1) $W(s)=Ks^{-N}\quad(K=10,N=1,2)$

(2) $W(s)=\dfrac{10}{0.1s\pm1}$

(3) $W(s)=Ks^{N}\quad(K=10,N=1,2)$

(4) $W(s)=10(0.1s\pm1)$

(5) $W(s)=\dfrac{4}{s(s+2)}$

(6) $W(s)=\dfrac{4}{(s+1)(s+2)}$

(7) $W(s)=\dfrac{s+3}{s+20}$

(8) $W(s)=\dfrac{s+0.2}{s(s+0.02)}$

(9) $W(s)=T^2s^2+2\xi Ts+1 \quad (\xi=0.707)$

(10) $W(s)=\dfrac{25(0.2s+1)}{s^2+2s+1}$

解 (1) $W(s)=Ks^{-N} \quad (K=10, N=1,2)$

当 $N=1$ 时

$$W(\mathrm{j}\omega)=\frac{10}{\mathrm{j}\omega}=-\mathrm{j}\frac{10}{\omega}$$

$$A(\omega)=\frac{10}{\omega} \quad \varphi(\omega)=-90^\circ$$

当 $N=2$ 时

$$W(\mathrm{j}\omega)=-\frac{10}{\omega^2}$$

$$A(\omega)=\frac{10}{\omega^2} \quad \varphi(\omega)=-180^\circ$$

相应的幅相频率特性绘于图 5-1。

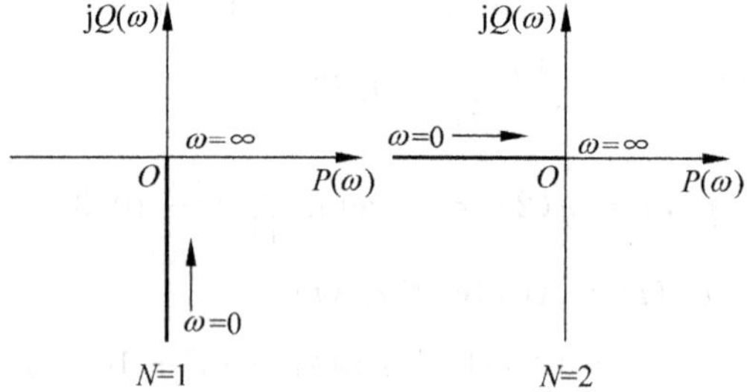

图 5-1 题 5-8(1)的幅相频率特性

(2) $W(s)=\dfrac{10}{0.1s\pm1}$

当 $W(\mathrm{j}\omega)=\dfrac{10}{\mathrm{j}0.1\omega+1}$ 时

$$P(\omega)=\frac{10}{0.01\omega^2+1} \qquad Q(\omega)=-\frac{\omega}{0.01\omega^2+1}$$

$$A(\omega)=\frac{10}{\sqrt{0.01\omega^2+1}} \qquad \varphi(\omega)=-\arctan\frac{\omega}{10}$$

$\omega=0$ 时 $\quad P(\omega)=10 \quad Q(\omega)=0$

$\qquad A(\omega)=10 \quad \varphi(\omega)=0$

$\omega=\infty$ 时 $\quad P(\omega)=0 \quad Q(\omega)=0$

$\qquad A(\omega)=0 \quad \varphi(\omega)=-90^\circ$

当 $W(\mathrm{j}\omega)=\dfrac{10}{\mathrm{j}0.1\omega-1}$ 时

$$P(\omega)=-\frac{10}{0.01\omega^2+1} \qquad Q(\omega)=-\frac{\omega}{0.01\omega^2+1}$$

$$A(\omega)=\frac{10}{\sqrt{0.01\omega^2+1}}\qquad \varphi(\omega)=-\left(180^\circ-\arctan\frac{\omega}{10}\right)$$

$\omega=0$ 时　$P(\omega)=-10$　$Q(\omega)=0$

　$A(\omega)=10$　$\varphi(\omega)=-180^\circ$

$\omega=\infty$时　$P(\omega)=0$　$Q(\omega)=0$

　$A(\omega)=0$　$\varphi(\omega)=-90^\circ$

相应的幅相频率特性绘于图 5-2。

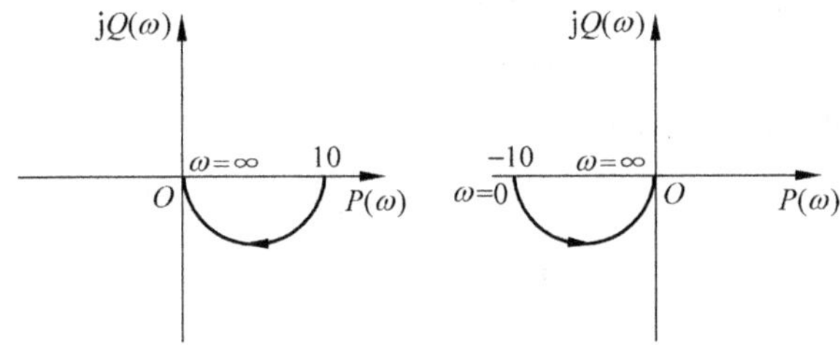

图 5-2　题 5-8(2)的幅相频率特性

(3) $W(s)=Ks^N(K=10,N=1,2)$

$N=1$ 时　$W(j\omega)=j10\omega$　$A(\omega)=10\omega$　$\varphi(\omega)=90^\circ$

$N=2$ 时　$W(j\omega)=10(j\omega)^2$　$A(\omega)=10\omega^2$　$\varphi(\omega)=180^\circ$

相应的幅相频率特性绘于图 5-3。

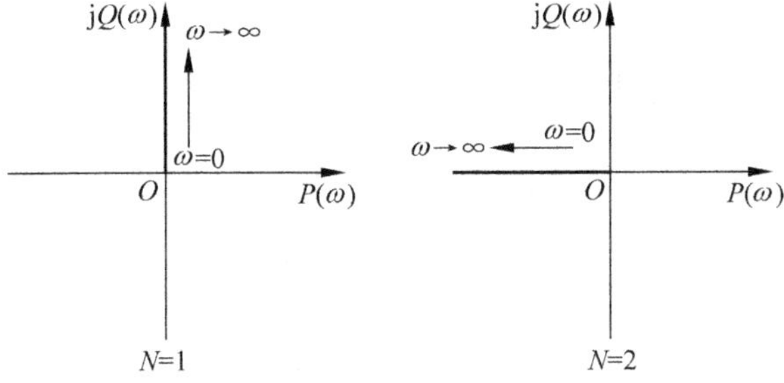

图 5-3　题 5-8(3)的幅相频率特性

(4) $W(s)=10(0.1s\pm1)$

$$W(j\omega)=10(0.1j\omega\pm1)=j\omega\pm10$$

当 $W(j\omega)=j\omega+10$ 时

$$P(\omega)=10\qquad Q(\omega)=\omega$$

$$A(\omega)=\sqrt{100+\omega^2}\quad \varphi(\omega)=\arctan\frac{\omega}{10}$$

$\omega=0$ 时　$P(\omega)=10$　$Q(\omega)=0$

　$A(\omega)=10$　$\varphi(\omega)=0^\circ$

$\omega=\infty$时　$P(\omega)=10$　$Q(\omega)=\infty$

$$A(\omega)=\infty \qquad \varphi(\omega)=90^\circ$$

当 $W(\mathrm{j}\omega)=\mathrm{j}\omega-10$ 时

$$P(\omega)=-10 \qquad Q(\omega)=\omega$$

$$A(\omega)=\sqrt{100+\omega^2} \qquad \varphi(\omega)=180^\circ-\arctan\frac{\omega}{10}$$

$\omega=0$ 时 $\quad P(\omega)=-10 \quad Q(\omega)=0$

$\qquad A(\omega)=10 \quad \varphi(\omega)=180^\circ$

$\omega=\infty$时 $\quad P(\omega)=-10 \quad Q(\omega)=\infty$

$\qquad A(\omega)=\infty \quad \varphi(\omega)=90^\circ$

相应的幅相频率特性绘于图 5-4。

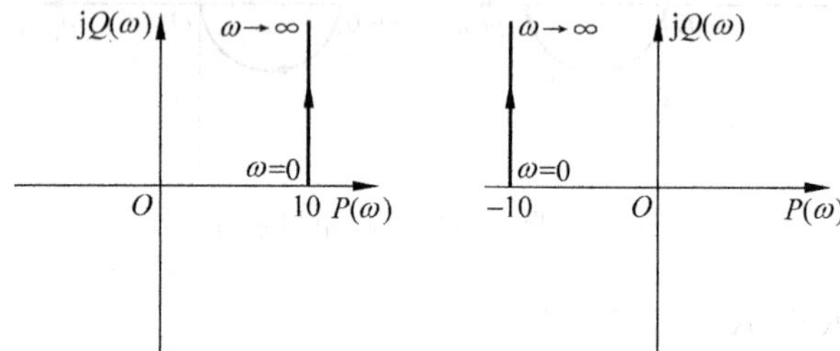

图 5-4 题 5-8(4)的幅相频率特性

(5) $W(s)=\dfrac{4}{s(s+2)}=\dfrac{2}{s(0.5s+1)}$

$$W(\mathrm{j}\omega)=\frac{2}{\mathrm{j}\omega(\mathrm{j}0.5\omega+1)}$$

$$=-\frac{1}{0.25\omega^2+1}-\mathrm{j}\frac{2}{\omega(0.25\omega^2+1)}$$

$$P(\omega)=\frac{-1}{0.25\omega^2+1} \qquad Q(\omega)=\frac{-2}{\omega(0.25\omega^2+1)}$$

$$A(\omega)=\frac{2}{\omega\sqrt{0.25\omega^2+1}} \qquad \varphi(\omega)=-90^\circ-\arctan\frac{\omega}{2} \quad (0<\omega<\infty)$$

$\omega=0$ 时 $\quad P(\omega)=-1 \quad Q(\omega)=-\infty$

$\qquad A(\omega)=\infty \quad \varphi(\omega)=-90^\circ$

$\omega=\infty$时 $\quad P(\omega)=0 \quad Q(\omega)=0$

$\qquad A(\omega)=0 \quad \varphi(\omega)=-180^\circ$

相应的幅相频率特性绘于图 5-5。

(6) $W(s)=\dfrac{4}{(s+1)(s+2)}=\dfrac{2}{(s+1)\left(\dfrac{s}{2}+1\right)}$

与式(5-1)对照，有 $N=0, n=2, m=0, K_K=2$。

$$W(\mathrm{j}\omega)=\frac{2}{(\mathrm{j}\omega+1)\left(\dfrac{\mathrm{j}\omega}{2}+1\right)}=A(\omega)\mathrm{e}^{\mathrm{j}\varphi(\omega)}$$

$$A(\omega)=\frac{2}{\sqrt{\omega^2+1}\sqrt{\left(\frac{\omega}{2}\right)^2+1}}$$

$$\varphi(\omega)=-\arctan\omega-\arctan\frac{\omega}{2}$$

$\omega=0\sim\infty$ 时　$A(\omega)=2\sim0,\varphi(\omega)=0\sim-180^\circ$ 单调连续变化。

$\omega=0$ 时　$W(\mathrm{j}\omega)=K_{\mathrm{K}}\angle0^\circ=2\angle0^\circ$

$\omega=\infty$ 时　$W(\mathrm{j}\omega)=0\angle-(n-m)\times90^\circ=0\angle-180^\circ$

相应的幅相频率特性绘于图 5-6。

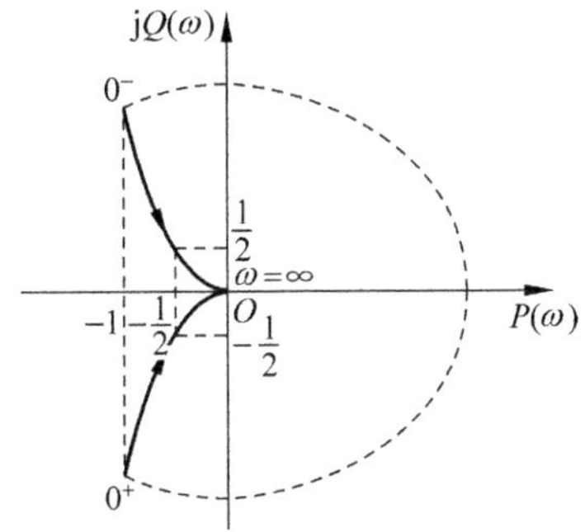

图 5-5　题 5-8(5)的幅相频率特性

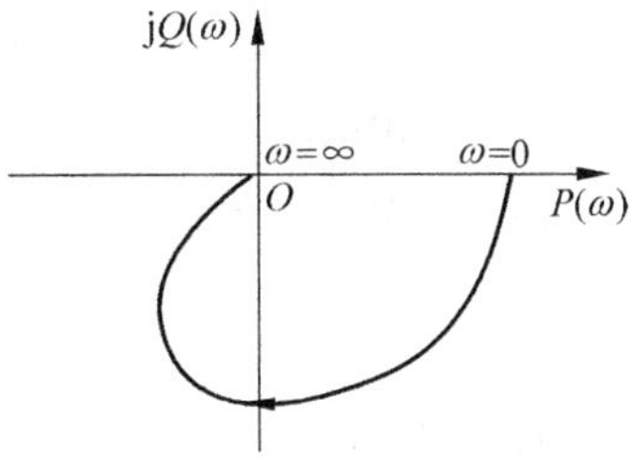

图 5-6　题 5-8(6)的幅相频率特性

(7) $W(s)=\frac{s+3}{s+20}=\frac{3}{20}\cdot\frac{\frac{1}{3}s+1}{\frac{1}{20}s+1}$

与式(5-1)对照，有 $N=0,n=m=1,K_{\mathrm{K}}=\frac{3}{20}$。

$$W(\mathrm{j}\omega)=\frac{3}{20}\cdot\frac{\mathrm{j}\frac{\omega}{3}+1}{\mathrm{j}\frac{\omega}{20}+1}=A(\omega)\mathrm{e}^{\mathrm{j}\varphi(\omega)}$$

$$A(\omega)=\frac{3}{20}\cdot\frac{\sqrt{\left(\frac{\omega}{3}\right)^2+1}}{\sqrt{\left(\frac{\omega}{20}\right)^2+1}}\quad\varphi(\omega)=\arctan\frac{\omega}{3}-\arctan\frac{\omega}{20}>0(0<\omega<\infty)$$

$\omega=0$ 时，$W(\mathrm{j}\omega)=K_{\mathrm{K}}\angle0^\circ=\frac{3}{20}\angle0^\circ=0.15\angle0^\circ$

$$\omega=\infty\text{时},W(\mathrm{j}\omega)=K_{\mathrm{K}}\frac{\prod_{i=1}^{m}T_i}{\prod_{j=1}^{m}T_j}\angle0^\circ=\frac{3}{20}\cdot\frac{\frac{1}{3}}{\frac{1}{20}}\angle0^\circ=1\angle0^\circ$$

相应的幅相频率特性绘于图 5-7。

(8) $W(s)=\dfrac{s+0.2}{s(s+0.02)}=\dfrac{0.2(5s+1)}{0.02s(50s+1)}=\dfrac{10}{s}\cdot\dfrac{5s+1}{50s+1}$

与式(5-1)对照，有 $N=1,n=2,m=1,K_K=10$。

$$W(j\omega)=\frac{10}{j\omega}\cdot\frac{j5\omega+1}{j50\omega+1}=A(\omega)e^{j\varphi(\omega)}$$

$$P(\omega)=-\frac{450}{1+50^2\omega^2}$$

$$Q(\omega)=-\frac{j(50^2\omega^2+10)}{\omega(1+50^2\omega^2)}$$

$$A(\omega)=\frac{10}{\omega}\cdot\frac{\sqrt{(5\omega)^2+1}}{\sqrt{(50\omega)^2+1}}\qquad\varphi(\omega)=-90^\circ+\arctan5\omega-\arctan50\omega$$

$\omega=0$ 时　　$W(j\omega)=\infty\angle-90^\circ$

$\omega=0^+$ 时　　$W(j\omega)=\infty\angle-90^\circ$

$\omega=\infty$时　　$W(j\omega)=0\angle-(n-m)\times90^\circ=0\angle-90^\circ$

$$\sigma_x=\lim_{\omega\to0^+}\left(-\frac{450}{1+50^2\omega^2}\right)=-450$$

相应的幅相频率特性绘于图 5-8。

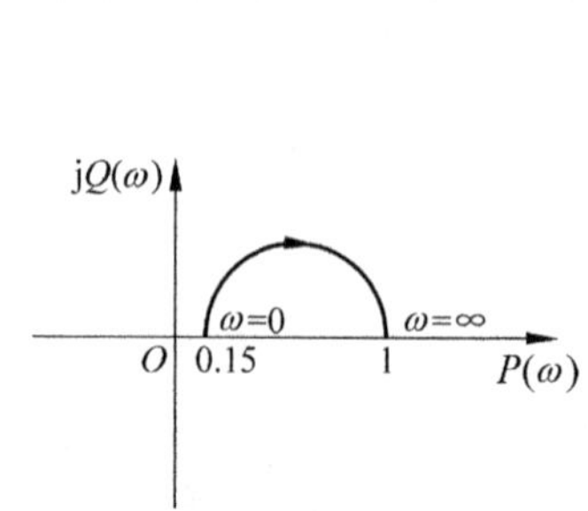

图 5-7　题 5-8(7)的幅相频率特性

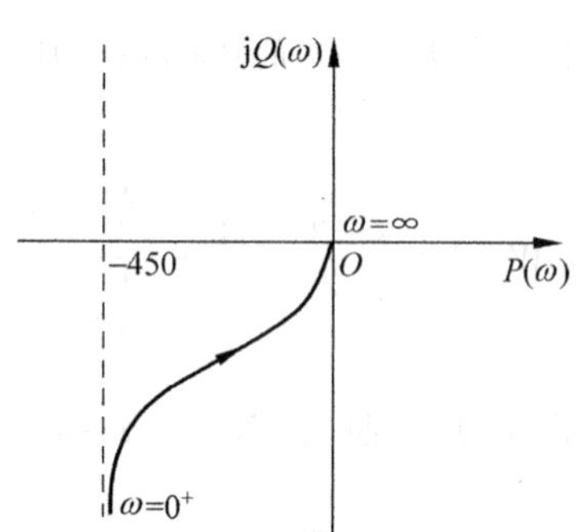

图 5-8　题 5-8(8)的幅相频率特性

(9) $W(s)=T^2s^2+2\xi Ts+1\quad(\xi=0.707)$

与式(5-1)对照，有 $N=0,n=0,m=2,K_K=1$。

$$W(j\omega)=(1-T^2\omega^2)+j2\xi T\omega=A(\omega)e^{j\varphi(\omega)}$$

$$A(\omega)=\sqrt{(1-T^2\omega^2)^2+(2\xi T\omega)^2}\qquad\varphi(\omega)=\arctan\frac{2\xi T\omega}{1-T^2\omega^2}$$

$\omega=0$ 时　　$W(j\omega)=1\angle0^\circ$

$\omega=\dfrac{1}{T}$时　　$W(j\omega)=j\sqrt{2}=\sqrt{2}\angle90^\circ$

$\omega=\infty$时　　$W(j\omega)=\infty\angle-(n-m)\times90^\circ=\infty\angle180^\circ$

相应的幅相频率特性绘于图 5-9。

(10) $W(s)=\frac{25(0.2s+1)}{s^2+2s+1}=\frac{25(0.2s+1)}{(s+1)^2}$

与式(5-1)对照，有 $N=0,n=2,m=1,K_K=25$。

$$W(\mathrm{j}\omega)=\frac{25(\mathrm{j}0.2\omega+1)}{(\mathrm{j}\omega+1)^2}=A(\omega)\mathrm{e}^{\mathrm{j}\varphi(\omega)}$$

$$A(\omega)=\frac{25\sqrt{(0.2\omega)^2+1}}{\omega^2+1}\qquad \varphi(\omega)=\arctan 0.2\omega-2\arctan\omega$$

$\omega=0$ 时　　$W(\mathrm{j}\omega)=K_K\angle 0^\circ=25\angle 0^\circ$

$\omega=\infty$ 时　　$W(\mathrm{j}\omega)=0\angle-(n-m)\times 90^\circ=0\angle -90^\circ$

相应的幅相频率特性绘于图 5-10。

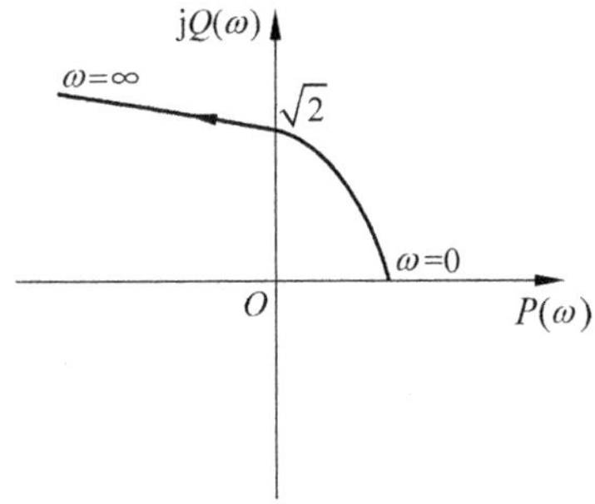

图 5-9　题 5-8(9)的幅相频率特性

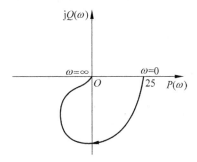

图 5-10　题 5-8(10)的幅相频率特性

题 5-9　绘出习题 5-8 各传递函数的对数频率特性。

解　(1) $W(s)=Ks^{-N}$　$(K=10,N=1,2)$

当 $N=1$ 时，由题 5-8(1)知 $A(\omega)=\frac{10}{\omega},\varphi(\omega)=-90^\circ$

$$L(\omega)=20\lg A(\omega)=20\lg\frac{10}{\omega}=20-20\lg\omega$$

由 $A(\omega_c)=\frac{10}{\omega_c}=1$，解得 $\omega_c=10$，即对数幅频特性为在零分贝线上，过 $\omega=10$、斜率为 $-20\mathrm{dB/dec}$(或简化表示为 -1)的直线。

相应的对数频率特性如图 5-11 所示。

当 $N=2$ 时

$$W(\mathrm{j}\omega)=\frac{10}{(\mathrm{j}\omega)^2}=-\frac{10}{\omega^2}$$

$$A(\omega)=\frac{10}{\omega^2}\quad \varphi(\omega)=-180^\circ$$

$$L(\omega)=20\lg A(\omega)=20-40\lg\omega$$

由 $A(\omega_c)=1$ 得 $\omega_c=\sqrt{10}=3.16$，相应的对数频率特性绘于图 5-12。

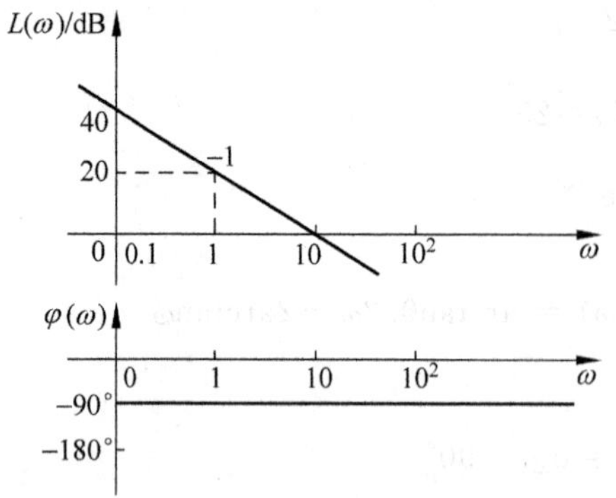

图 5-11 题 5-9(1)$N=1$ 时的对数频率特性

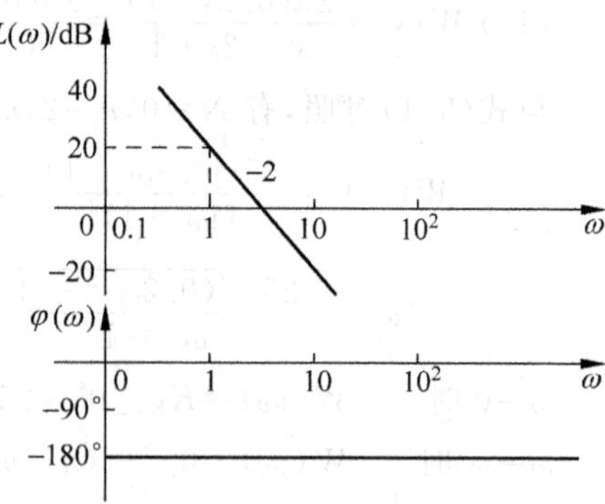

图 5-12 题 5-9(1)$N=2$ 时的对数频率特性

(2) $W(s)=\dfrac{10}{0.1s\pm1}$

$W(j\omega)=\dfrac{10}{j0.1\omega\pm1}$，交接频率 $\omega_1=\dfrac{1}{0.1}=10$

当 $W_1(j\omega)=\dfrac{10}{j\dfrac{\omega}{\omega_1}+1}$ 时

$$A_1(\omega)=\frac{10}{\sqrt{\left(\dfrac{\omega}{\omega_1}\right)^2+1}}\qquad \varphi_1(\omega)=-\arctan\frac{\omega}{\omega_1}$$

$$L_1(\omega)=20\lg A_1(\omega)=20\lg\frac{10}{\sqrt{(0.1\omega)^2+1}}$$

$\omega<\omega_1$ 时，$L_1(\omega)\approx20\lg10=20$，$\varphi_1(\omega)\approx0°$。

$\omega=\omega_1$ 时，$L_1(\omega)\approx20\lg10=20$，$\varphi_1(\omega)\approx-45°$。

$\omega>\omega_1$ 时，$L_1(\omega)=20\lg\dfrac{10}{\sqrt{\left(\dfrac{\omega}{\omega_1}\right)^2+1}}\approx20\lg10-20\lg\dfrac{\omega}{\omega_1}$。

$\omega=\infty$ 时，$L_1(\omega)=-\infty$，$\varphi_1(\omega)=-90°$。

相应的对数频率特性绘于图 5-13。

当 $W_2(j\omega)=\dfrac{10}{j0.1\omega-1}$ 时

$$A_2(\omega)=A_1(\omega)\quad 即\ L_2(\omega)=L_1(\omega)$$

$$\varphi_2(\omega)=-180°+\arctan\frac{\omega}{10}$$

$\omega<\omega_1$ 时　$\varphi_2(\omega)\approx-180°$

$\omega=\omega_1$ 时　$\varphi_2(\omega)=-135°$

$\omega>\omega_1$ 时　$\varphi_2(\omega)\approx-180°+\arctan\dfrac{\omega}{\omega_1}$

$\omega=\infty$ 时　$\varphi_2(\omega)=-90°$

相应的对数频率特性绘于图 5-14。

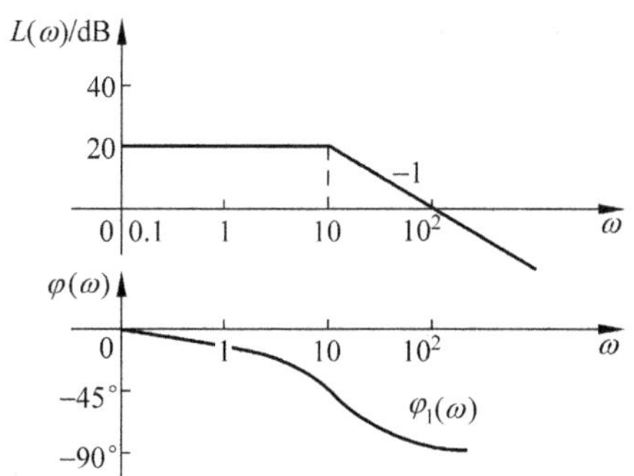

图 5-13　题 5-9(2)$W_1(\mathrm{j}\omega)$的对数频率特性

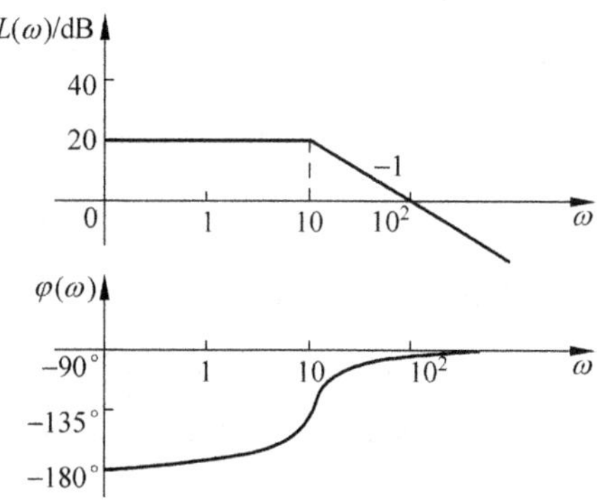

图 5-14　题 5-9(2)$W_2(\mathrm{j}\omega)$的对数频率特性

(3) $W(s)=Ks^N$

$N=1$ 时,$W(\mathrm{j}\omega)=\mathrm{j}10\omega$,$A(\omega)=10\omega$,$\varphi(\omega)=90°$

$$L(\omega)=20\lg A(\omega)=20+20\lg\omega$$

$$\omega_c=\frac{1}{10}=0.1$$

相应的对数频率特性绘于图 5-15。

$N=2$ 时,$W(\mathrm{j}\omega)=10(\mathrm{j}\omega)^2$,　$A(\omega)=10\omega^2$,　$\varphi(\omega)=180°$

$$L(\omega)=20\lg A(\omega)=20+40\lg\omega$$

$$\omega_c=\frac{1}{\sqrt{10}}=0.316$$

相应的对数频率特性绘于图 5-16。

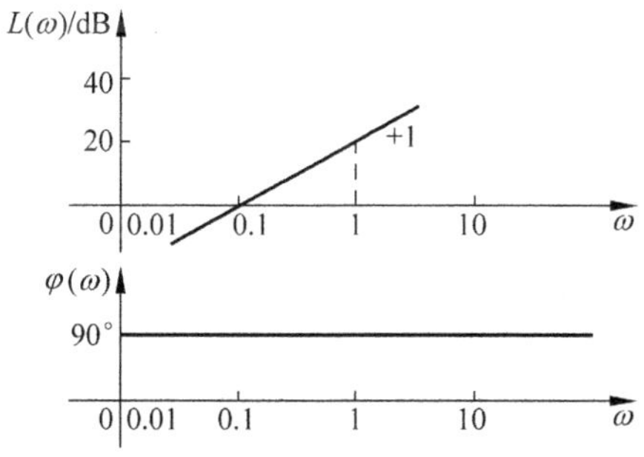

图 5-15　题 5-9(3)$N=1$ 时的对数频率特性

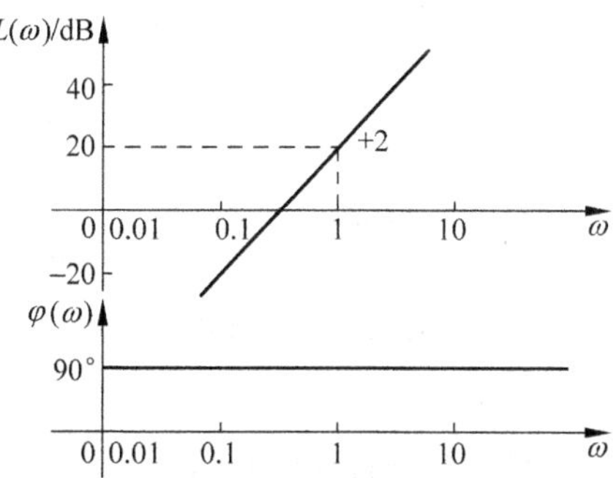

图 5-16　题 5-9(3)$N=2$ 时的对数频率特性

(4) $W(s)=10(0.1s\pm1)$

$$W(\mathrm{j}\omega)=10(0.1\mathrm{j}\omega\pm1)=\mathrm{j}\omega\pm10$$

$$W_1(\mathrm{j}\omega)=10(0.1\mathrm{j}\omega+1)=\mathrm{j}\omega+10$$

$$W_2(\mathrm{j}\omega)=10(0.1\mathrm{j}\omega-1)=\mathrm{j}\omega-10$$

$$A_1(\omega)=A_2(\omega)=\sqrt{100+\omega^2}$$

$$L_1(\omega)=L_2(\omega)=20\lg 10+20\lg\sqrt{(0.1\omega)^2+1}$$

$$\varphi_1(\omega)=\varphi_+(\omega)=\arctan\frac{\omega}{10}$$

$$\varphi_2(\omega)=\varphi_-(\omega)=180°-\arctan 0.1\omega$$

交接频率 $\omega_1=10$。

$\omega=0$ 时，$L(\omega)=20\lg A(\omega)=20$，$\varphi_+(\omega)=0°$，$\varphi_-(\omega)=180°$。

$\omega=\omega_1$ 时，$L(\omega)\approx 20$，$\varphi_+(\omega)=45°$，$\varphi_-(\omega)=135°$。

$\omega=\infty$时，$L(\omega)=\infty$，$\varphi_+(\omega)=\varphi_-(\omega)=90°$。

相应的对数频率特性分别绘于图 5-17 和图 5-18。

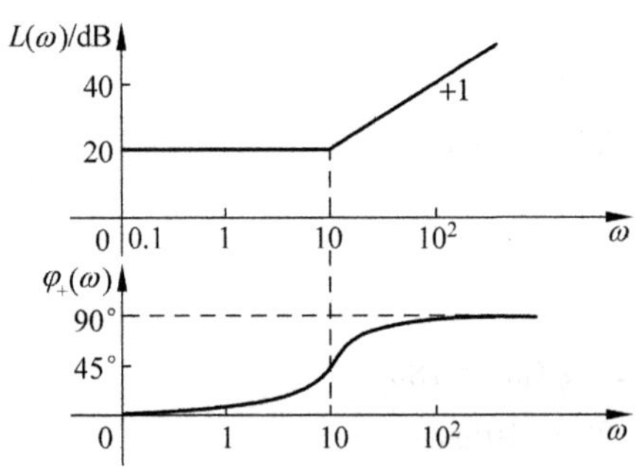

图 5-17　题 5-9(4)$W_1(j\omega)$的对数频率特性

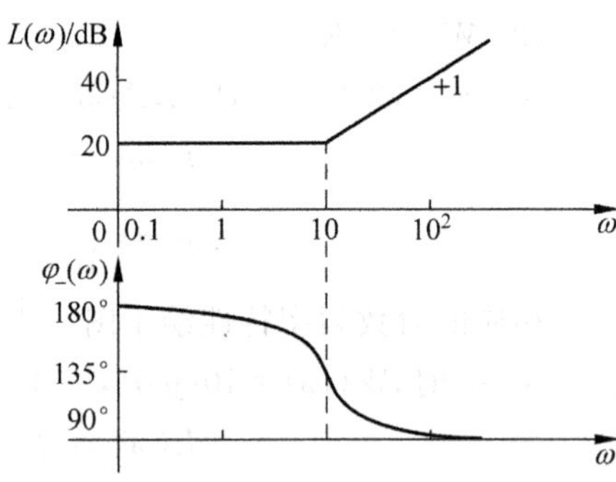

图 5-18　题 5-9(4)$W_2(j\omega)$的对数频率特性

(5) $W(s)=\dfrac{4}{s(s+2)}=\dfrac{2}{s(0.5s+1)}$

$$W(j\omega)=\frac{2}{j\omega(j0.5\omega+1)}$$

$$A(\omega)=\frac{2}{\omega}\cdot\frac{1}{\sqrt{(0.5\omega)^2+1}}\qquad \varphi(\omega)=-90°-\arctan 0.5\omega$$

$$L(\omega)=20\lg 2-20\lg\omega-20\lg\sqrt{(0.5\omega)^2+1}$$

交接频率 $\omega_1=2$。

对数幅频特性的画法：

过 $\omega=1$、$L(\omega)=20\lg 2=6$ 作斜率为-20dB/dec 的直线，其延长线至 $\omega=2$ 处时，特性斜率变为-40dB/dec。

$\omega=0$ 时，$\varphi(\omega)=-90°$。

$\omega=\omega_1$ 时，$\varphi(\omega)=-135°$。

$\omega=\infty$时，$\varphi(\omega)=-180°$。

相应的对数频率特性曲线绘于图 5-19。

(6) $W(s)=\dfrac{4}{(s+1)(s+2)}=\dfrac{2}{(s+1)(0.5s+1)}$

$$W(\mathrm{j}\omega)=\frac{2}{(\mathrm{j}\omega+1)(\mathrm{j}0.5\omega+1)}$$

$$A(\omega)=\frac{2}{\sqrt{\omega^2+1}}\ \frac{1}{\sqrt{(0.5\omega)^2+1}}$$

$$\varphi(\omega)=-\arctan\omega-\arctan 0.5\omega$$

$$L(\omega)=20\lg 2-20\lg\sqrt{\omega^2+1}-20\lg\sqrt{(0.5\omega)^2+1}$$

交接频率为 $\omega_1=1,\omega_2=2$。

对数幅频特性分为三段：

$0<\omega<\omega_1$，高度为 20lg2 的水平线；

$\omega_1<\omega<\omega_2$，特性斜率为 −20dB/dec；

$\omega_2<\omega<\infty$，特性斜率为 −40dB/dec。

相应的对数频率特性绘于图 5-20。

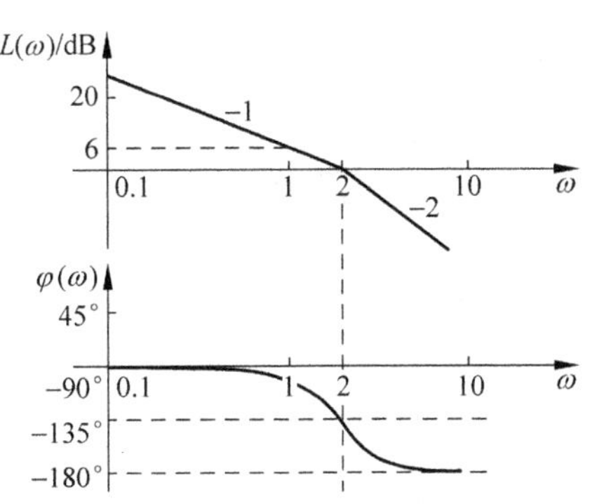

图 5-19　题 5-9(5)的对数频率特性

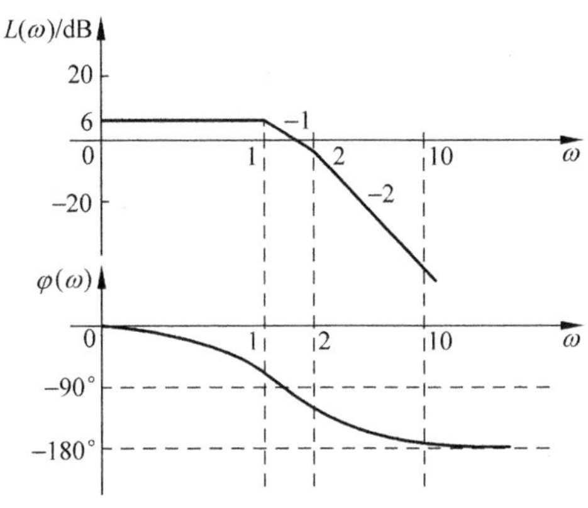

图 5-20　题 5-9(6)的对数频率特性

(7) $W(s)=\dfrac{s+3}{s+20}=\dfrac{3}{20}\cdot\dfrac{\dfrac{s}{3}+1}{\dfrac{s}{20}+1}$

$$W(\mathrm{j}\omega)=\frac{3}{20}\cdot\frac{\left(\mathrm{j}\dfrac{\omega}{3}+1\right)}{\mathrm{j}\dfrac{\omega}{20}+1}$$

$$A(\omega)=\frac{3}{20}\cdot\frac{\sqrt{\left(\dfrac{\omega}{3}\right)^2+1}}{\sqrt{\left(\dfrac{\omega}{20}\right)^2+1}}$$

$$\varphi(\omega)=\arctan\frac{\omega}{3}-\arctan\frac{\omega}{20}$$

$$L(\omega) = 20\lg\frac{3}{20} + 20\lg\sqrt{\left(\frac{\omega}{3}\right)^2 + 1} - 20\lg\sqrt{\left(\frac{\omega}{20}\right)^2 + 1}$$

交接频率为 $\omega_1 = 3, \omega_2 = 20$。

对数幅频特性分为三段：

$0 < \omega < \omega_1$，高度为 $20\lg\frac{3}{20}$ 的水平线；

$\omega_1 < \omega < \omega_2$，特性斜率为 $+20$dB/dec；

$\omega_2 < \omega < \infty$，特性斜率为 0dB/dec。

相应的对数频率特性绘于图 5-21。

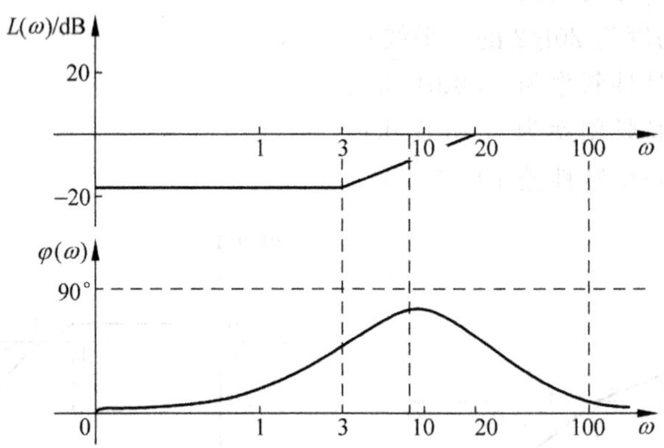

图 5-21 题 5-9(7)的对数频率特性

(8) $W(s) = \frac{s+0.2}{s(s+0.02)} = \frac{10(5s+1)}{s(50s+1)}$

$$W(j\omega) = \frac{10}{\omega} \cdot \frac{j5\omega + 1}{j50\omega + 1}$$

$$A(\omega) = \frac{10}{\omega} \cdot \frac{\sqrt{(5\omega)^2 + 1}}{\sqrt{(50\omega)^2 + 1}} \quad \varphi(\omega) = -90° + \arctan 5\omega - \arctan 50\omega$$

$$L(\omega) = 20 - 20\lg\omega + 20\lg\sqrt{(5\omega)^2 + 1} - 20\lg\sqrt{(50\omega)^2 + 1}$$

交接频率为 $\omega_1 = 0.02, \omega_2 = 0.2$。

当 $\omega = 1$ 时，$L(\omega) = 20 - 20\lg\omega = 20$，过此点可确定低频段渐近线的位置。

对数频率特性分为三段：

$0 < \omega < \omega_1$，斜率为 -20dB/dec，延长线过 $L(0) = 10$；

$\omega_1 < \omega < \omega_2$，斜率为 -40dB/dec；

$\omega > \omega_2$，斜率为 -20dB/dec。

相应的对数频率特性绘于图 5-22。

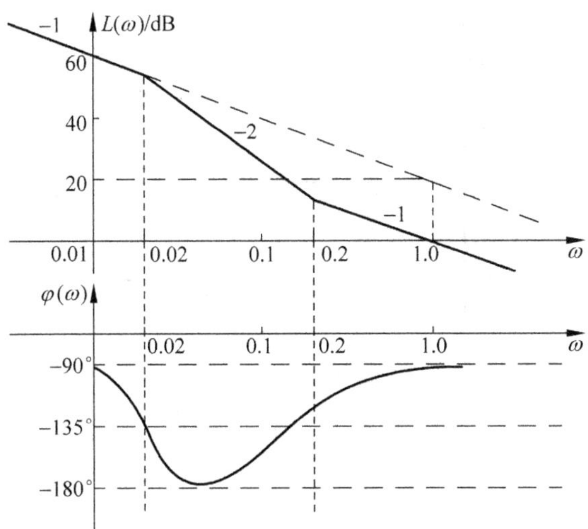

图 5-22　题 5-9(8)的对数频率特性

(9) $W(s)=T^2s^2+2\xi Ts+1\quad(\xi=0.707)$

$$W(\mathrm{j}\omega)=(1-T^2\omega^2)+\mathrm{j}2\xi T\omega$$

$$A(\omega)=\sqrt{(1-T^2\omega^2)^2+(\sqrt{2}\,T\omega)^2}\quad \varphi(\omega)=\arctan\frac{\sqrt{2}\,T\omega}{1-T^2\omega^2}$$

$$L(\omega)=20\lg\sqrt{(1-T^2\omega^2)^2+(\sqrt{2}\,T\omega)^2}$$

交换频率为 $\omega_1=\dfrac{1}{T}$。

$\omega<\omega_1$ 时，$L(\omega)\approx\lg1=0$

$\omega=\omega_1$ 时，$L(\omega)=20\lg\sqrt{0+2}=3.01$

$\omega>\omega_1$ 时，$L(\omega)\approx20\lg\sqrt{(T\omega)^4+(\sqrt{2}\,T\omega)^2}$

$$=20\lg\sqrt{(T\omega)^2[(T\omega)^2+2]}\approx40\lg(T\omega)$$

$$\varphi(\omega)=\arctan\frac{\sqrt{2}\,T\omega}{1-T^2\omega^2}=\begin{cases}0 & (\omega=0)\\ 90^\circ & (\omega=\omega_1)\\ 180^\circ & (\omega=\infty)\end{cases}$$

相应的对数频率特性绘于图 5-23。

(10) $W(s)=\dfrac{25(0.2s+1)}{s^2+2s+1}=\dfrac{25(0.2s+1)}{(s+1)^2}$

$$W(\mathrm{j}\omega)=\frac{25(\mathrm{j}0.2\omega+1)}{(\mathrm{j}\omega+1)^2}$$

$$A(\omega)=\frac{25\sqrt{(0.2\omega)^2+1}}{\omega^2+1}$$

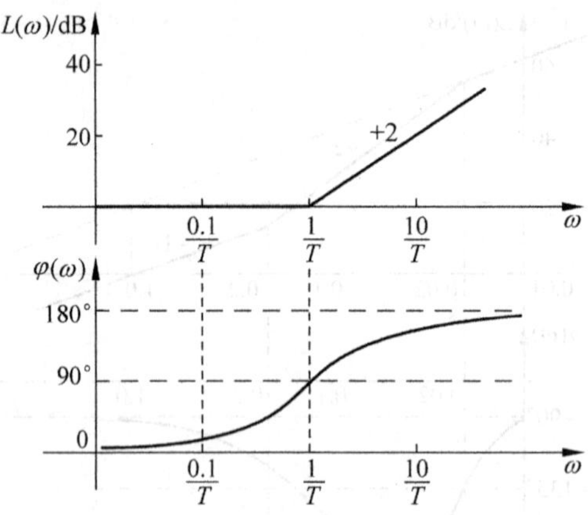

图 5-23　题 5-9(9)的对数频率特性

$$\varphi(\omega)=\arctan 0.2\omega-2\arctan\omega=\begin{cases}0 & (\omega=0)\\ -90^\circ & (\omega=\omega_1)\\ -90^\circ & (\omega=\infty)\end{cases}$$

$$L(\omega)=20\lg 25+20\lg\sqrt{(0.2\omega)^2+1}-20\lg(\omega^2+1)$$

交接频率为 $\omega_1=1,\omega_2=5$。

对数频率特性分为三段：

$0<\omega<\omega_1$，斜率为 0，高度为 20lg25；

$\omega_1<\omega<\omega_2$，斜率为 -40dB/dec；

$\omega_2<\omega$，斜率为 -20dB/dec。

相应的对数幅频特性绘于图 5-24。

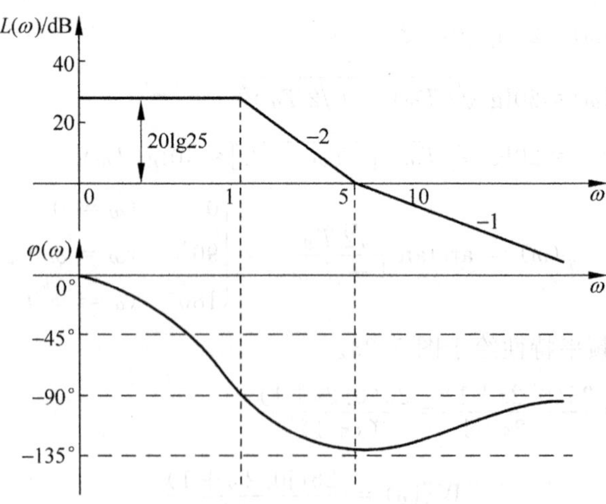

图 5-24　题 5-9(10)的对数频率特性

题 5-10　绘出下列系统的开环传递函数的幅相频率特性和对数频率特性。

(1) $W_K(s)=\dfrac{K(T_3s+1)}{s(T_1s+1)(T_2s+1)}$　$(1>T_1>T_2>T_3>0)$

(2) $W_K(s)=\dfrac{500}{s(s^2+s+100)}$

(3) $W_K(s)=\dfrac{e^{-0.2s}}{s+1}$

解　(1) $W_K(s)=\dfrac{K(T_3s+1)}{s(T_1s+1)(T_2s+1)}$　$(1>T_1>T_2>T_3>0)$

与式(5-1)对照有 $N=1,n=3,m=1$，并设 $K>0$。

绘制幅相频率特性

$\omega=0$ 时　　$W(j\omega)=\infty\angle-N90°=\infty\angle-90°$

$\omega=\infty$时　　$W(j\omega)=0\angle-(n-m)90°=0\angle-180°$

$$\begin{aligned}W_K(j\omega)&=\frac{K(jT_3\omega+1)}{j\omega(jT_1\omega+1)(jT_2\omega+1)}\\&=\frac{-jK(1+jT_3\omega)(1-jT_1\omega)(1-jT_2\omega)}{\omega(1+T_1^2\omega^2)(1+T_2^2\omega^2)}\\&=-\frac{K(T_1+T_2-T_3+T_1T_2T_3\omega^2)}{(1+T_1^2\omega^2)(1+T_2^2\omega^2)}-j\frac{K(1-T_1T_2\omega^2+T_1T_3\omega^2+T_2T_3\omega^2)}{\omega(1+T_1^2\omega^2)(1+T_2^2\omega^2)}\\&=P(\omega)+jQ(\omega)\end{aligned}$$

$$\sigma_x=\lim_{\omega\to0^+}P(\omega)=-K(T_1+T_2-T_3)<0$$

分析 $P(\omega)$和 $Q(\omega)$可知，当 ω 为有限值时，总有 $P(\omega)<0$，且 $Q(\omega)$中的 $1-T_1T_2\omega^2+T_1T_3\omega^2+T_2T_3\omega^2$ 项可能正也可能负。因此，频率特性曲线应在第二、三象限内。

求特性与实轴交点，即令 $Q(\omega_j)=0$。由 $1+(T_1T_3+T_2T_3-T_1T_2)\omega_j^2=0$ 得

$$\omega_j=\frac{1}{\sqrt{T_1T_2-T_1T_3-T_2T_3}}$$

所以

$$P(\omega_j)=\frac{-K\left(T_1+T_2-T_3+\dfrac{T_1T_2T_3}{T_1T_2-T_1T_3-T_2T_3}\right)}{\left(1+\dfrac{T_1^2}{T_1T_2-T_1T_3-T_2T_3}\right)\left(1+\dfrac{T_2^2}{T_1T_2-T_1T_3-T_2T_3}\right)}$$

$$\varphi(\omega)=-90°-\arctan T_1\omega-\arctan T_2\omega+\arctan T_3\omega$$

相应的幅相频率特性绘于图 5-25。

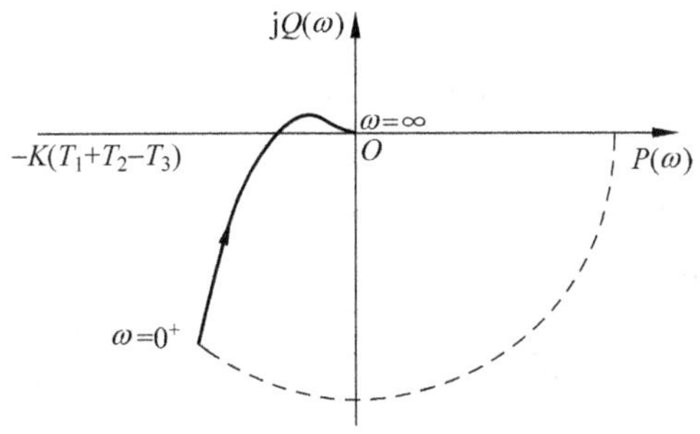

图 5-25　题 5-10(1)的幅相频率特性

绘制对数频率特性

$$A(\omega) = \frac{K}{\omega}\frac{\sqrt{(T_3\omega)^2+1}}{\sqrt{(T_1\omega)^2+1}} \cdot \frac{1}{\sqrt{(T_2\omega)^2+1}}$$

$$\varphi(\omega) = -90^\circ - \arctan T_1\omega - \arctan T_2\omega + \arctan T_3\omega$$

$$L(\omega) = 20\lg K - 20\lg\omega - 20\lg\sqrt{(T_1\omega)^2+1}$$

$$- 20\lg\sqrt{(T_2\omega)^2+1} + 20\lg\sqrt{(T_3\omega)^2+1}$$

交接频率为 $\omega_1=\frac{1}{T_1}$，$\omega_2=\frac{1}{T_2}$，$\omega_3=\frac{1}{T_3}$，且 $1<\omega_1<\omega_2<\omega_3$。

相应的对数频率特性绘于图 5-26。

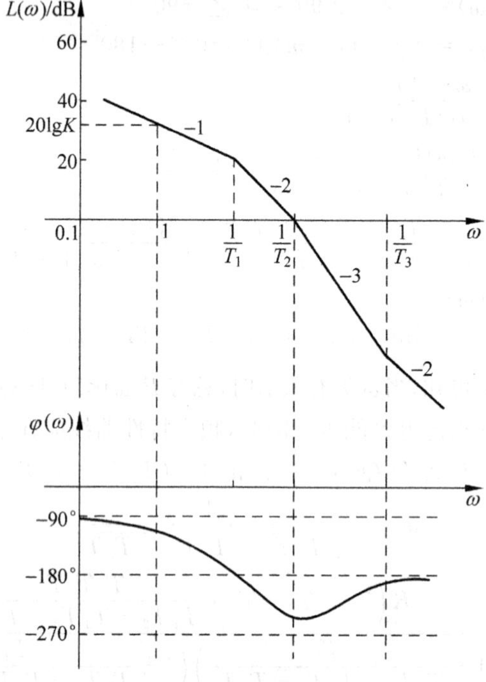

图 5-26　题 5-10(1)的对数频率特性

(2) $W_K(s)=\frac{500}{s(s^2+s+100)}=\frac{5}{s(0.01s^2+0.01s+1)}$

与式(5-1)对照有 $N=1, n=3, m=0, K=5$。

绘制幅相频率特性

$\omega=0$ 时　　$W(j\omega)=\infty\angle -N90^\circ=\infty\angle -90^\circ$

$\omega=\infty$时　　$W(j\omega)=0\angle -(n-m)90^\circ=0\angle -270^\circ$

$$W_K(j\omega)=-\frac{500}{[(100-\omega^2)^2+\omega^2]}-j\frac{500(100-\omega^2)}{\omega[(100-\omega^2)^2+\omega^2]}$$

$$=P(\omega)+jQ(\omega)$$

$$\sigma_x = \lim_{\omega \to 0^+} P(\omega) = -0.05$$

分析 $P(\omega)$ 和 $Q(\omega)$ 可知，当 ω 为有限值时，总有 $P(\omega)<0$，且 $Q(\omega)$ 可正可负，故频率特性曲线应在第二、三象限内。

求与负实轴交点：令 $Q(\omega_j)=0$，得 $\omega_j=10$，则

$$P(\omega_j)\big|_{\omega_j=10} = -5$$

相应的幅相频率特性绘于图 5-27。

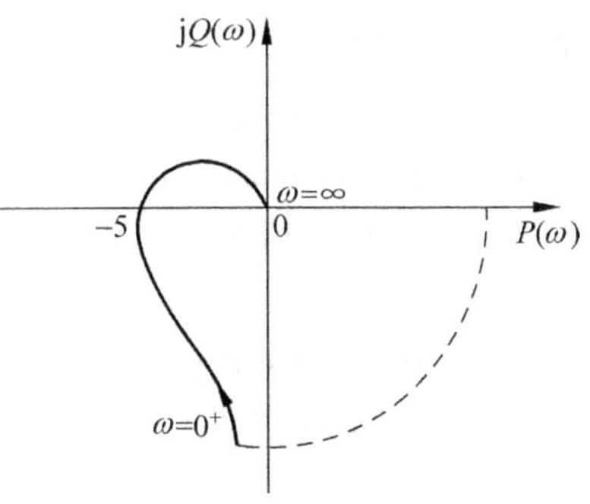

图 5-27　题 5-4(2)的幅相频率特性

绘制对数频率特性

$$W_K(s) = \frac{5}{s[(0.1s)^2 + 0.01s + 1]}$$

$$A(\omega) = \frac{5}{\omega} \cdot \frac{1}{\sqrt{[1-(0.1\omega)^2]^2 + (0.01\omega)^2}}$$

$$\varphi(\omega) = -90° - \arctan\frac{0.01\omega}{1-(0.1\omega)^2}$$

$$L(\omega) = 20\lg 5 - 20\lg\omega - 20\lg\sqrt{[1-(0.1\omega)^2]^2 + (0.01\omega)^2}$$

交接频率 $\omega_1 = 10$。

相应的对数频率特性绘于图 5-28。

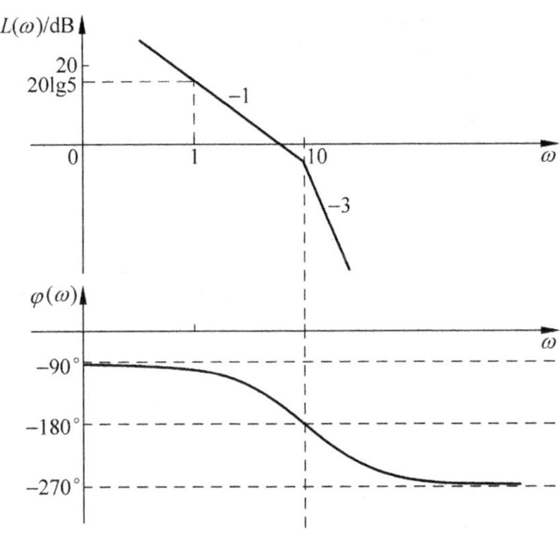

图 5-28　题 5-10(2)的对数频率特性

(3) $W_K(s)=\dfrac{e^{-0.2s}}{s+1}$

$$W_K(j\omega) = \frac{e^{-j0.2\omega}}{j\omega + 1}$$

$$A(\omega) = \frac{1}{\sqrt{\omega^2+1}}, \quad \varphi(\omega) = -0.2\omega - \arctan\omega$$

绘制幅相频率特性：

$\omega=0$ 时　　$A(\omega)=1$，　　$\varphi(\omega)=0^\circ$；

$\omega=\infty$ 时　　$A(\omega)=0$　　$\varphi(\omega)=-\infty$；

当 $\omega=0\to\infty$ 时，$A(\omega)=1\to 0$，$\varphi(\omega)=0^\circ\to-\infty$。

相应的幅相频率特性绘于图 5-29。

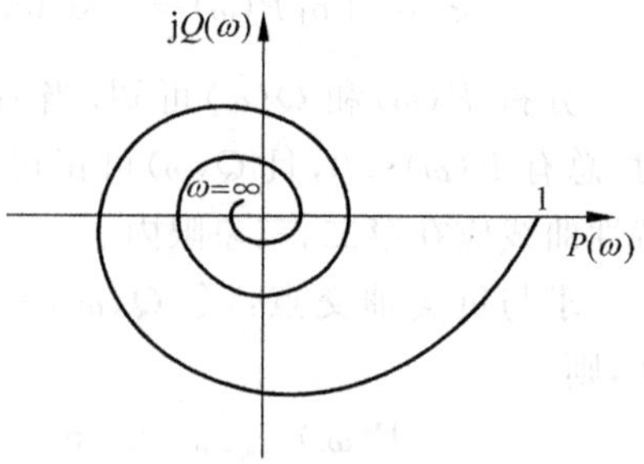

图 5-29　题 5-10(3)的幅相频率特性

绘制对数频率特性

$$A(\omega)=\frac{1}{\sqrt{\omega^2+1}}\quad \varphi(\omega)=-0.2\omega-\arctan\omega$$

$$L(\omega)=-20\lg\sqrt{\omega^2+1}$$

交接频率为 $\omega_1=1$。

相应的对数频率特性绘于图 5-30。

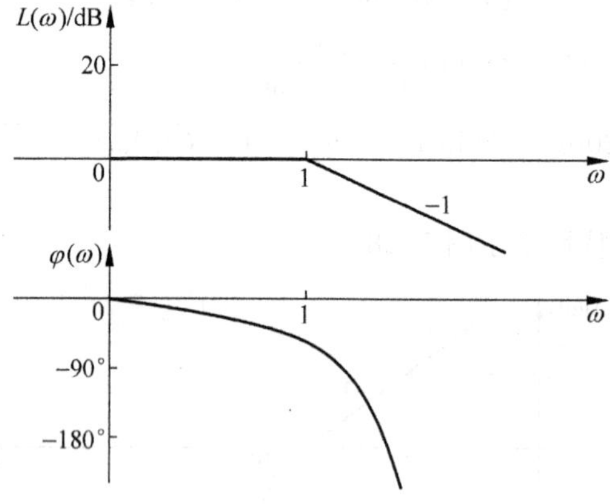

图 5-30　题 5-10(3)的对数频率特性

题 5-11　用奈奎斯特稳定判据判断下列反馈系统的稳定性，各系统开环传递函数如下：

(1) $W_K(s)=\dfrac{K(T_3s+1)}{s(T_1s+1)(T_2s+1)}$　$(T_3>T_1+T_2)$

(2) $W_K(s)=\dfrac{10}{s(s-1)(0.2s+1)}$

(3) $W_K(s)=\dfrac{100(0.01s+1)}{s(s-1)}$

解　(1) $W_K(s)=\dfrac{K(T_3s+1)}{s(T_1s+1)(T_2s+1)}$　$(T_3>T_1+T_2)$

$$\begin{aligned}W_K(\mathrm{j}\omega)&=\frac{K(\mathrm{j}T_3\omega+1)}{\mathrm{j}\omega(\mathrm{j}T\omega_1+1)(\mathrm{j}T\omega_2+1)}\\&=A(\omega)\mathrm{e}^{-\mathrm{j}\varphi(\omega)}=P(\omega)+\mathrm{j}Q(\omega)\end{aligned}$$

$$A(\omega)=\frac{K\sqrt{1+(T_3\omega)^2}}{\omega\sqrt{1+(T_1\omega)^2}\sqrt{1+(T_2\omega)^2}}$$

$$\varphi(\omega)=-90^\circ+\arctan T_3\omega-\arctan T_1\omega-\arctan T_2\omega$$

$$P(\omega)=\frac{K(T_3-T_1T_2T_3\omega^2-T_1-T_2)}{(T_1+T_2)^2\omega^2+(1-T_1T_2\omega^2)^2}$$

$$Q(\omega)=\frac{K[T_1T_2\omega^2-1-(T_1+T_2)T_3\omega^2]}{(T_1+T_2)^2\omega^3+(1-T_1T_2\omega^2)^2\omega}$$

令 $P(\omega)=0$，即 $\omega^2=\dfrac{T_3-(T_1+T_2)}{T_1T_2T_3}$，此时 $Q(\omega)<0$。

令 $Q(\omega_j)=0$，即 $\omega_j^2=(T_1T_2-T_1T_3-T_2T_3)^{-1}$。分析 ω_j 的解可知，因为 $T_1T_2<T_3(T_1+T_2)$，所以当 $0<\omega<\infty$ 时频率特性曲线不会与实轴相交，即 $\omega_j=\infty$（相当于代数方程无解）。

$\omega=0$ 时，$P(\omega)=\infty$，$Q(\omega)=\infty$，$\varphi(\omega)=0^\circ$。

$\omega=0^+$ 时，$P(\omega)=K(T_3-T_1-T_2)>0$，$Q(\omega)=\infty$，$\varphi(\omega)=-90^\circ$。

$\omega=\infty$ 时，$P(\omega)=0$，$Q(\omega)=0$，$\varphi(\omega)=-180^\circ$。

相应的幅相频率特性绘于图 5-31。由图知，奈奎斯特曲线不包围（-1，j0）点，且开环系统稳定，所以系统稳定。

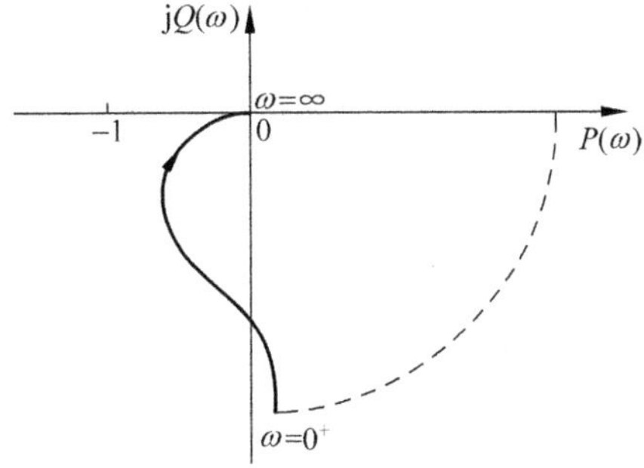

图 5-31　题 5-11(1)的幅相频率特性

(2) $W_K(s)=\dfrac{10}{s(s-1)(0.2s+1)}$

$$W_K(j\omega)=\frac{10}{j\omega(j\omega-1)(j0.2\omega+1)}$$

$$A(\omega)=\frac{10}{\omega\sqrt{\omega^2+1}\sqrt{(0.2\omega)^2+1}}$$

$$\varphi(\omega)=-90^\circ-180^\circ+\arctan\omega-\arctan 0.2\omega$$

$$P(\omega)=\frac{-8}{(\omega^2+1)(0.04\omega^2+1)}$$

$$Q(\omega)=\frac{10(0.2\omega^2+1)}{\omega(\omega^2+1)(0.04\omega^2+1)}$$

由 $P(\omega)$，$Q(\omega)$ 的表达式知，曲线不穿过实、虚轴。

$\omega=0$ 时　　$A(\omega)=\infty$　　$\varphi(\omega)=-180°$

$\omega=0^+$ 时　　$A(\omega)=\infty$　　$\varphi(\omega)=-270°$

$\omega=\infty$时，　$A(\omega)=0$　　$\varphi(\omega)=-270°$

$\sigma_x=\lim\limits_{\omega\to 0^+}P(\omega)=-8$

相应的幅相频率特性绘于图 5-32。

由图 5-32 知，奈奎斯特曲线顺时针包围$(-1,j0)$点，故系统不稳定，有两个极点在 s 平面右半平面。

(3) $W_K(s)=\dfrac{100(0.01s+1)}{s(s-1)}$

$$W_K(j\omega)=\frac{100(j0.01\omega+1)}{j\omega(j\omega-1)}$$

$$A(\omega)=\frac{100\sqrt{1+(0.01\omega)^2}}{\omega\sqrt{1+\omega^2}}$$

$$\varphi(\omega)=\arctan 0.01\omega-90°-180°+\arctan\omega$$

$\omega=0$ 时　　$A(\omega)=\infty$　　$\varphi(\omega)=-180°$

$\omega=0^+$ 时　　$A(\omega)=\infty$　　$\varphi(\omega)=-270°$

$\omega=\infty$时　　$A(\omega)=0$　　$\varphi(\omega)=-90°$

$P(\omega)=-\dfrac{101}{1+\omega^2}$　　$Q(\omega)=\dfrac{100(1-0.01\omega^2)}{\omega(\omega^2+1)}$

$\sigma_x=\lim\limits_{\omega\to 0^+}P(\omega)=-101$

从 $P(\omega)$中知曲线不与虚轴相交。

相应的幅相频率特性曲线绘于图 5-33。

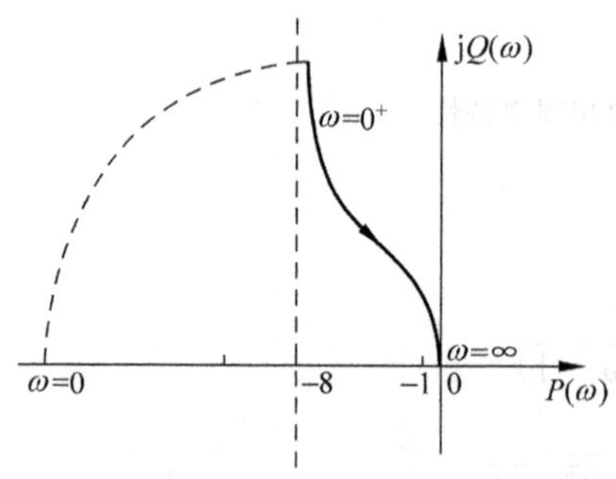

图 5-32　题 5-11(2)的幅相频率特性

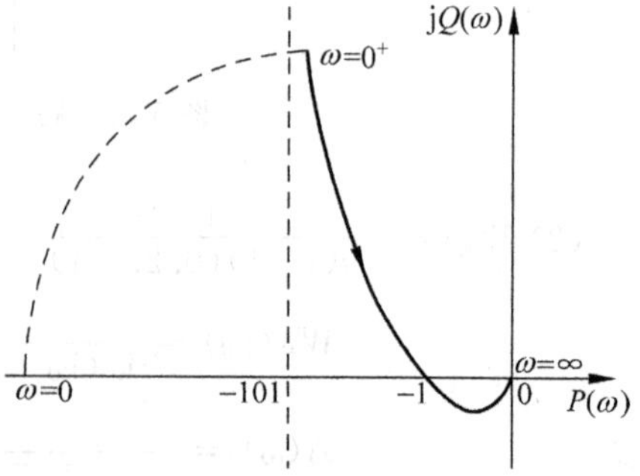

图 5-33　题 5-11(3)的幅相频率特性

令 $Q(\omega_j)=0$，得 $\omega_j=100$，$P(\omega_j)=-1$。

奈奎斯特曲线穿过$(-1,j0)$点，故系统临界稳定。

题 5-12　设系统的开环幅相频率特性如图 P5-1 所示，写出开环传递函数的形式，并判断闭环系统是否稳定。图中 P 为开环传递函数在 s 右半平面的极点数。

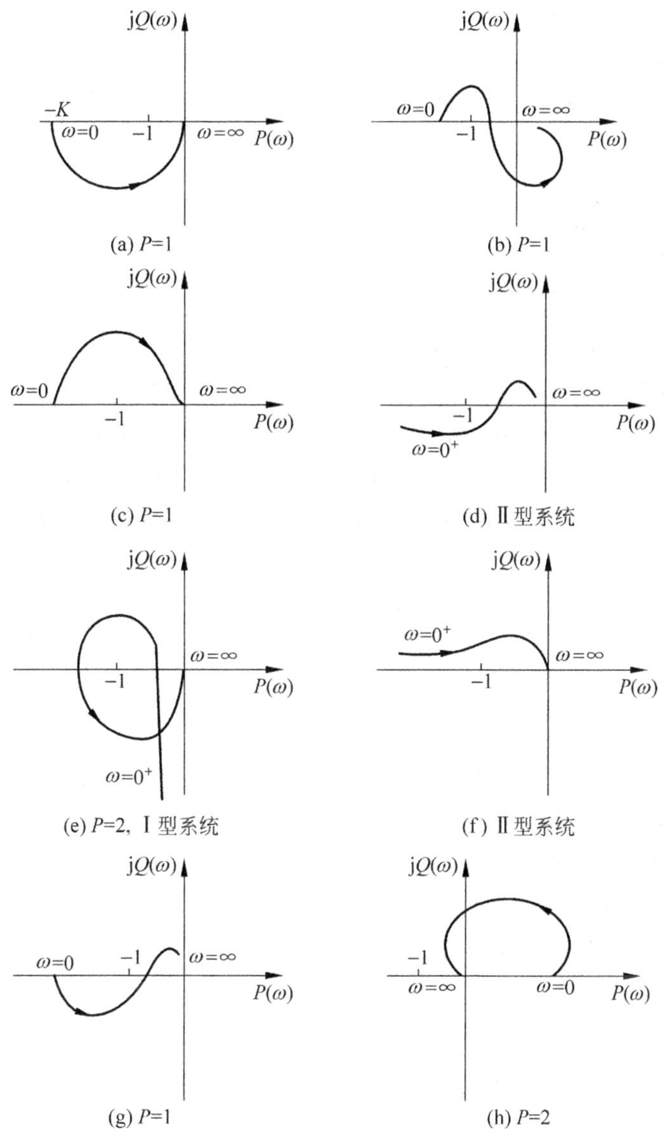

图 P5-1

解 提示：此题的难点在于，由开环幅相频率特性写出相应的开环传递函数时，结论往往是不惟一的。解题的关键在于，先根据特性曲线走向写出对应的 $\varphi(\omega)$，再推出与之相对应的 $W_K(j\omega)$。这相当于由一个已知的 $\varphi(\omega)$"拟合"出一个 $W_K(j\omega)$。需要读者熟练掌握由已知的 $W_K(j\omega)$写出相应的 $\varphi(\omega)$的基本方法。"拟合"结果应以系统的最小(或最简单)实现为原则。

(1) 由图 P5-1(a)知：

$P=1, N=1, Z=P-N=1-1=0$，所以系统稳定。

$\omega=0$ 时，$W(\mathrm{j}\omega)=K\angle-180°$；

$\omega=\infty$时，$W(\mathrm{j}\omega)=0\angle-90°$。

分析频率特性曲线的走向，可得出 $\varphi(\omega)=-180°+\arctan T\omega$。

由此推得 $W_{\mathrm{K}}(\mathrm{j}\omega)=\dfrac{K}{\mathrm{j}T\omega-1}=\dfrac{K}{\sqrt{\omega^2+1}}\angle-180°+\arctan\omega$ 与频率特性曲线相符，所以 $W_{\mathrm{K}}(s)=\dfrac{K}{Ts-1}$。

(2) 由图 P5-1(b)知：

$P=1,N=-1,Z=1+1=2$，即有两个闭环极点在 s 右半平面，故系统不稳定。因为 $P=1$，所以 $W_{\mathrm{K}}(s)$中必含一个不稳定极点。从幅相频率特性的走向分析可知，当 $\omega=0\rightarrow\infty$时，$\varphi(\omega)$从$-180°$出发，顺时针旋转不到 90°角后，随即逆时针转过三个象限，说明有一个产生负角度的环节和三个产生正角度的环节。由此得

$$\varphi(\omega)=-180°+\arctan T_1\omega-\arctan T_2\omega+\arctan T_3\omega+\arctan T_4\omega$$

且 $\varphi(0)=-180°,\varphi(\infty)=-180°+90°-90°+90°+90°=0°$，与特性曲线相符。

所以，由 $\varphi(\omega)$可推出 $W_{\mathrm{K}}(s)=\dfrac{K(T_3s+1)(T_4s+1)}{(T_1s-1)(T_2s+1)}$，其中 4 个时间常数中 T_2 为最大。

(3)由图 P5-1(c)知：

$P=1,N=-1,Z=P-N=1+1=2$，即闭环系统有两个极点在 s 右半平面，所以系统不稳定。

$\omega=0$ 时，$W(\mathrm{j}\omega)=K\angle-180°$；

$\omega=\infty$时，$W(\mathrm{j}\omega)=0\angle-180°$。

分析频率特性曲线走向的特点可得

$$\varphi(\omega)=-180°+\arctan T_1\omega-\arctan T_2\omega$$

所以 $W_{\mathrm{K}}(s)=\dfrac{K}{(T_1s-1)(T_2s+1)}$，其中 $T_1<T_2$。

(4) 由图 P5-1(d)知：

$P=0,N=0,Z=P-N=0$，所以系统稳定。

由图得 $\varphi(\omega)=-180°+\arctan T_1\omega-\arctan T_2\omega-\arctan T_3\omega$

所以 $W_{\mathrm{K}}(s)=\dfrac{K(T_1s+1)}{s^2(T_2s+1)(T_3s+1)}$，$T_1>T_2+T_3$

(5) 由图 P5-1(e)知：

$P=2,N=2,Z=P-N=0$，所以系统稳定。

由图得

$$\varphi(\omega)=-90°-180°+\arctan T_1\omega-180°+\arctan T_2\omega+x$$

当 $\omega\rightarrow\infty$时，$W_{\mathrm{K}}(\mathrm{j}\omega)=0\angle-90°$，即

$$\varphi(\omega) = -90^\circ - 180^\circ + \arctan T_1\omega - 180^\circ + \arctan T_2\omega + x = -90^\circ$$

$$x = 90^\circ + 90^\circ = 180^\circ \quad 或 \quad x = -90^\circ - 90^\circ = -180^\circ$$

所以有

$$\begin{aligned}\varphi(\omega) &= -90^\circ - (180^\circ - \arctan T_1\omega) - (180^\circ - \arctan T_2\omega) \\ &\quad + (180^\circ - \arctan T_3\omega) + (180^\circ - \arctan T_4\omega) \\ &= -90^\circ - \arctan T_4\omega - \arctan T_3\omega + \arctan T_2\omega + \arctan T_1\omega\end{aligned}$$

$\varphi(\omega)$与相应的幅相频率特性走向规律相符，所以 $W_K(s)=\dfrac{K(T_3s-1)(T_4s-1)}{s(T_1s-1)(T_2s-1)}$，其中 T_3 和 T_4 均应大于 T_1 和 T_2。

(6) 由图 P5-1(f)知：

$P=0, N=-2, Z=0+2=2$，即闭环系统有两个极点在 s 右半平面，所以系统不稳定。

$\varphi(\omega)=-180^\circ-\arctan T_1\omega$，与相应的幅相频率特性走向规律相符，所以 $W_K(s)=\dfrac{K}{s^2(T_1s+1)}$。

(7) 由图 P5-1(g)知：

$P=1, N=1, Z=1-1=0$，所以系统稳定。

设

$$\varphi(\omega) = -180^\circ + \arctan T_1\omega + x$$

当 $\omega=\infty$ 时有：$W_K(j\omega)=0\angle-270^\circ$，$x=-90^\circ-90^\circ=-180^\circ$，所以 $\varphi(\omega)=-180^\circ+\arctan T_1\omega-\arctan T_2\omega-\arctan T_3\omega$，与相应的幅相频率特性走向规律相符。由 $\varphi(\omega)$推得

$$W_K(s) = \frac{K}{(T_1s-1)(T_2s+1)(T_3s+1)}$$

(8) 由图 P5-1(h)知：

$P=2, N=0, Z=2-0=2$，即闭环系统在 s 右半平面有两个极点，系统不稳定。

由图应有

$$\varphi(\omega) = -180^\circ + \arctan T_1\omega - 180^\circ + \arctan T_2\omega$$

$\omega=\infty$ 时，$W_K(j\omega)=0\angle-180^\circ$，即

$$\varphi(\omega) = -180^\circ + 90^\circ - 180^\circ + 90^\circ = -180^\circ$$

对应的 $\varphi(\omega)$与从图上分析的结果相同，所以

$$W_K(s) = \frac{K}{(T_1s-1)(T_2s-1)}$$

题 5-13　已知最小相位系统开环对数幅频特性如图 P5-2。

(1) 写出其传递函数；

(2) 绘出近似的对数相频特性。

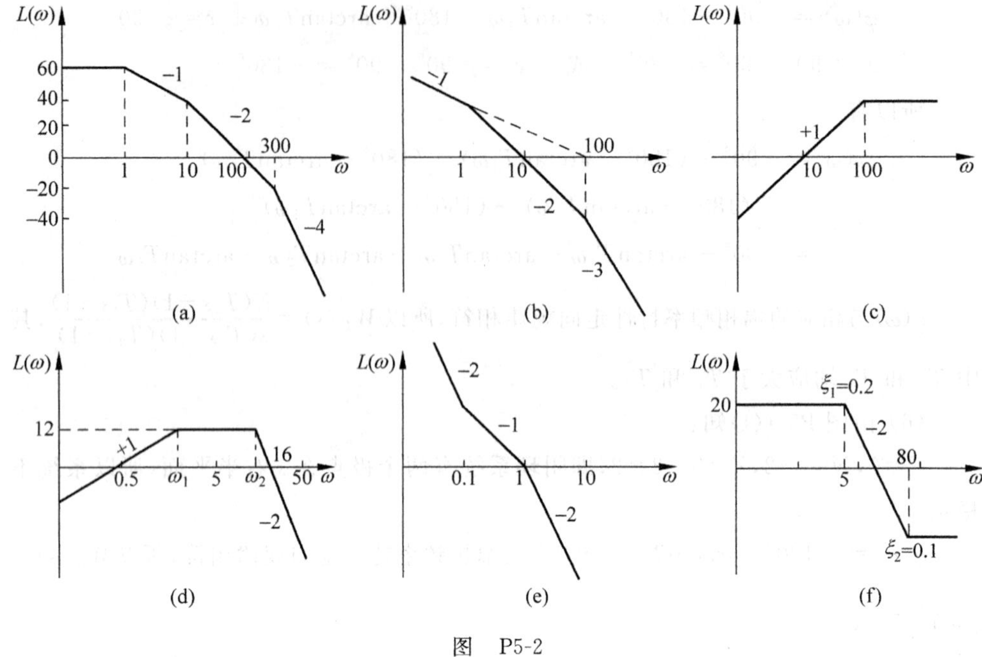

图　P5-2

解　(1) 由图 P5-2(a)知

$$W_K(s)=\frac{K_K}{(T_1s+1)(T_2s+1)(T_3s+1)^2}$$

式中，$T_1=1$；$T_2=\frac{1}{10}=0.1$；$T_3=\frac{1}{300}$。

由 $20\lg K_K=60$ 解得 $K_K=1000$。所以

$$W_K(s)=\frac{1000}{(s+1)(0.1s+1)\left(\frac{s}{300}+1\right)^2}$$

$$\varphi(\omega)=-\arctan\omega-\arctan 0.1\omega-2\arctan\frac{\omega}{300}$$

相应的对数相频特性绘于图 5-34。

(2) 由图 P5-2(b)有

$$W_K(s)=\frac{K_K}{s(T_1s+1)(T_2s+1)}$$

式中，$T_1=1$；$T_2=\frac{1}{100}=0.01$。

由 $\omega=100$ 时，$L(\omega)=20\lg K_K-20\lg\omega=0$，得 $K_K=100$。

所以

$$W_K(s)=\frac{100}{s(s+1)(0.01s+1)}$$

$$\varphi(\omega)=-90°-\arctan\omega-\arctan 0.01\omega$$

相应的对数相频特性绘于图 5-35。

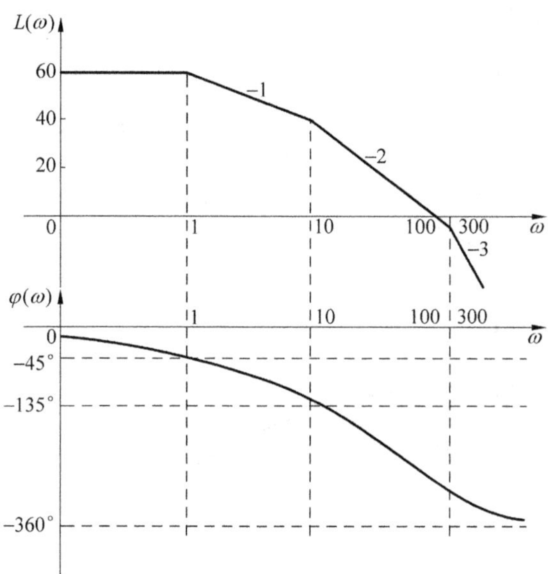

图 5-34　题 5-13(a)的对数频率特性

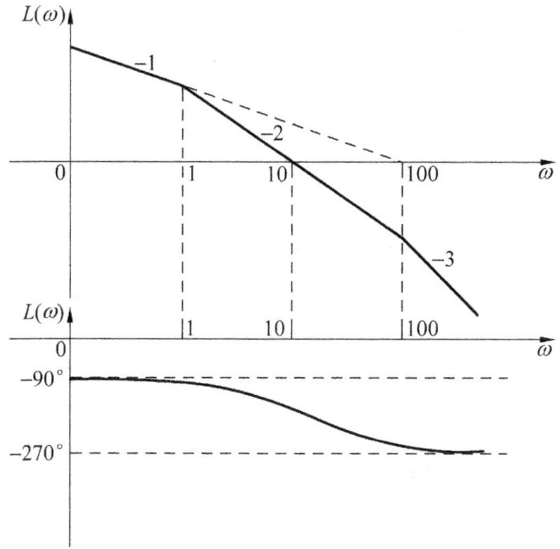

图 5-35　题 5-13(b)的对数频率特性

(3) 由图 P5-2(c)有

$$W_K(s)=\frac{K_K s}{T_1 s+1},\quad 其中\ T_1=0.01$$

由 $\omega_c=10$，$L(\omega_c)=20\lg K_K+20\lg\omega_c=0$，得 $K_K=0.1$。
所以

$$W_K(s)=\frac{0.1s}{0.01s+1},\quad \varphi(\omega)=90^\circ-\arctan 0.01\omega$$

相应的对数相频特性绘于图 5-36。

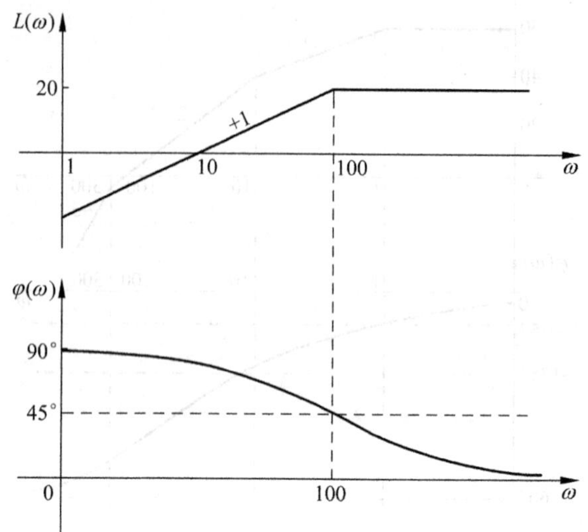

图 5-36 题 5-13(c)的对数频率特性

(4) 由图 P5-2(d)有

$$W_K(s) = \frac{K_K s}{(T_1 s + 1)(T_2 s + 1)^2}$$

$\omega_{c_1}=0.5$ 时，$L(\omega_{c_1})\approx 20\lg K_K + 20\lg\omega_{c_1}=0$，所以 $K_K=2$。

由 $20\lg 2+20\lg\omega_1=20\lg 2\omega_1=12$，得 $\omega_1=\frac{1}{2}\times 10^{\frac{12}{20}}\approx 2, T_1=\frac{1}{\omega_1}=0.5$。

也可以利用"相似三角形对应边成比例"的性质求解 T_1：

令$\frac{12}{\lg\omega_1-\lg 0.5}=20$，有$\frac{\omega_1}{0.5}=10^{\frac{12}{20}}$，得 $\omega_1=0.5\times 10^{\frac{12}{20}}\approx 2, T_1=\frac{1}{\omega_1}=0.5$。

$\omega=\omega_{c_2}=16$ 时

$$L(\omega) \approx 20\lg 2 + 20\lg\omega - 20\lg 0.5\omega - 40\lg T_2\omega = 0$$

即$\frac{2\times 16}{0.5\times 16\times(T_2\times 16)^2}=1$，所以 $T_2=\frac{1}{8}=0.125$。

同理，也可由$\frac{12}{\lg 16-\lg\omega_2}=40$ 求得 $\omega_2=8, T_2=\frac{1}{\omega_2}=0.125$。

由以上计算可得

$$W_K(s) = \frac{2s}{(0.5s + 1)(0.125s + 1)^2}$$

$$\varphi(\omega) = 90° - \arctan 0.5\omega - 2\arctan 0.125\omega$$

相应的对数相频特性绘于图 5-37。

(5) 由图 P5-2(e)有

$$W_K(s) = \frac{K_K(T_1 s + 1)}{s^2(T_2 s + 1)}, \quad 其中 \quad T_1 = \frac{1}{0.1} = 10、T_2 = 1$$

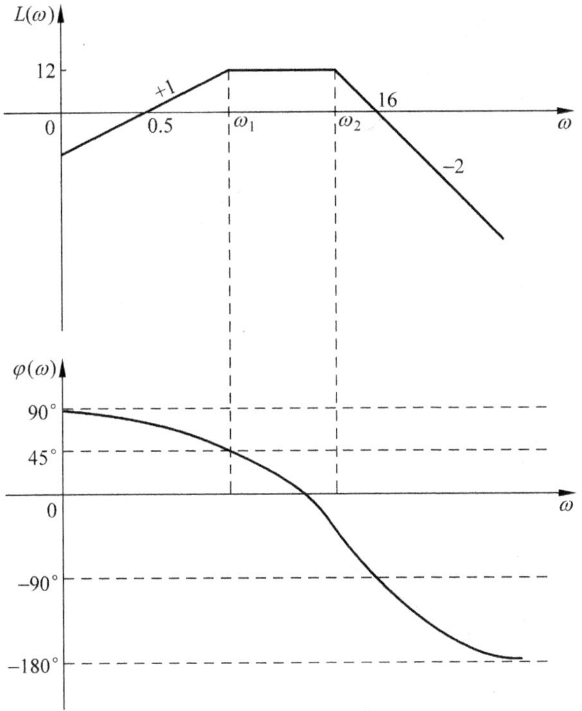

图 5-37　题 5-13(d)的对数频率特性

$\omega_c=1$ 时，$L(\omega_c)=20\lg\dfrac{K_K\cdot 10\omega_c}{\omega_c^2}=0$，即 $\lg\dfrac{K_K\cdot 10\cdot 1}{1}=0$，解得 $K_K=0.1$。

所以

$$W_K(s)=\frac{0.1(10s+1)}{s^2(s+1)}$$

$$\varphi(\omega)=-180^\circ+\arctan 10\omega-\arctan\omega$$

相应的对数相频特性绘于图 5-38。

(6) 由图 P5-2(f)有

$$W_K(s)=\frac{K_K(T_2^2s^2+2\xi_2T_2s+1)}{T_1^2s^2+2\xi_1T_1s+1}$$

式中，$T_1=\dfrac{1}{5}=0.2$，$T_2=\dfrac{1}{80}=0.0125$。

由 $20\lg K_K=20$ 求得 $K_K=10$，所以

$$W_K(s)=\frac{10(1.5625\times 10^{-4}s^2+0.0025s+1)}{0.04s^2+0.08s+1}$$

$$\varphi(\omega)=-\arctan\frac{0.08\omega}{1-0.04\omega^2}+\arctan\frac{0.0025\omega}{1-1.5625\times 10^{-4}\omega^2}$$

相应的对数相频特性绘于图 5-39。

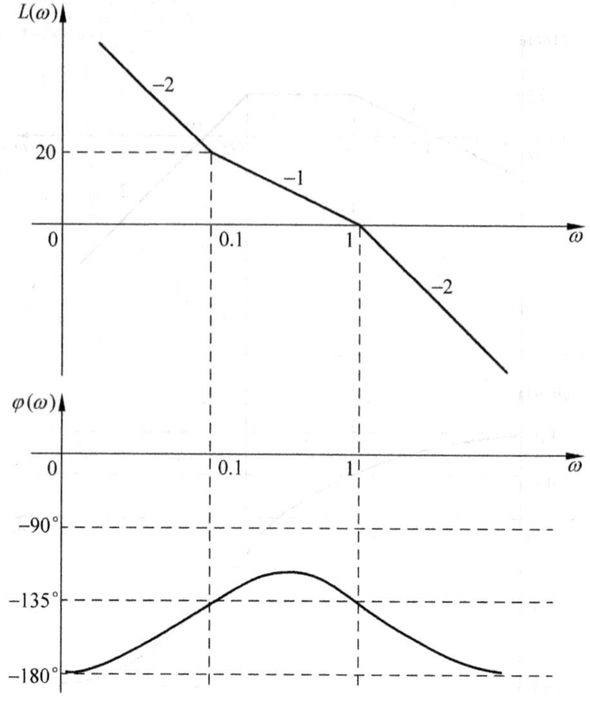

图 5-38 题 5-13(e)的对数频率特性

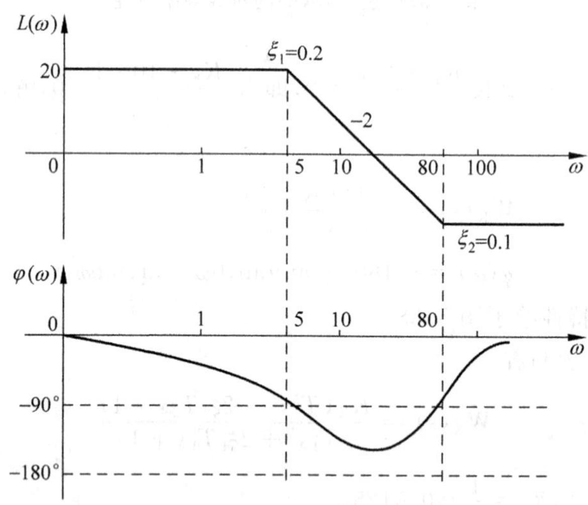

图 5-39 题 5-13(f)的对数频率特性

题 5-14 已知系统的开环传递函数分别为

(1) $W_K(s)=\dfrac{6}{s(0.25s+1)(0.06s+1)}$

(2) $W_K(s)=\dfrac{75(0.2s+1)}{s^2(0.025s+1)(0.006s+1)}$

试绘制伯德图，求相位裕度及增益裕度，并判断闭环系统的稳定性。

解　(1) $W_K(s)=\dfrac{6}{s(0.25s+1)(0.06s+1)}$

$$W_K(j\omega)=\frac{6}{j\omega\left(j\dfrac{\omega}{4}+1\right)\left(j\dfrac{\omega}{16.7}+1\right)}$$

$$A(\omega)=\frac{6}{\omega\sqrt{\left(\dfrac{\omega}{4}\right)^2+1}\sqrt{\left(\dfrac{\omega}{16.7}\right)^2+1}}$$

$$\varphi(\omega)=-90^\circ-\arctan\frac{\omega}{4}-\arctan\frac{\omega}{16.7}$$

$$L(\omega)=20\lg A(\omega)$$

$$=20\lg6-20\lg\omega-20\lg\sqrt{\left(\frac{\omega}{4}\right)^2+1}-20\lg\sqrt{\left(\frac{\omega}{16.7}\right)^2+1}$$

$\omega=1$ 时，$L(\omega)\approx15.6$。

交接频率为 $\omega_1=4$，$\omega_2=16.7$。相应的伯德图绘于图 5-40。

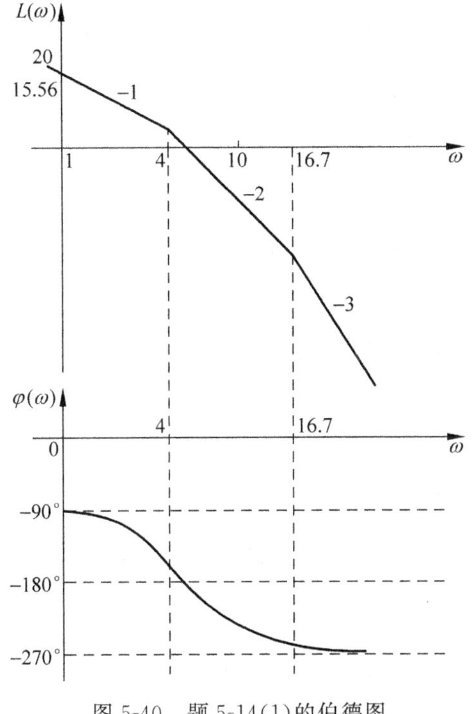

图 5-40　题 5-14(1)的伯德图

由图 5-40 知：$\omega_1<\omega_c<\omega_2$。由 $A(\omega_c)\approx\dfrac{6}{\omega_c\cdot\dfrac{\omega_c}{4}}=1$，得 $\omega_c=\sqrt{24}\approx4.9$。

$$\gamma(\omega_c)=180^\circ+\varphi(\omega_c)=90^\circ-50.8^\circ-16.4^\circ=22.85^\circ$$

$$P(\omega) = -\frac{1.86\omega}{\omega(1+0.25^2\omega^2)(1+0.06^2\omega^2)}$$

$$Q(\omega) = \frac{6(0.015\omega^2-1)}{\omega(1+0.25^2\omega^2)(1+0.06^2\omega^2)}$$

$$\omega_j^2 = \frac{1}{0.015} = 66.5$$

$$\omega_j = 8.165$$

$$P(\omega_j) = -\frac{1.86}{8.165\left(1+\frac{66.6}{16}\right)(1+0.06^2\times 66.6)} = -0.29$$

$$GM = 20\lg\frac{1}{0.29} = 10.75\text{dB}$$

由计算结果可知：$\gamma(\omega_c)>0, GM>0$，所以系统是稳定的。

(2) $W_K(s)=\dfrac{75(0.2s+1)}{s^2(0.025s+1)(0.006s+1)}$

$$W_K(j\omega) = \frac{75\left(j\frac{\omega}{5}+1\right)}{(j\omega)^2\left(j\frac{\omega}{40}+1\right)\left(j\frac{\omega}{167}+1\right)}$$

$$A(\omega) = \frac{75\sqrt{\left(\frac{\omega}{5}\right)^2+1}}{\omega^2\sqrt{\left(\frac{\omega}{40}\right)^2+1}\sqrt{\left(\frac{\omega}{167}\right)^2+1}}$$

$$\varphi(\omega) = -180^\circ + \arctan\frac{\omega}{5} - \arctan\frac{\omega}{40} - \arctan\frac{\omega}{167}$$

交接频率为 $\omega_1=5, \omega_2=40, \omega_3=167$。

相应的伯德图绘于图 5-41。

由图 5-41 知：$5<\omega_c<40, A(\omega_c)=1\approx 75\cdot\dfrac{\frac{\omega_c}{5}}{\omega_c^2}, \omega_c=\dfrac{75}{5}=15$。

$$\begin{aligned}\gamma(\omega_c) &= 180^\circ + \varphi(\omega_c)\\ &= 180^\circ - 180^\circ + \arctan\frac{15}{5} - \arctan\frac{15}{40} - \arctan\frac{15}{167}\\ &\approx 45.87^\circ\end{aligned}$$

$$P(\omega) = \frac{-75\left(\frac{1.21}{200}\omega^2+1\right)}{\omega^2\left(\left(\frac{\omega}{40}\right)^2+1\right)\left(\frac{\omega^2}{167^2}+1\right)}$$

$$Q(\omega) = \frac{75(0.00003\omega^2-0.169)}{\omega^2\left(\left(\frac{\omega}{40}\right)^2+1\right)(0.006^2\omega^2+1)}$$

$\omega=\omega_j=75$ 时，$Q(75)=0, P(75)=-0.086, \alpha=0.086$。

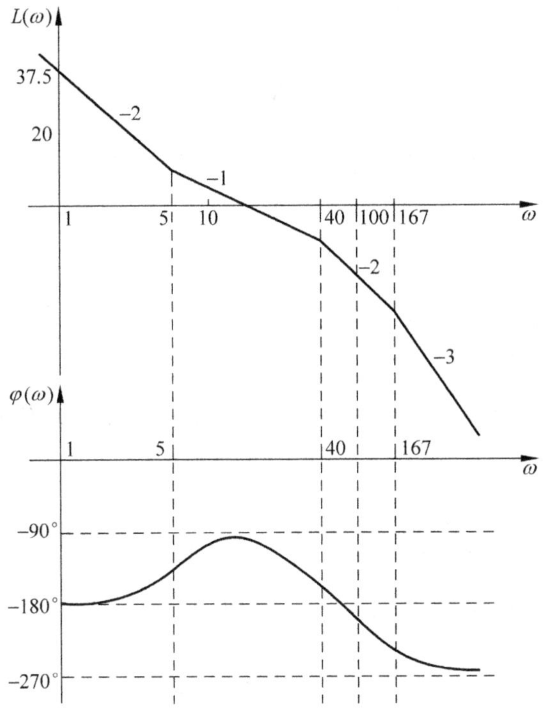

图 5-41　题 5-14(2)的伯德图

$$GM = 20\lg \frac{1}{\alpha} = 21.30\text{dB}$$

由计算结果可知：$\gamma(\omega_c)>0, GM>0$，所以系统是稳定的。

题 5-15　设单位反馈系统的开环传递函数为

$$W_K(s) = \frac{2}{s(0.1s+1)(0.5s+1)}$$

当输入信号 $x_r(t)$ 为 5rad/s 的正弦信号时，求系统稳态误差。

解　提示：输入信号为正弦函数时，求解系统稳态误差就不能直接采用拉普拉斯变换的终值定理，而是要直接利用频率特性和稳态误差的定义。

已知
$$W_K(s) = \frac{2}{s(0.1s+1)(0.5s+1)}$$

则有

$$W_K(j\omega) = \frac{2}{s(j0.1\omega+1)(j0.5\omega+1)} = P(\omega) + jQ(\omega)$$

$$P(\omega) = \frac{1.2}{(1-0.05\omega^2)^2 + (0.6\omega)^2}$$

$$Q(\omega) = \frac{-2(1-0.05\omega^2)}{\omega[(1-0.05\omega^2)^2 + (0.6\omega)^2]}$$

由题意知，输入信号 $x_r(t) = \sin 5t$。将输入信号用极坐标形式表示，又可写成

$$X_r(j\omega_r) = 1 \cdot e^{j\omega_r t}, \quad \omega_r = 5$$

所以系统的稳态误差为

$$e(\omega_r) = \frac{|X_r(j\omega_r)|}{|1 + W_k(j\omega_r)|} \approx 1$$

题 5-16 已知单位反馈系统的开环传递函数,试计算系统的谐振频率及谐振峰值。

(1) $W_K(s) = \dfrac{16}{s(s+2)}$

(2) $W_K(s) = \dfrac{60(0.5s+1)}{s(5s+1)}$

解 (1) 已知 $W_K(s) = \dfrac{16}{s(s+2)}$ 为单位负反馈系统的开环传递函数,所以系统的闭环传递函数为

$$W_B(s) = \frac{W_K(s)}{1 + W_K(s)} = \frac{16}{s^2 + 2s + 16} = \frac{\omega_n^2}{s^2 + 2\xi\omega_n s + \omega_n^2}$$

式中,$2\xi\omega_n = 2, \omega_n^2 = 16$;即 $\xi = \dfrac{1}{4}, \omega_n = 4$。所以

谐振频率 $\omega_p = \omega_n \sqrt{1 - 2\xi^2} = \sqrt{14} \approx 3.74$

谐振峰值 $M_p = \dfrac{1}{2\xi\sqrt{1 - \xi^2}} \approx 2.07$

(2) 已知 $W_K(s) = \dfrac{60(0.5s+1)}{s(5s+1)}$ 为单位负反馈系统的开环传递函数,所以系统的闭环传递函数为

$$W_B(s) = \frac{W_K(s)}{1 + W_K(s)} = \frac{60(0.5s + 1)}{5s^2 + 31s + 60}$$

因为系统有零点,所以不能直接套用公式。

可采用以下方法:

$$W_B(j\omega) = \frac{30j\omega + 60}{5(j\omega)^2 + 31 \cdot j\omega + 60} = M(\omega)e^{j\theta(\omega)}$$

$$M(\omega) = \frac{30}{986\omega^2 - 620\omega + 3600}\sqrt{(21\omega^2 + 120)^2 + (5\omega^2 + 2)^2}$$

令 $\dfrac{dM(\omega)}{d\omega} = 0$,即

$$\frac{1}{2}[(21\omega^2 + 120)84\omega + 20\omega(5\omega^2 + 2)](986\omega^2 - 620\omega + 3600)$$

$$+ \sqrt{21\omega^2 + (20)^2 + (5\omega^2 + 2)^2}(1972\omega - 600) = 0$$

由此可解得

$$\omega_p \approx 3 \times 10^5 \quad M_p = M(\omega_p) \approx 120$$

题 5-17　单位反馈系统的开环传递函数为

$$W_K(s)=\frac{7}{s(0.087s+1)}$$

试用频域和时域关系求系统的超调量 $\sigma\%$ 及调节时间 t_s。

解　在时域中：$W_K(s)=\dfrac{\frac{7}{0.087}}{s\left(s+\frac{1}{0.087}\right)}=\dfrac{\omega_n^2}{s(s+2\xi\omega_n)}$

所以 $\omega_n^2=\dfrac{7}{0.087}=80.46$，$\omega_n=8.97$，$\xi=\dfrac{1}{2\omega_n\times 0.087}=0.64$。

$$t_s(5\%)=\frac{3}{\xi\omega_n}=0.5225\approx 0.52\text{s},\sigma\%=\mathrm{e}^{-\frac{\xi\pi}{\sqrt{1-\xi^2}}}\times 100\%=12\%$$

在频域中：$\omega_c=\omega_n\sqrt{-2\xi^2+\sqrt{4\xi^4+1}}=6.19$

$$\gamma(\omega_c)=90^\circ-\arctan\frac{\omega_c}{2\xi\omega_n}=90^\circ-\arctan\frac{6.19}{\frac{1}{0.087}}=61.7^\circ$$

$$t_s(5\%)=\frac{6}{\omega_c\tan(\gamma_c(\omega_c))}=0.512\approx 0.50\text{s}$$

题 5-18　已知单位反馈系统的开环传递函数为

$$W_K(s)=\frac{10}{s(0.1s+1)(0.01s+1)}$$

作尼氏图，并求出谐振峰值和稳定裕度。

解　首先画出其对数频率特性如图 5-42。其中

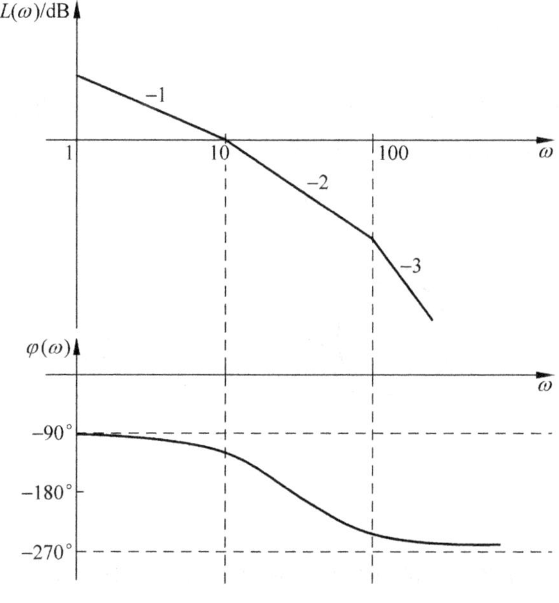

图 5-42　题 5-18 的对数频率特性

$$A(\omega)=\frac{10}{\omega\sqrt{\frac{\omega^2}{10^2}+1}\sqrt{\frac{\omega^2}{100^2}+1}}$$

$$\varphi(\omega)=-90^\circ-\arctan\frac{\omega}{10}-\arctan\frac{\omega}{100}$$

依此可求出不同 ω 值下对应的 $L(\omega)$ 和 $\varphi(\omega)$。

在对应的尼氏图 5-43 上可画出 W_K 的特性曲线(由于尼氏图较为复杂,建议用 MATLAB 绘制)。

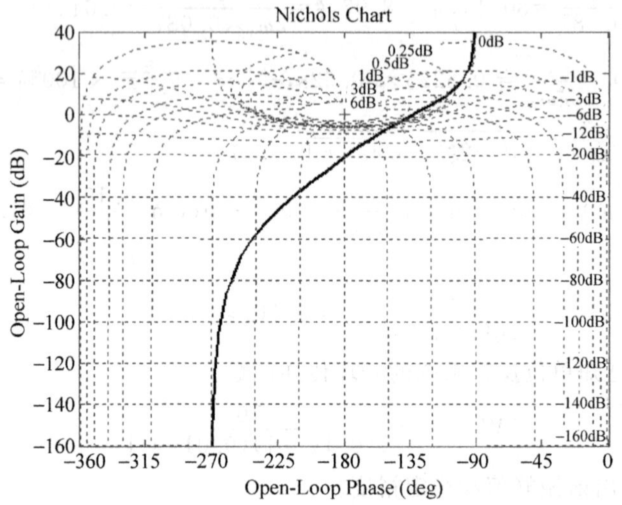

图 5-43 题 5-18 的对数幅相频率特性

从图中近似求解出

$$M_p=2.8\text{dB}\quad \omega_p=8.27$$

题 5-19 如图 P5-3 所示为 0 型单位反馈系统的开环幅相频率特性(图中带箭头的曲线),求该系统的阻尼比 ξ 和自然振荡角频率 ω_n。

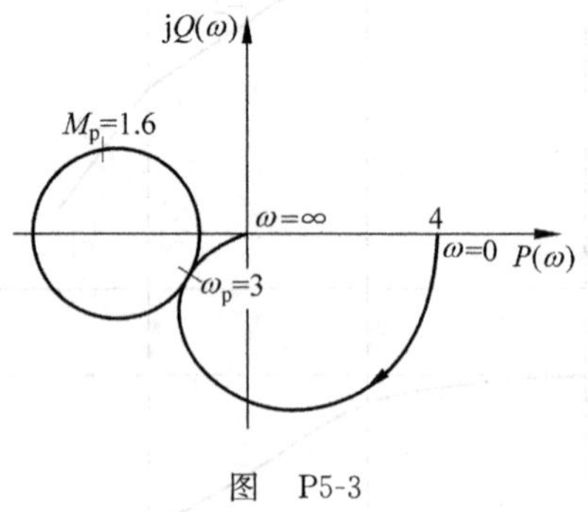

图 P5-3

解 根据题意,可将系统的开环传递函数写成振荡环节的形式

$$W_K(s)=\frac{K}{T^2s^2+2\xi Ts+1}=K\cdot\frac{\omega_n^2}{s^2+2\xi\omega_n s+\omega_n^2}$$

由图可知 $M_p=1.6$，$\omega_p=3$，$K=4$。

根据振荡环节的谐振角频率和谐振峰值的公式可得

$$\begin{cases}\omega_p=\omega_n\sqrt{1-2\xi^2}=3 & (5\text{-}2)\\ M_p=\dfrac{1}{2\xi\sqrt{1-\xi^2}}=1.6 & (5\text{-}3)\end{cases}$$

由式(5-2)可解出 $\xi_1=0.33$，$\xi_2=0.94$（舍，因 $\xi>0.707$ 时不产生谐振峰值）。将 $\xi_1=0.33$ 代入式(5-3)求得 $\omega_n=3.18$。

第6章 控制系统的校正及综合

6.1 内容提要

本章内容实际上是第5章内容的延伸和应用。其中，绘制频率特性、计算频域指标是基础，掌握频率特性形状对频域指标的影响、建立时域指标和频域指标之间的关系是关键。因为用频率法设计系统的实质，就是通过改变频率特性形状来改善系统的性能指标，使之满足要求的。

给出时域指标之后就能确定出相应的伯德图，画出被控对象和期望的伯德图，就可以按照不同的校正方法（串联、反馈、前馈等）和原则，求出校正环节的传递函数。

值得注意的是，不同系统所要求的期望伯德图是不同的，而被控对象的伯德图是一定的；不论用哪种校正方法，其结果都是不惟一的。所以，在系统设计（校正与综合）的问题上是没有“标准答案”的，惟一的检验标准是校正后系统满足指标要求。

6.2 习题与解答

题 6-11 设一单位反馈系统其开环传递函数为

$$W_K(s)=\frac{4K}{s(s+2)}$$

若使系统的稳态速度误差系数 $K_v=20s^{-1}$，相位裕度不小于 $50°$，增益裕量不小于 10dB，试确定系统的串联校正装置。

解 (1) 计算校正前系统指标并确定 K 值。

根据稳态速度误差系数的要求，可得

$$K_v=\lim_{s\to 0}sW_K(s)=\lim_{s\to 0}\frac{s\cdot 4K}{s(s+2)}=2K=20s^{-1}$$

所以 $K=10$。

校正前系统的开环对数幅频特性如图 6-1 中实线 W 所示。

由 $A(\omega_c)=\dfrac{20}{\omega_c\sqrt{1+\left(\dfrac{\omega_c}{2}\right)^2}}\approx\dfrac{20}{\omega_c\cdot\dfrac{\omega_c}{2}}=1$

得　　$\omega_c\approx 6.32$

$$\gamma(\omega_c)=180^\circ+\varphi(\omega_c)=90^\circ-\arctan\frac{\omega_c}{2}=90^\circ-72.4^\circ=17.6^\circ$$

可见，相位裕度不满足要求。为不影响低频段特性和改善暂态响应性能，采用超前校正。

(2) 设计串联微分校正装置。

微分校正环节的传递函数为

$$W_c(s)=\frac{(T_d s+1)}{\left(\dfrac{T_d}{\gamma_d}s+1\right)}$$

其最大相位移为

$$\varphi_{max}=\arcsin\left(\frac{\gamma_d-1}{\gamma_d+1}\right)$$

根据系统相位裕度 $\gamma(\omega_c)\geqslant 50^\circ$的要求，微分校正环节最大相位移应为

$$\varphi_{max}\geqslant 50^\circ-17.6^\circ=32.4^\circ$$

考虑校正后的系统穿越频率 $\omega_c'>\omega_c$，原系统相角位移将更小些，故 φ_{max}应相应地加大。取 $\varphi_{max}=40^\circ$，即 $\sin 40^\circ=\dfrac{\gamma_d-1}{\gamma_d+1}=0.64$，解得 $\gamma_d=4.6$。

设 ω_c'为校正装置两交接频率 ω_1 和 ω_2 的几何中点，即

$$\omega_c'=\sqrt{\omega_1\omega_2}=\omega_1\sqrt{\gamma_d}$$

如认为$\dfrac{\omega_c'}{\omega_1}\gg 1$，$\dfrac{\omega_c'}{\omega_2}\ll 1$，则得

$$A(\omega_c')=1\approx\frac{20\dfrac{\omega_c'}{\omega_1}}{\omega_c'\cdot\dfrac{\omega_c'}{2}}$$

解得 $\omega_1\approx 4.32$，$\omega_2\approx 19.87$，$\omega_c'\approx 9.26$。所以校正装置的传递函数为

$$W_c(s)=\frac{\left(\dfrac{s}{4.32}+1\right)}{\left(\dfrac{s}{19.87}+1\right)}$$

校正装置的对数幅频特性如图 6-1 中的实线 W_c 所示。

(3) 验算校正后系统指标。

校正后系统的开环传递函数为

$$W_K'(s)=\frac{20\left(\dfrac{s}{4.32}+1\right)}{s\left(\dfrac{s}{2}+1\right)\left(\dfrac{s}{19.87}+1\right)}$$

校正后系统的相位裕度

$$\gamma(\omega_c') = 90° - \arctan\frac{\omega_c'}{2} + \arctan\frac{\omega_c'}{4.32} - \arctan\frac{\omega_c'}{19.87} = 52.4°$$

令 $\varphi(\omega_j) = -180°$，可以求出相位穿越频率 $\omega_j \to \infty$，所以一定满足 $GM = 20\log\frac{1}{|W_K'(j\omega_j)|} \geqslant 10\text{dB}$。

校正后系统的开环对数幅频特性如图 6-1 中实线 WW_c 所示。

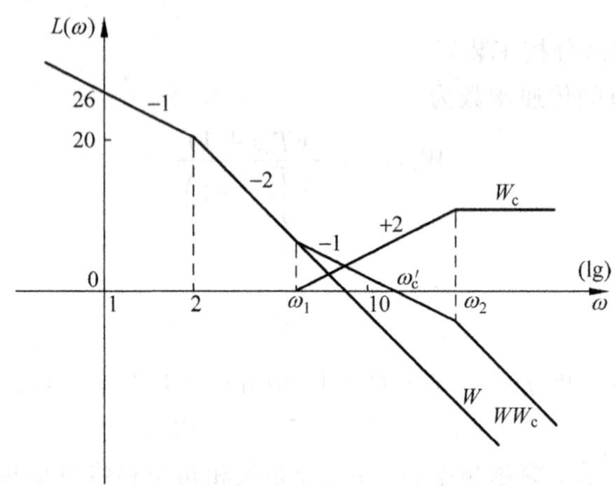

图 6-1 题 6-11 的对数幅频特性

题 6-12 设一单位反馈系统，其开环传递函数为

$$W_K(s) = \frac{K}{s^2(0.2s+1)}$$

试求系统的稳态加速度误差系数 $K_a = 10\text{s}^{-2}$ 和相位裕度不小于 35°时的串联校正装置。

解 (1) 计算校正前系统指标并确定 K 值。

根据稳态加速度误差系数的要求，可得

$$K_a = \lim_{s\to 0} s^2 W_K(s) = \lim_{s\to 0}\frac{s^2 K}{s^2(0.2s+1)} = K = 10\text{s}^{-2}$$

所以 $K=10$。

校正前系统的开环对数幅频特性如图 6-2 中实线 W 所示。

校正前系统的穿越频率为 $\omega_c = \sqrt{K} = 3.16$，则

$$\gamma(\omega_c) = 180° + (-180° - \arctan 0.2\omega_c) = -32.3°$$

(2) 设计串联微分校正装置。

根据系统相位裕度 $\gamma(\omega_c) \geqslant 35°$ 的要求，微分校正电路的最大相位移应为

$$\varphi_{max} \geqslant 35° - (-32.3°) = 67.3°$$

考虑到校正后的系统穿越频率 $\omega_c' > \omega_c$，原系统相角位移应更负些，故 φ_{max} 应相应增大。今取 $\varphi_{max} = 90°$，又由于 φ_{max} 较大，所以采用两级校正，每级均取 $\varphi_{max}' = 45°$。

设校正环节传递函数为 $W_c(s)=\dfrac{(1+s/\omega_1)^2}{(1+s/\omega_2)^2}$，由 $\sin\varphi'_{\max}=\dfrac{\gamma_d-1}{\gamma_d+1}$得 $\gamma_d=5.9$。

对于超前串联校正装置，应有

$$\begin{cases}\dfrac{\omega_{\max}}{\omega_1}=\sqrt{\gamma_d}\\[2ex]\dfrac{\omega_2}{\omega_{\max}}=\sqrt{\gamma_d}\end{cases}$$

所以 $\omega_2=\gamma_d\omega_1=5.9\omega_1$。

对于校正后特性，认为$\dfrac{\omega'_c}{\omega_1}\gg 1$、$\dfrac{\omega'_c}{\omega_2}\ll 1$，则得

$$A(\omega'_c)\approx\frac{10\left(\dfrac{\omega'_c}{\omega_1}\right)^2}{\omega'^2_c\cdot 0.2\omega'_c}=1$$

又由 $\omega'_c=\omega_1\sqrt{\gamma_d}=\omega_1\sqrt{5.9}$，得 $\omega_1=2.74$，$\omega_2=16.17$，$\omega'_c=6.66$。

(3) 验算校正后系统指标。

校正后系统的开环传递函数为

$$W'_K(s)=\frac{K(1+s/2.74)^2}{s^2(0.2s+1)(1+s/16.17)^2}$$

校正后系统的相位裕度

$$\begin{aligned}\gamma(\omega'_c)&=180^\circ+\varphi(\omega'_c)\\&=180^\circ+\left(-180^\circ-\arctan\frac{6.66}{5}-2\arctan\frac{6.66}{16.17}\right)+2\arctan\frac{6.66}{2.74}\\&=37.4^\circ>35^\circ\end{aligned}$$

所得结果满足系统要求。

校正后系统的开环对数幅频特性如图 6-2 中实线 WW_c 所示。

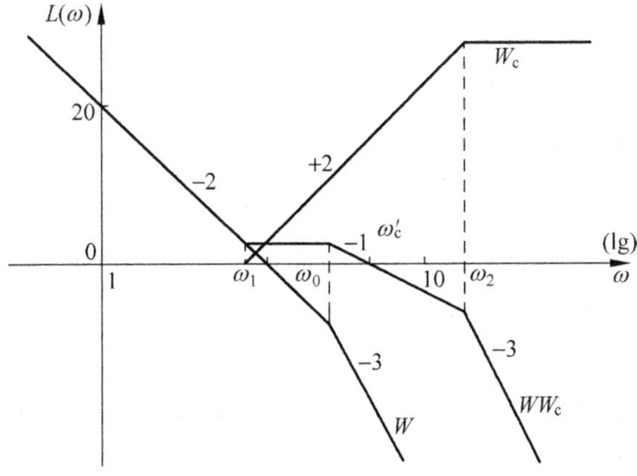

图 6-2　题 6-12 的对数幅频特性

题 6-13　设一单位反馈系统，其开环传递函数为

$$W_K(s)=\frac{1}{s^2}$$

要求校正后的开环频率特性曲线与 $M=4\text{dB}$ 的等 M 圆相切。切点频率 $\omega_p=3$，并且在高频段 $\omega>200$ 具有锐截止 -3 特性，试确定校正装置。

解　(1) 计算系统要求的相位裕度 $\gamma(\omega_c)$。

校正前系统的开环对数频率特性如图 6-3 中实线 W 所示。计算得 $\gamma(\omega_c)=0$，系统处于临界稳定状态，需要校正。

依据题意有 $20\log M_p=4\text{dB}$，即 $M_p=10^{4/20}=1.58$。当相位裕度 $\gamma(\omega_c)$ 较小时，有 $M_p\approx\frac{1}{\sin\gamma(\omega_c)}$。

因此得

$$\gamma(\omega_c)\approx\arcsin\frac{1}{M_p}=\arcsin\frac{1}{1.58}=39^\circ$$

(2) 根据稳定裕度确定校正装置。

为了满足 $\gamma(\omega_c)=39^\circ$ 的要求，采用串联校正。设校正装置的传递函数为

$$W'_c(s)=\frac{K_c(1+s/\omega_1)}{(1+s/\omega_2)}\quad(\omega_1<\omega_2)$$

初步校正后的开环传递函数为

$$W'_K(s)=\frac{K_c(1+s/\omega_1)}{s^2(1+s/\omega_2)}$$

为使系统具有较大的相位裕度，校正后的穿越频率 ω_c 应取在 ω_1 与 ω_2 的几何中点处，即应有

$$\frac{\omega_c}{\omega_1}=\frac{\omega_2}{\omega_c}=\gamma_d\quad(\gamma_d>1)$$

一般情况下闭环频率特性的谐振频率 $\omega_p\approx\omega_c$，因此选 $\omega_c=3$。

根据 ω_c 与 ω_1、ω_2 的关系，得

$$\omega_1=\frac{\omega_c}{\gamma_d}=\frac{3}{\gamma_d},\quad\omega_2=\gamma_d\omega_c$$

初步校正后的相位裕度为

$$\begin{aligned}\gamma(\omega_c)&=180^\circ+\varphi(\omega_c)\\&=180^\circ-180^\circ+\arctan\frac{\omega_c}{\omega_1}-\arctan\frac{\omega_c}{\omega_2}\\&=\arctan\gamma_d-\arctan\frac{1}{\gamma_d}\end{aligned}$$

考虑到高频段锐截止特性引起的相位滞后，取 $\gamma(\omega_c)=45^\circ$，代入上式得

$$\gamma(\omega_c)=45^\circ=\arctan\gamma_d-\arctan\frac{1}{\gamma_d}=\arctan\frac{\gamma_d-\dfrac{1}{\gamma_d}}{1+\gamma_d\dfrac{1}{\gamma_d}}=\arctan\frac{\gamma_d^2-1}{2\gamma_d}$$

解得 $\gamma_d=1\pm\sqrt{2}$，取正值有 $\gamma_d=1+\sqrt{2}=2.414$。因此

$$\omega_1=\frac{\omega_c}{\gamma_d}=\frac{3}{\gamma_d}=\frac{3}{2.41}=1.243,\quad \omega_2=\gamma_d\omega_c=2.414\times 3=7.242$$

下面计算校正装置的放大系数 K_c。

K_c 应满足当 $\omega_c=3$ 时，$A(\omega_c)=1$。因为 $\omega_1<\omega_c<\omega_2$，$A(\omega_c)$ 可近似计算如下

$$A(\omega_c)\approx\frac{K_c\dfrac{\omega_c}{\omega_1}}{\omega_c^2}=1$$

解得 $K_c=3.73$，取 $K_c=4$。

从而得到串联超前校正装置的传递函数为

$$W'_c(s)=\frac{4\left(1+\dfrac{s}{1.243}\right)}{\left(1+\dfrac{s}{7.242}\right)}=\frac{4(1+0.8s)}{(1+0.138s)}$$

(3) 根据高频段具有锐截止特性的要求，附加滤波环节。

设滤波环节的传递函数为

$$W_L(s)=\frac{1}{1+s/\omega_3}$$

式中，$\omega_3=40$，所以

$$W_L(s)=\frac{1}{1+s/\omega_3}=\frac{1}{1+0.025s}$$

整个校正装置的传递函数为

$$W_c(s)=W'_c(s)W_L(s)=\frac{4(1+0.8s)}{(1+0.138s)(1+0.025s)}$$

校正装置的对数幅频特性如图 6-3 中的实线 W_c 所示。

(4) 验算校正后系统指标。

校正后系统的开环对数幅频特性如图 6-3 中实线 WW_c 所示。

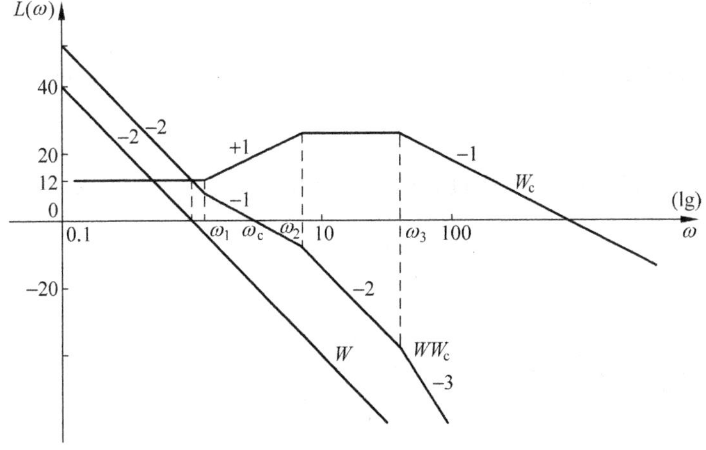

图 6-3　题 6-13 的对数幅频特性

校正后系统的开环传递函数为

$$W'_K(s)=\frac{4(1+0.8s)}{s^2(1+0.138s)(1+0.025s)}$$

$$\varphi(\omega'_c)=-180^\circ+\arctan 0.8\omega'_c-\arctan 0.138\omega'_c-\arctan 0.025\omega'_c$$

其中 $\omega'_c=3$，从而有

$$\gamma(\omega'_c)=180^\circ+\varphi(\omega'_c)=180^\circ-139.4^\circ=40.6^\circ$$

题 6-14 设一单位反馈系统，其开环传递函数为

$$W_K(s)=\frac{10}{s(0.2s+1)(0.5s+1)}$$

要求具有相位裕度等于 45°及增益裕量等于 6dB 的性能指标，试分别采用串联超前校正和串联滞后校正两种方法确定校正装置。

解 计算校正前系统指标

$$A(\omega_c)\approx\frac{10}{\omega_c\cdot\frac{\omega_c}{2}}=1$$

$$\omega_c=4.47$$

$$\gamma(\omega_c)=180^\circ-90^\circ-\arctan\frac{\omega_c}{5}-\arctan\frac{\omega_c}{2}=-17.7^\circ<45^\circ$$

校正前系统的开环对数频率特性如图 6-5 中实线 W 所示。

(1) 设计串联超前校正装置。

由于系统在 $\omega=5$ 处转入 -60dB/dec 特性曲线，用一级校正难以满足校正要求，故使用两级校正。设校正装置的传递函数为

$$W_c(s)=\frac{\left(\frac{s}{\omega_1}+1\right)\left(\frac{s}{\omega_2}+1\right)}{\left(\frac{s}{\omega_3}+1\right)^2}\quad(\omega_1<\omega_2<\omega_3)\quad 其中\ \omega_2=5,\omega_3=n\omega_1$$

校正后的系统可以认为是 $-2/-1/-3$ 特性，且选 $\omega_c=\sqrt{\frac{1}{2}\omega_1\omega_3}$，以获得最大的相位裕度。

由相位裕度 $\gamma(\omega_c)\geqslant 45^\circ$，通过查图 6-4 可知 n 稍小于 16，故取 $n=14$。所以

$$\omega'_c=\sqrt{\frac{1}{2}\omega_1\omega_3}=\omega_1\sqrt{7}$$

近似认为 $\frac{\omega'_c}{\omega_3}\ll 1,\frac{\omega'_c}{\omega_3}\gg 1$，有 $A(\omega'_c)\approx\frac{10\frac{\omega'_c}{\omega_1}}{\omega'_c\cdot\frac{\omega'_c}{2}}=1$

得 $\omega_1=2.75,\omega_3=38.5,\omega'_c=7.27$。

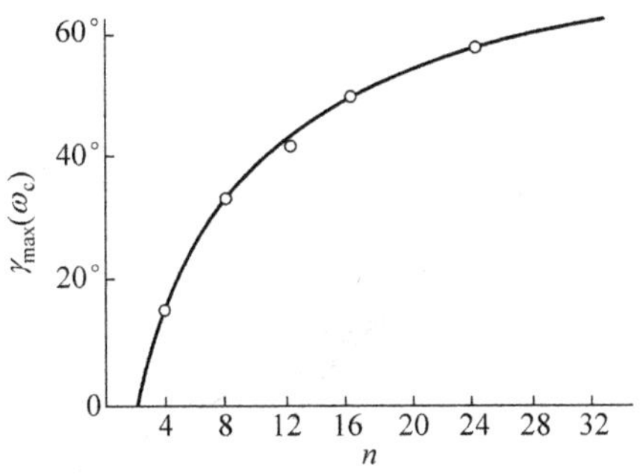

图 6-4　$n \sim \gamma_{max}(\omega_c)$图

$$\gamma(\omega_c') = 90° - \arctan\frac{\omega_c'}{2} + \arctan\frac{\omega_c'}{2.75} - 2\arctan\frac{\omega_c'}{38.5}$$

$$= 90° - \arctan\frac{7.27}{2} + \arctan\frac{7.27}{2.75} - 2\arctan\frac{7.27}{38.5}$$

$$= 63.3°$$

可见相位裕度过大，试选用 $n=5.65$，有

$$\omega_c'' = \sqrt{\frac{1}{2}\omega_1\omega_3} = \sqrt{4\omega_1^2} = 2\omega_1$$

$$\omega_1 = 3.45,\quad \omega_3 = 19.5,\quad \omega_c'' = 5.8$$

校正装置的传递函数为 $W_c(s)=\dfrac{\left(\dfrac{s}{3.45}+1\right)\left(\dfrac{s}{5}+1\right)}{\left(\dfrac{s}{19.5}+1\right)^2}$

校正装置的对数幅频特性如图 6-5 中实线 W_c 所示。

校正后的开环传递函数为

$$W_K'(s) = W_K(s)W_c(s) = \frac{10}{s\left(\dfrac{s}{2}+1\right)} \cdot \frac{\left(\dfrac{s}{3.45}+1\right)}{\left(\dfrac{s}{19.5}+1\right)^2}$$

(2) 验算校正后系统指标。

校正后系统的开环对数幅频特性如图 6-5 中实线 WW_c 所示。

由 $\omega_c''=5.8$ 可求得

$$\gamma(\omega_c'') = 180° + \left(-90° - \arctan\frac{\omega_c''}{2} - 2\arctan\frac{\omega_c''}{19.5} + \arctan\frac{\omega_c''}{3.45}\right)$$

$$= 180° + \left(-90° - \arctan\frac{5.8}{2} - 2\arctan\frac{5.8}{19.5} + \arctan\frac{5.8}{3.45}\right)$$

$$= 45.12°$$

符合指标要求。

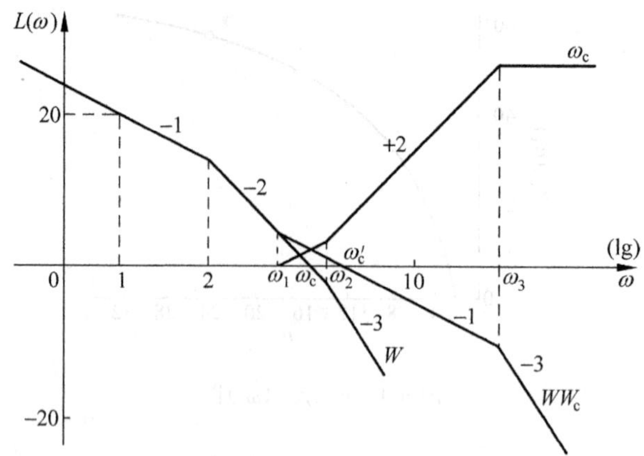

图 6-5　题 6-14 中串联超前校正的对数幅频特性

令

$$\varphi(\omega_j) = -90° - \arctan\frac{\omega_j}{2} - 2\arctan\frac{\omega_j}{19.5} + \arctan\frac{\omega_j}{3.45} = -180°$$

解得 $\omega_j=18$。

$$增益裕量\ GM=20\lg\frac{1}{|W'_K(j\omega_j)|}=15\text{dB}>6\text{dB}$$

满足要求。

(1) 串联滞后校正是在校正前特性上找满足相位裕度要求的穿越频率 ω'_c。按相位裕度 $\gamma(\omega'_c)=45°$的要求，并考虑校正装置在穿越频率附近造成的相位滞后的影响，再增加 15°补偿裕量，故预选 $\gamma(\omega'_c)=60°$。下面求 $\gamma(\omega'_c)=60°$时的 ω'_c。由

$$\gamma(\omega'_c) = 180° + \left(-90° - \arctan\frac{\omega'_c}{2} - \arctan\frac{\omega'_c}{5s}\right) = 60°$$

解得 $\omega'_c=0.77$。

(2) 确定原系统频率特性在 $\omega=\omega'_c$处幅值下降到零分贝时所必须的衰减量。使这一衰减量等于$-20\lg\gamma_i$，从而确定 γ_i 的值。由

$$20\lg\gamma_i = 20\lg|W_K(j\omega'_c)| = 20\lg\left|\frac{10}{\omega'_c\sqrt{\left(\frac{\omega'_c}{2}\right)^2+1}\sqrt{\left(\frac{\omega'_c}{5}\right)^2+1}}\right|$$

解得 $\gamma_i=11.9$。

(3) 预选交接频率。根据交接频率 $\omega_2=\frac{1}{T}$应低于 ω'_c一倍到十倍频程的原则，在这里取 $T=3.5$，所以

$$\omega_2 = \frac{1}{T} = \frac{\omega'_c}{3.5} = \frac{0.77}{3.5} = 0.22$$

另一交接频率可以由 $\omega_1=\frac{1}{\gamma_i T}$来确定，所以

$$\omega_1 = \frac{1}{\gamma_i T} = 0.02$$

(4) 确定校正后系统的开环传递函数。

校正装置的传递函数为

$$W_c(s) = \frac{(s/0.22 + 1)}{(s/0.02 + 1)}$$

校正装置的对数幅频特性如图 6-6 中的实线 W_c 所示。

校正后系统的传递函数为

$$W_K(s)W_c(s) = \frac{10}{s(0.2s + 1)(0.5s + 1)} \cdot \frac{(s/0.22 + 1)}{(s/0.02 + 1)}$$

校正后系统的开环对数幅频特性如图 6-6 中实线 WW_c 所示。

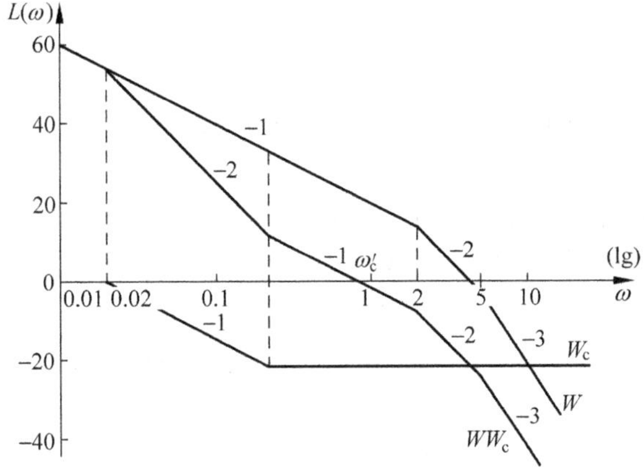

图 6-6　题 6-14 中串联滞后校正的对数幅频特性

(5) 验算校正后系统指标。

$\omega_c' = 0.77$

$$\gamma(\omega_c') = 180° + \left(-90° - \arctan\frac{0.77}{2} - \arctan\frac{0.77}{5} - \arctan\frac{0.77}{0.02} + \arctan\frac{0.77}{0.22}\right)$$

$$= 90° - 21.1° - 8.75° - 88.5° + 74.1° = 45.75°$$

相位裕度满足要求。

令 $\varphi(\omega_j) = -180°$，求相位穿越频率 ω_j。

$$\varphi(\omega_j) = -90° - \arctan\frac{\omega_j}{2} - \arctan\frac{\omega_j}{5} - \arctan\frac{\omega_j}{0.02} + \arctan\frac{\omega_j}{0.22}$$

$$= -180°$$

解得 $\omega_j = 11.68$，所以校正后的增益裕量

$$GM = 20\lg\frac{1}{|W_K'(j\omega_j)|} = 45.72\text{dB} > 6\text{dB}$$

满足要求。

题 6-15　设一随动系统，其开环传递函数为

$$W_K(s)=\frac{K}{s(0.5s+1)}$$

如要求系统的速度稳态误差为10%，$M_p\leqslant 1.5$，试确定串联校正装置的参数。

解　(1) 根据稳态误差要求确定 K 值。

由 $e_{ss}=\lim\limits_{s\to 0}\frac{1}{s[1+W_K(s)]}=\lim\limits_{s\to 0}\frac{1}{sW_K(s)}=\lim\limits_{s\to 0}\frac{0.5s+1}{K}=\frac{1}{K}=0.1$

得 $K=10$

于是系统的开环传递函数为

$$W_K(s)=\frac{10}{s(0.5s+1)}$$

(2) 计算校正前系统指标。

$$W_K(\mathrm{j}\omega)=\frac{10}{\mathrm{j}\omega(\mathrm{j}0.5\omega+1)}=A(\omega)\mathrm{e}^{\mathrm{j}\varphi(\omega)}=\frac{10}{\omega\sqrt{0.25\omega^2+1}}\mathrm{e}^{\mathrm{j}\varphi(\omega)}$$

$$L(\omega)=20\lg A(\omega)=20\lg 10-20\lg\omega-20\lg\sqrt{0.25\omega^2+1}$$

$$\varphi(\omega)=-90^\circ-\arctan 0.5\omega$$

绘出系统校正前幅频特性曲线如图6-7中 W 所示。

令 ω_c 为原系统的穿越频率，由 $A(\omega_c)=1$，即

$$A(\omega_c)=\frac{10}{\omega_c\sqrt{1+0.25\omega_c^2}}\approx\frac{10}{\omega_c\sqrt{0.25\omega_c^2}}=\frac{10}{0.5\omega_c^2}=1$$

得

$$\omega_c=\sqrt{20}=4.47$$

所以相位裕度

$$\gamma(\omega_c)=180^\circ+\varphi(\omega_c)=180^\circ+(-90^\circ-\arctan 0.5\times 4.47)=24^\circ$$

根据指标要求 $M_p=\frac{1}{\sin\gamma(\omega_c)}\leqslant 1.5$，即 $\sin\gamma(\omega_c)\geqslant\frac{1}{1.5}$，得

$$\gamma(\omega_c)\geqslant\arcsin\frac{1}{1.5}=41.8^\circ$$

可见相位移不满足要求，现采用串联超前校正。

(3) 设计串联超前校正装置。

校正装置产生的最大超前相位移应满足

$$\varphi_{\max}\geqslant 41.8^\circ-24^\circ=17.8^\circ$$

考虑到校正装置在穿越频率 ω_c' 附近所造成的相位滞后影响，增加7.2°的补偿，所以最大超前相位移选为

$$\varphi_{\max}=17.8^\circ+7.2^\circ=25^\circ$$

设串联超前校正装置的传递函数为

$$W_c(s)=\frac{1+Ts}{1+\frac{T}{\gamma_d}s}=\frac{1+\frac{s}{\omega_1}}{1+\frac{s}{\omega_2}}\quad\left(\omega_1=\frac{1}{T},\omega_2=\frac{\gamma_d}{T},\gamma_d>1\right)$$

由 $\varphi_{\max}=25°=\arcsin\frac{\gamma_d-1}{\gamma_d+1}$，即 $\sin25°=\frac{\gamma_d-1}{\gamma_d+1}=0.4226$，得

$$\gamma_d = 2.46$$

取校正后的穿越频率 ω_c' 是两交接频率 ω_1 和 ω_2 的几何中点，则有

$$\omega_c'=\sqrt{\omega_1\omega_2}=\omega_1\sqrt{\gamma_d}=\omega_1\sqrt{2.46}$$

校正后的系统传递函数为

$$W_K'(s)=W_K(s)W_c(s)=\frac{10\left(1+\frac{s}{\omega_1}\right)}{s\left(\frac{s}{2}+1\right)\left(1+\frac{s}{\omega_2}\right)}$$

令 $s=\mathrm{j}\omega$，则

$$W_K'(\mathrm{j}\omega)=\frac{10\left(1+\mathrm{j}\frac{\omega}{\omega_1}\right)}{\mathrm{j}\omega\left(\frac{\mathrm{j}\omega}{2}+1\right)\left(1+\mathrm{j}\frac{\omega}{\omega_2}\right)}$$

$$=A(\omega)\mathrm{e}^{\mathrm{j}\varphi(\omega)}=\frac{10\sqrt{1+\left(\frac{\omega}{\omega_1}\right)^2}}{\omega\sqrt{1+\frac{\omega^2}{4}}\sqrt{1+\left(\frac{\omega}{\omega_2}\right)^2}}\mathrm{e}^{\mathrm{j}\varphi(\omega)}$$

当 $\omega=\omega_c'$ 时，$A(\omega_c')=1$，如果 $\frac{\omega_c'}{\omega_1}\gg1$，$\frac{\omega_c'}{\omega_2}\ll1$，则有

$$A(\omega_c')\approx\frac{10\frac{\omega_c'}{\omega_1}}{\omega_c'\cdot\frac{\omega_c'}{2}}=1$$

即 $\omega_1\omega_c'=20$。将 $\omega_c'=\omega_1\sqrt{2.46}$ 代入，得 $\omega_1=3.57$。所以

$$\omega_c'=3.57\times\sqrt{2.46}=5.6$$

$$\omega_2=\gamma_d\omega_1=2.46\times3.57=8.78$$

校正装置的传递函数为

$$W_c(s)=\frac{1+\frac{s}{\omega_1}}{1+\frac{s}{\omega_2}}=\frac{1+\frac{s}{3.57}}{1+\frac{s}{8.78}}$$

校正后系统的开环对数幅频特性如图 6-7 中实线 WW_c 所示。

(4) 验算校正后指标。

校正后系统的传递函数为

$$W_K'(s)=W_K(s)W_c(s)=\frac{10\left(1+\frac{s}{\omega_1}\right)}{s\left(\frac{s}{2}+1\right)\left(1+\frac{s}{\omega_2}\right)}=\frac{10\left(1+\frac{s}{3.57}\right)}{s\left(\frac{s}{2}+1\right)\left(1+\frac{s}{8.78}\right)}$$

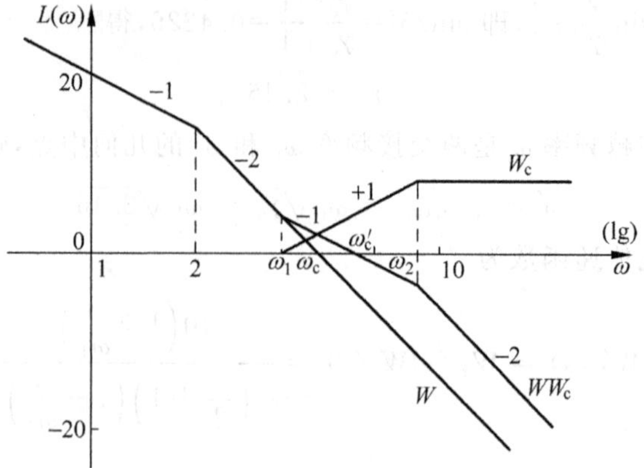

图 6-7 题 6-15 的对数幅频特性

校正后系统的相位裕度为

$$\begin{aligned}\gamma(\omega_c') &= 180^\circ + \varphi(\omega_c')\\ &= 180^\circ + \left(\arctan\frac{\omega_c'}{\omega_1} - 90^\circ - \arctan\frac{\omega_c'}{2} - \arctan\frac{\omega_c'}{\omega_2}\right)\\ &= 180^\circ + \left(\arctan\frac{5.6}{3.57} - 90^\circ - \arctan\frac{5.6}{2} - \arctan\frac{5.6}{8.78}\right)\\ &= 180^\circ + 57.48^\circ - 90^\circ - 70.35^\circ - 32.53^\circ = 44.6^\circ > 41.8^\circ\end{aligned}$$

由此可见，采用上述校正装置后系统的相位裕度满足要求。

题 6-16 设一单位反馈系统，其开环传递函数为

$$W_K(s) = \frac{126}{s(0.1s+1)(0.00166s+1)}$$

要求校正后系统的相位裕度 $\gamma(\omega_c)=40^\circ\pm2^\circ$，增益裕量等于 10dB，穿越频率 $\omega_c\geqslant$ 1rad/s，且开环增益保持不变，试确定串联滞后校正装置。

解 (1) 绘制校正前系统的开环对数幅频特性如图 6-8 中实线 W 所示。

$$W_K(j\omega) = \frac{126}{j\omega(j0.1\omega+1)(j0.00166\omega+1)}$$

$$A(\omega) = \frac{126}{\omega\sqrt{0.01\omega^2+1}\sqrt{0.00166^2\omega^2+1}}$$

$$\varphi(\omega) = -90^\circ - \arctan 0.1\omega - \arctan 0.00166\omega$$

(2) 在原系统的频率特性曲线上确定满足要求的频率作为穿越频率 ω_c'。

按相位裕度 $\gamma(\omega_c)=40^\circ\pm2^\circ$ 的要求，并考虑校正装置相位滞后的影响，预选 $\gamma(\omega_c')\approx65^\circ$，即

$$65^\circ = 180^\circ + \varphi(\omega_c')$$

得

$$65^\circ = 180^\circ - 90^\circ - \arctan 0.1\omega_c' - \arctan 0.00166\omega_c'$$

即 $\arctan 0.1\omega_c' + \arctan 0.00166\omega_c' = 25^\circ$，两边取正切，解得

$$\omega_c' = 4.57\text{rad/s} > 1\text{rad/s}$$

所以取 $\omega_c'=4.57$ 为校正后的穿越频率。

（3）确定原系统频率特性在 $\omega=\omega_c'$ 处幅值下降到零分贝时所必需的衰减量。使这一衰减量等于 $-20\lg\gamma_i$，从而确定 γ_i 的值。即

$$20\lg\gamma_i = 20\lg|W_K(j\omega_c')| = 20\lg\left|\frac{126}{\omega_c'\sqrt{(0.1\omega_c')^2+1}\sqrt{(0.00166\omega_c')^2+1}}\right|$$

解得 $\gamma_i=25.06$。

（4）预选交接频率。

选 $\omega_2=\dfrac{1}{T}=\dfrac{\omega_c'}{2}=2.285$，$\omega_1=\dfrac{1}{\gamma_i T}=0.09$

则校正装置的传递函数为

$$W_c(s)=\frac{\dfrac{s}{\omega_2}+1}{\dfrac{s}{\omega_1}+1}=\frac{\dfrac{s}{2.29}+1}{\dfrac{s}{0.09}+1}$$

校正装置的对数幅频特性如图6-8中的实线 W_c 所示。

（5）验算校正后系统指标。

校正后的开环传递函数为

$$W(s)W_c(s)=\frac{126}{s(0.1s+1)(0.00166s+1)}\frac{\dfrac{s}{2.29}+1}{\dfrac{s}{0.09}+1}$$

校正后系统的开环对数幅频特性如图6-8中实线 WW_c 所示。

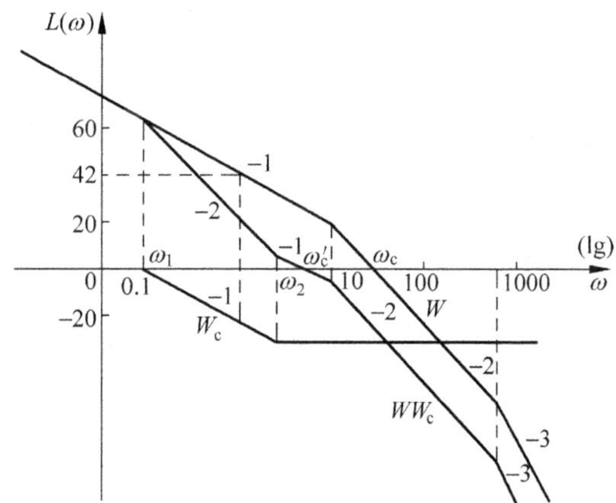

图6-8 题6-16的对数幅频特性

相位裕度为

$$\gamma(\omega_c')=180^\circ+\left(-90^\circ-\arctan 0.1\omega_c'-\arctan 0.00166\omega_c'-\arctan\frac{\omega_c'}{0.09}+\arctan\frac{\omega_c'}{2.29}\right)$$

因为 $\omega_c'=4.57$，所以 $\gamma(\omega_c')=39.57°$，满足要求。

令

$$\varphi(\omega_j)=-90°-\arctan0.1\omega_j-\arctan0.00166\omega_j-\arctan\frac{\omega_j}{0.09}+\arctan\frac{\omega_j}{2.29}$$
$$=-180°$$

解得 $\omega_j=68.3$。

校正后系统的增益裕量为

$$GM=20\lg\frac{1}{|W_K(j\omega_j)W_c(j\omega_j)|}=39.52\text{dB}>10\text{dB}$$

也满足要求。

题 6-17 采用反馈校正后的系统结构如图 P6-1 所示，其中 $H(s)$ 为校正装置，$W_2(s)$ 为校正对象。要求系统满足下列指标：位置稳态误差 $e_p(\infty)=0$；速度稳态误差 $e_v(\infty)=0.5\%$；$\gamma(\omega_c)\geqslant45°$。试确定反馈校正装置的参数，并求等效开环传递函数。图中

$$W_1(s)=200$$
$$W_2(s)=\frac{10}{(0.01s+1)(0.1s+1)}$$
$$W_3(s)=\frac{0.1}{s}$$

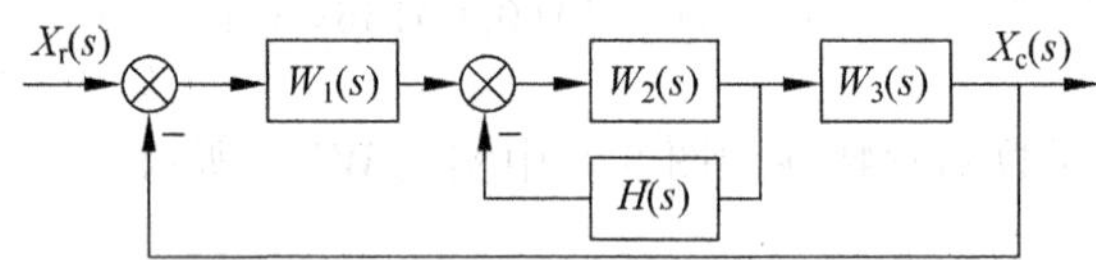

图 P6-1 习题 6-17 系统框图

解 (1) 计算校正前指标。

校正前开环传递函数为

$$W_K(s)=\frac{200}{s(0.01s+1)(0.1s+1)}$$

由稳态误差定义，$e_v(\infty)=\dfrac{1}{K_v}=\dfrac{1}{200}=0.5\%$，满足要求，$e_p(\infty)=\dfrac{1}{1+K_p}=0$ 满足要求。

又由 $A(\omega_c)=1\approx\dfrac{200}{\omega_c\cdot\dfrac{\omega_c}{10}}$，可求得 $\omega_c=44.7$，$\gamma(\omega_c)=-11.4°$，不满足要求，故需要校正。绘制对数幅频特性，如图 6-9 中 L_0 所示。

(2) 设计期望特性。

由于要求稳态位置误差为零，故系统开环传递函数应为 Ⅰ 型，即对数幅频特性的低频段斜率应为 -20dB/dec。由于对象有一阶积分环节，故小闭环应不影响低频

段斜率，且近似认为校正后的曲线为 $-1/-2/-1/-3$ 特性，因此可取：$\omega_c'=\sqrt{\frac{1}{2}\omega_1\omega_2}$，$\omega_2=n\omega_1$。

由 $\gamma(\omega_c)=45°$，查表得 $n=13$。取 $\omega_2=100\mathrm{s}^{-1}$，求得 $\omega_1=\frac{\omega_2}{n}=7.8\mathrm{s}^{-1}$，$\omega_c'=20\mathrm{s}^{-1}$。在零分贝线上，过 ω_c' 作斜率为 $-20\mathrm{dB/dec}$ 的直线，该直线延长至 ω_2 处与 L_0 重合，该直线向频率减小的方向延长到 $\omega=\omega_1$ 处，在此处再作斜率为 $-40\mathrm{dB/dec}$ 的直线至 $\omega_0=0.78\mathrm{s}^{-1}$ 处与 L_0 重合。

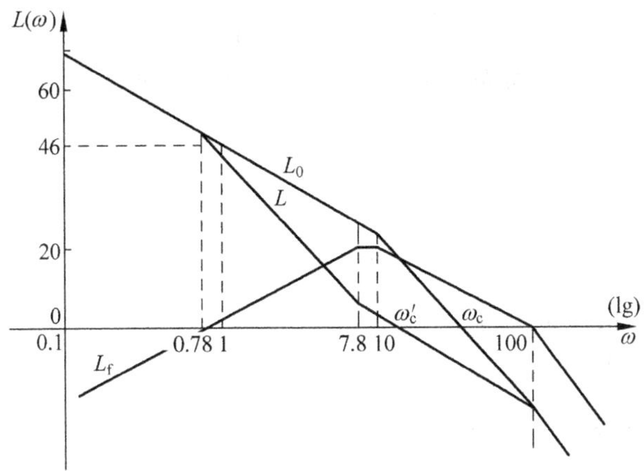

图 6-9　题 6-17 的对数幅频特性

(3) 确定校正装置特性。

设 $H'(s)$ 为跨接所有控制环节的校正环节，且可由图 6-9 中 L 部分的双方向反向延长线对应的曲线得到 $H'(s)$ 的表达式为

$$H'(s)=\frac{Ks^2}{T_1s+1}$$

所以

$$\frac{1}{H'(s)}=\frac{T_1s+1}{Ks^2}=\frac{\frac{s}{\omega_1}+1}{Ks^2}=\frac{\frac{s}{7.8}+1}{Ks^2}$$

由 $A_{\frac{1}{H'}}(\omega_c')=1$，求得 $\frac{1}{K}=156$。

由结构图变换得 $H(s)=W_1(s)H'(s)W_3(s)$，则校正环节的传递函数为 $H(s)=\frac{\frac{s}{7.8}}{\frac{s}{7.8}+1}=\frac{0.13s}{0.13s+1}$，由于 $H(s)=\frac{Ts}{Ts+1}$，可求得 $T=0.13\mathrm{s}$。

小闭环对数幅频特性如图 6-9 中 L_f 所示。

(4) 校验。反馈校正后的开环传递函数为

$$W'_K(s)=\frac{W_K(s)}{1+W_K(s)H'(s)}$$

令 $s=j\omega$ 得 $W'_K(j\omega)=\dfrac{W_K(j\omega)}{1+W_K(j\omega)H'(j\omega)}$,作如下近似:

当 $|W_2(j\omega)H(j\omega)|<1$,即 $L_f<0$ 时

$$W'_K(j\omega)\approx W_K(j\omega)$$

当 $|W_2(j\omega)H(j\omega)|>1$,即 $L_f>0$ 时

$$W'_K(j\omega)\approx\frac{1}{H'(j\omega)}$$

校正后系统的开环对数频率特性如图 6-9 中的 L 所示。由 L 写出校正后的等效开环传递函数 $W'_K(s)$为

$$W'_K(s)=\frac{200\left(1+\frac{s}{7.8}\right)}{s\left(1+\frac{s}{0.78}\right)\left(1+\frac{s}{100}\right)^2}$$

式中,$\omega'_c=20s^{-1}$。由此可求得

$$\begin{aligned}\gamma(\omega'_c)&=180^\circ+\varphi(\omega'_c)\\&=180^\circ+\left(\arctan\frac{\omega'_c}{7.8}-90^\circ-\arctan\frac{\omega'_c}{0.78}-2\arctan\frac{\omega'_c}{100}\right)\\&=48.3^\circ\end{aligned}$$

满足要求。

题 6-18 对于题 6-17 的系统,要求系统的速度稳态误差系数 $K_v=200$,超调量 $\sigma\%<20\%$,调节时间 $t_s\leqslant 2s$。试确定反馈校正装置的参数,并绘制校正前、后的伯德图,写出校正后的等效开环传递函数。

解 (1) 按稳态要求确定系统放大系数。校正前系统的对数幅频特性如图 6-10 中 L_0 所示。$K_v=K=200$ 满足要求。

校正前系统的开环传递函数为

$$W_0(s)=\frac{200}{s(0.1s+1)(0.01s+1)}$$

局部闭环内传递函数为

$$W_2(s)=\frac{10}{(0.1s+1)(0.01s+1)}$$

(2) 期望特性的设计。由经验公式

$\sigma\%=e^{-\pi\xi/\sqrt{1-\xi^2}}\times100\%<0.2$,得 $\xi>0.457$,且由 $\gamma=100\xi$,得 $\gamma>45.7^\circ$。又由 $\omega'_c t_s\approx\dfrac{6}{\tan\gamma}$,求得 $\omega'_c>3s^{-1}$。为提高 $\omega=\omega'_c$处的精度以及有利于提高系统快速性,选 $\omega'_c=20s^{-1}$;并且考虑到中频段应有一定宽度以及 $\gamma(\omega'_c)>45.7^\circ$ 的要求,预选 $\omega_1=3s^{-1}$。

在零分贝线上，过 ω_c' 作斜率为 -20dB/dec 的直线，同 L_0 交于 $\omega_2=100\text{s}^{-1}$ 处，以后部分同 L_0，该直线向频率减小的方向延长到 $\omega=\omega_1$ 处，在此处再作斜率为 -40dB/dec 的直线至 $\omega_0=0.3\text{s}^{-1}$ 处与 L_0 重合。

局部闭环的对数幅频特性如图 6-10 中 L_f 所示。

(3) 校验。校正后的开环传递函数 W_K' 为

$$W_K'(s)=\frac{200\left(\frac{s}{3}+1\right)}{s\left(\frac{s}{0.3}+1\right)\left(\frac{s}{100}+1\right)^2}$$

由 $\omega_c'=20\text{s}^{-1}$ 求得 $\gamma(\omega_c')=59.7°$，满足要求。

校正后系统的对数幅频特性如图 6-10 中 L 所示。

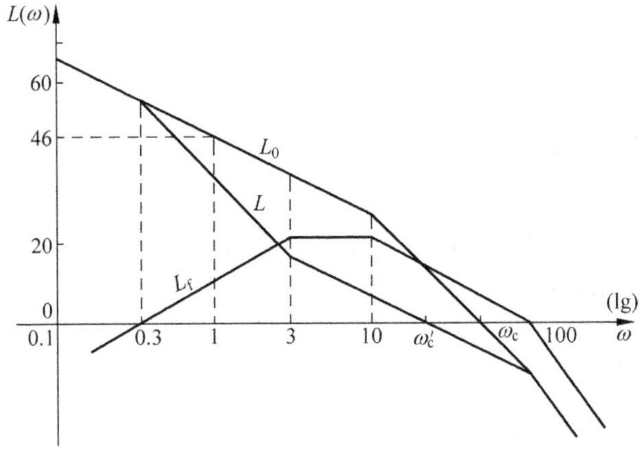

图 6-10　题 6-18 的对数幅频特性

(4) 校正装置的求取。使 $L_0(\omega)-L(\omega)=L_f(\omega)$，$L_f(\omega)>0$。对于 $L_f(\omega)<0$ 部分，低频段用直线延长的方法得到，在 $\omega=100$ 处转为 -40dB/dec，得局部闭环的传递函数

$$W_{L_f}(s)=W_2(s)H(s)=\frac{\frac{s}{0.3}}{\left(\frac{s}{3}+1\right)\left(\frac{s}{10}+1\right)\left(\frac{s}{100}+1\right)}$$

则 $H(s)=\dfrac{\frac{s}{3}}{\frac{s}{3}+1}=\dfrac{0.33s}{0.33s+1}$。由于 $H(s)=\dfrac{Ts}{Ts+1}$，可求得 $T=0.33\text{s}$。

题 6-19　有源校正网络如图 P6-2 所示。试写出其传递函数，并说明可以起到何种校正作用。

解　(a) $W_c=-\dfrac{K_c(\alpha Ts+1)}{Ts+1}$

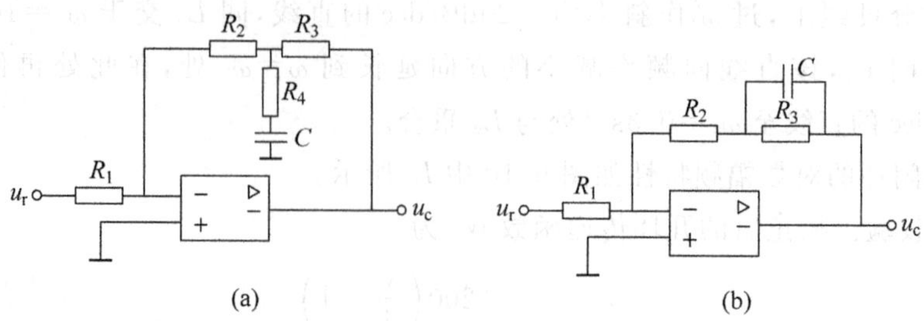

图 P6-2　习题 6-19 系统框图

式中，$T=R_4C$，$K_c=\frac{R_2+R_3}{R_1}$，$\alpha=1+\frac{1}{R_4}\cdot\frac{R_2R_3}{R_2+R_3}$，$\alpha>1$。该校正为超前校正，提高系统的动态性能，而不影响其稳态精度。

(b) $W_c=-\frac{K_c(\alpha Ts+1)}{Ts+1}$

式中，$T=R_3C$，$K_c=\frac{R_2+R_3}{R_1}$，$\alpha=\frac{R_2}{R_2+R_3}$，$\alpha<1$。该校正为滞后校正，改善系统的稳态性能，而不影响动态性能。

题 6-20　一有源串联滞后校正装置的对数幅频特性如图 P6-3(a)所示，其电路图如图 P6-3(b)所示。已知 $C=1\mu F$，求 R_1，R_2 和 R_3 的阻值。

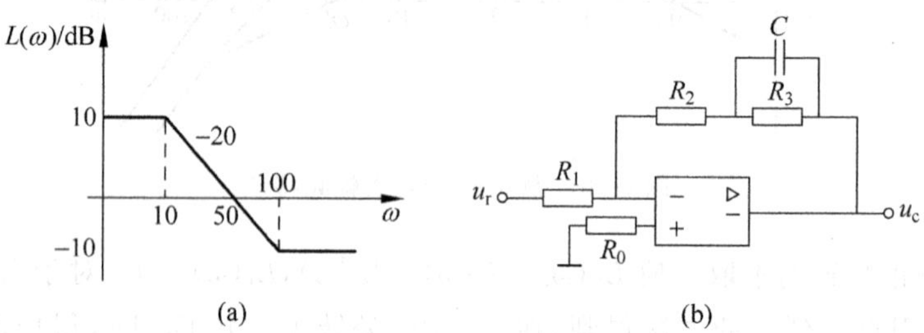

图 P6-3　习题 6-20 系统框图

解　(1) 由图 P6-3(a)可以写出校正装置的传递函数为

$$W_c(s)=\frac{K\left(\frac{s}{100}+1\right)}{\left(\frac{s}{10}+1\right)}=\frac{K(0.01s+1)}{(0.1s+1)}$$

且由于穿越频率 $\omega_c=50$，所以

$$A(\omega_c)\big|_{\omega_c=50}\approx\frac{K\cdot 1}{\frac{50}{10}}=1$$

解得 $K=5$。

即
$$W_c(s)=\frac{5(0.01s+1)}{0.1s+1}\tag{6-1}$$

(2) 图 6-3(b)所对应的传递函数为

$$W_c(s)=\frac{U_c(s)}{U_r(s)}=-\frac{R_2+R_3 /\!/ \frac{1}{CS}}{R_1}=-\frac{R_2+\dfrac{R_3\cdot\frac{1}{CS}}{R_3+\frac{1}{CS}}}{R_1}$$

$$=-\left(\frac{R_2+R_3}{R_1}\right)\frac{\dfrac{R_2R_3}{R_2+R_3}CS+1}{R_3CS+1} \tag{6-2}$$

将式(6-1)与式(6-2)相对比,并根据已知条件 $C=1\mu\text{F}=10^{-6}\text{F}$,可以列出如下方程组

$$\begin{cases}\dfrac{R_2+R_3}{R_1}=5\\ \dfrac{R_2R_3}{R_2+R_3}C=0.01\\ R_3C=0.1\\ C=10^{-6}\end{cases}$$

解得$\begin{cases}R_1\approx 22\text{k}\Omega\\ R_2\approx 11\text{k}\Omega\\ R_3=100\text{k}\Omega\end{cases}$。

题 6-21 一控制系统采用串联超前校正,校正装置的传递函数为 $W_c(s)=\dfrac{K_c(T_cs+1)}{s+1}$,要求穿越频率为 1,超前网络提供 25°的相位补偿,且补偿后系统穿越频率不变,试确定 K_c 和 T_c 值之间的关系。

解 校正装置的相角位移为

$$\varphi(\omega)=\arctan\omega T_c-\arctan\omega\cdot 1$$

由题意可知

$$\varphi(\omega_c)=25^\circ \quad 且 \quad \omega_c=1$$

即

$$\varphi(1)=\arctan 1\cdot T_c-\arctan 1\cdot 1=25^\circ$$

解得 $T_c=2.747$。由

$$\begin{cases}A(\omega_c)=\dfrac{K_c\sqrt{(T_c\omega_c)^2+1}}{\sqrt{\omega_c^2+1}}=1\\ \omega_c=1\end{cases}$$

得 $K_c=0.484$。

题 6-22 控制系统的开环传递函数为 $W_K(s)=\dfrac{10}{s(0.5s+1)(0.1s+1)}$。

(1) 绘制系统伯德图,并求相位裕度。

(2) 如采用传递函数为 $W_c(s)=\dfrac{0.37s+1}{0.049s+1}$的串联超前校正装置,试绘制校正后

系统的伯德图，并求此时的相位裕度，同时讨论校正后系统的性能有何改进。

解　(1) $W_K(s)=\dfrac{10}{s\left(\dfrac{s}{2}+1\right)\left(\dfrac{s}{10}+1\right)}$

$$L(\omega)\big|_{\omega=1}=20\lg 10-20\lg 1=20$$

该系统的伯德图见图 6-11。

由图可知 $2<\omega_c<10$，则

$$A(\omega_c)\approx\frac{10}{\omega_c\cdot\dfrac{\omega_c}{2}}=1$$

解得 $\omega_c=\sqrt{20}=4.47$。

该系统的相位裕度为

$$\begin{aligned}\gamma(\omega_c)\big|_{\omega_c=4.47}&=180^\circ+\left(-90^\circ-\arctan\frac{4.47}{2}-\arctan\frac{4.47}{10}\right)\\&=180^\circ+(-90^\circ-65.89^\circ-24.08^\circ)\\&=0.03^\circ\end{aligned}$$

(2) $W_c(s)=\dfrac{0.37s+1}{0.049s+1}=\dfrac{\dfrac{s}{2.7}+1}{\dfrac{s}{20.4}+1}$

$$W_K(s)\cdot W_c(s)=\frac{10\left(\dfrac{s}{2.7}+1\right)}{s\left(\dfrac{s}{2}+1\right)\left(\dfrac{s}{10}+1\right)\left(\dfrac{s}{20.4}+1\right)}$$

校正后系统的伯德图见图 6-12。

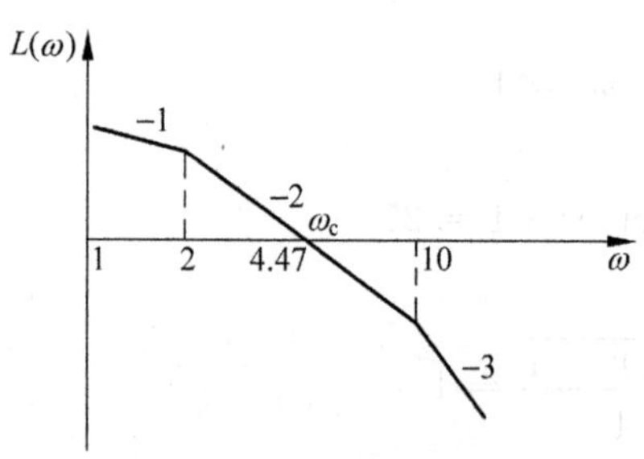

图 6-11　题 6-22(1)校正前系统的伯德图

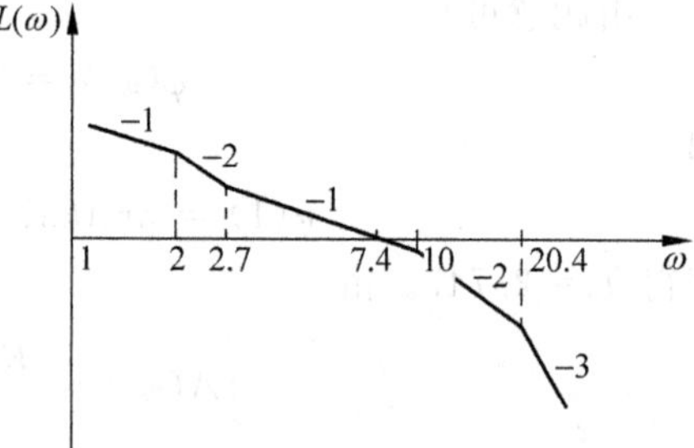

图 6-12　题 6-22(2)校正后系统的伯德图

由 $A(\omega_c')\approx\dfrac{10\cdot\dfrac{\omega_c'}{2.7}}{\omega_c'\cdot\dfrac{\omega_c'}{2}}=1$，解得 $\omega_c'=7.4$。

则校正后系统的相位裕度为

$$\gamma(\omega_c')\big|_{\omega_c'=7.4}=180^\circ+\left(-90^\circ+\arctan\frac{7.4}{2.7}-\arctan\frac{7.4}{2}-\arctan\frac{7.4}{10}-\arctan\frac{7.4}{20.4}\right)$$
$$=180^\circ+(-90^\circ+69.95^\circ-74.88^\circ-36.50^\circ-19.94^\circ)$$
$$=28.63^\circ$$

由此可以看到系统的性能得到了改善：

(1) 由图可以看到中频段宽度增加，暂态响应加快。

(2) 相位裕度得到了提高且不影响系统的低频特性。

题 6-23　已知两系统(a)和(b)的开环对数幅频特性如图 P6-4 所示，试问在系统(a)中加入什么样的串联校正环节可以达到系统(b)。

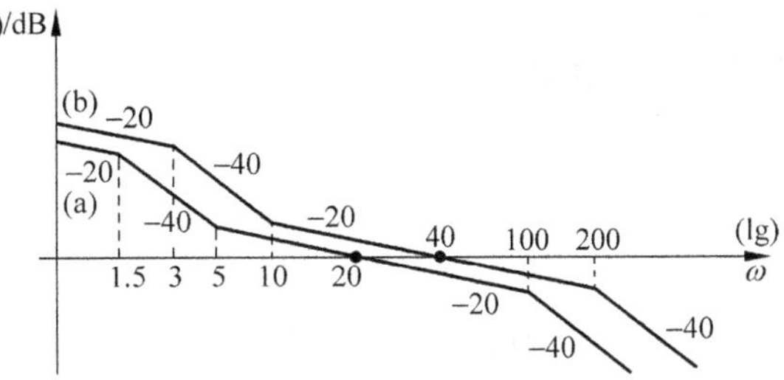

图 P6-4　习题 6-23 系统的开环对数幅频特性

解　未补偿系统(a)的开环传递函数为

$$W_0(s)=\frac{K_0\left(\frac{s}{5}+1\right)}{s\left(\frac{s}{1.5}+1\right)\left(\frac{s}{100}+1\right)}$$

由该幅频特性曲线(a)中穿越频率为 20，可知

$$A(\omega_c)\big|_{\omega_c=20}\approx\frac{K_0\cdot\frac{20}{5}}{20\cdot\frac{20}{1.5}}=1$$

解得 $K_0=66.67$。

已补偿系统(b)的开环传递函数为

$$W(s)=\frac{K\left(\frac{s}{10}+1\right)}{s\left(\frac{s}{3}+1\right)\left(\frac{s}{200}+1\right)}$$

由该幅频特性曲线(b)中穿越频率为 40，可知

$$A(\omega_c')\big|_{\omega_c'=40}\approx\frac{K\cdot\frac{40}{10}}{40\cdot\frac{40}{3}}=1$$

解得 $K=133.33$。

由 $W(s)=W_0(s)\cdot W_c(s)$得

$$W_c(s)=\frac{W(s)}{W_0(s)}=\frac{2\left(\frac{s}{1.5}+1\right)\left(\frac{s}{10}+1\right)\left(\frac{s}{100}+1\right)}{\left(\frac{s}{3}+1\right)\left(\frac{s}{5}+1\right)\left(\frac{s}{200}+1\right)}$$

题 6-24 已知伺服系统开环传递函数为

$$W_K(s)=\frac{2500K}{s(s+25)}$$

设计一滞后校正装置，满足如下性能指标：

(1) 系统的相位裕度 $\gamma \geqslant 45^\circ$；

(2) 单位斜坡输入时，系统稳态误差小于或等于 0.01。

解 (1) 首先确定放大系数 K。

校正前系统的开环传递函数可以整理为

$$W_K(s)=\frac{100K}{s\left(\frac{s}{25}+1\right)}$$

由性能指标(2)可知 $K_v=100$，得 $K=1$。即

$$W_K(s)=\frac{100}{s\left(\frac{s}{25}+1\right)}$$

其伯德图绘于图 6-13。

系统校正前的穿越频率 ω_c 按下式可计算出

$$A(\omega_c)\approx\frac{100}{\omega_c\cdot\frac{\omega_c}{25}}=1$$

解得 $\omega_c\approx 50$。其相位裕度为

$$\gamma_{前}(\omega_c)\big|_{\omega_c=50}=\left(180^\circ-90^\circ-\arctan\frac{\omega_c}{25}\right)\bigg|_{\omega_c=50}$$

$$\approx 26.57^\circ$$

不满足指标(1)的要求。

(2) 按相位裕度 $\gamma(\omega_c)\geqslant 45^\circ$ 的要求，并考虑校正装置在穿越频率附近造成的相位滞后的影响，再增加 10° 的补偿裕量，故预选 $\gamma(\omega_c)=55^\circ$，取与 $\gamma(\omega_c)=55^\circ$ 相应的频率 ω_c' 为校正后的穿越频率，即

$$\gamma_{前}(\omega_c')=180^\circ-90^\circ-\arctan\frac{\omega_c'}{25}=55^\circ$$

解得 $\omega_c'=17.5$。

(3) 穿越频率 ω_c' 处所对应的对数幅频特性增益为

$$L_{前}(\omega_c')\big|_{\omega_c'=17.5}=\left[20\lg 100-20\lg\omega_c'-20\lg\sqrt{\left(\frac{\omega_c'}{25}\right)^2-1}\right]\bigg|_{\omega_c'=17.5}$$

并由 $L_{前}(\omega_c')\big|_{\omega_c'=17.5}=20\lg\gamma_i$ 可得

$$\gamma_i=4.68$$

(4) 预选交接频率 $\omega_2=\frac{\omega_c'}{5}=3.5$，另一交接频率为 $\omega_1=\frac{\omega_2}{\gamma_i}=\frac{3.5}{4.68}=0.75$。则校正装置的传递函数为

$$\omega_c(s)=\frac{\frac{s}{3.5}+1}{\frac{s}{0.75}+1}$$

(5) 校验

校正后系统开环传递函数为

$$W_K(s)W_c(s)=\frac{100}{s\left(\frac{s}{25}+1\right)}\cdot\frac{\frac{s}{3.5}+1}{\frac{s}{0.75}+1}$$

计算相位裕度

$$\gamma_{后}(\omega_c')\mid_{\omega_c'=17.5}=\left[180°+\left(-90°-\arctan\frac{\omega_c'}{25}+\arctan\frac{\omega_c'}{3.5}-\arctan\frac{\omega_c'}{0.75}\right)\right]\Bigg|_{\omega_c'=17.5}$$

$$=180°-90°-35°+78.7°-87.55°$$

$$=46.15°\geqslant 45°$$

满足指标要求。

其校正后系统 W_KW_c 和校正装置 W_c 的伯德图见图 6-13。

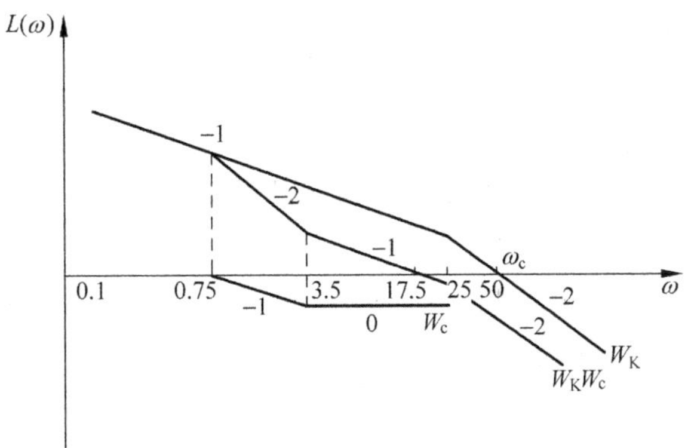

图 6-13　题 6-24 系统校正前、后和校正装置的伯德图

题 6-25　已知单位负反馈系统开环传递函数为

$$W_K(s)=\frac{K}{s(0.05s+1)(0.2s+1)}$$

试设计串联校正装置，使系统 $K_v\geqslant 5s^{-1}$，超调量不大于 25%，调节时间不大于 1s。

解　(1) 由性能指标可知，系统提出的是时域指标，可利用它和频域指标的近似关系，先用频域法校正，然后再进行验算。由

$$\begin{cases}\sigma\%=0.16+0.4(M_p-1)\leqslant 0.25\% \\ t_s=\dfrac{k\pi}{\omega_c}\leqslant 1 \\ k=2+1.5(M_p-1)+2.5(M_p-1)^2 \\ M_p=\dfrac{1}{\sin\gamma(\omega_c)}\end{cases}$$

得系统要求的各项指标为

$$\begin{cases} M_p = 1.225 \\ \omega_c = 7.74 \\ \gamma(\omega_c) = 54.7° \end{cases}$$

(2) 由 $K_v \geqslant 5$,可以计算出放大系数 $K=5$。其传递函数为

$$W(s) = \frac{5}{s(0.05s+1)(0.2s+1)} = \frac{5}{s\left(\frac{s}{20}+1\right)\left(\frac{s}{5}+1\right)}$$

其对数幅频特性如图 6-14 所示。

系统未校正时,按下式可计算出其穿越频率 ω_c,如认为$\frac{\omega_c}{20} \gg 1$,得

$$A(\omega_c) \approx \frac{5}{\omega_c \cdot \frac{\omega_c}{5}} = 1$$

故得 $\omega_c \approx 5$。其相位裕度为

$$\gamma(\omega_c) = 180° + \left(-90° - \arctan\frac{5}{5} - \arctan\frac{5}{20}\right) = 31°$$

可见不满足要求,需进行校正。

(3) 根据 $\gamma(\omega_c)=54.7°$的要求,校正装置的最大相位移为

$$\varphi_{max} \geqslant 54.7° - 31° \approx 24°$$

(4) 考虑到校正后的穿越频率 $\omega_c' > \omega_c$,原系统的相角位移将更偏于点半平面些,故 φ_{max}应相应地加大。取 $\varphi_{max}=40°$,则

$$\varphi_{max} = \arcsin\frac{\gamma_d - 1}{\gamma_d + 1} = 40°$$

得 $\gamma_d = 4.59$。

(5) 设系统校正后的穿越频率 ω_c'为校正装置(0/+1/0 特性)两交接频率 ω_1 和 ω_2 的几何中点(考虑到最大超前相位移 φ_{max}是在两交接频率 ω_1 和 ω_2 的几何中点),即

$$\omega_c' = \sqrt{\omega_1\omega_2}$$

由

$$\begin{cases} \omega_c' = \sqrt{\omega_1\omega_2} \\ \omega_2 = \gamma_d\omega_1 \\ A(\omega_c') = \dfrac{5 \cdot \frac{\omega_c'}{\omega_1}}{\omega_c' \cdot \frac{\omega_c'}{5}} = 1 \end{cases}$$

解得 $\omega_c'=7.32$,$\omega_1=3.42$,$\omega_2=15.68$。

(6) 校正后系统的传递函数为

$$W_c(s)W(s)=\frac{5\left(\frac{s}{3.42}+1\right)}{s\left(\frac{s}{5}+1\right)\left(\frac{s}{20}+1\right)\left(\frac{s}{15.68}+1\right)}$$

(7) 校验校正后相位裕度。

$$\gamma(\omega_c')=180^\circ+\left(-90^\circ-\arctan\frac{7.32}{5}-\arctan\frac{7.32}{20}+\arctan\frac{7.32}{3.42}-\arctan\frac{7.32}{15.68}\right)$$

$$=54.24^\circ$$

基本满足指标要求。

(8) 串联校正装置的传递函数为

$$W_c(s)=\frac{\left(\frac{s}{3.42}+1\right)}{\left(\frac{s}{15.68}+1\right)}$$

可以用相位超前校正电路和放大器来实现。放大器的放大系数为 $\gamma_d=4.59$。其校正后系统 WW_c 和校正装置 W_c 的伯德图见图 6-14。

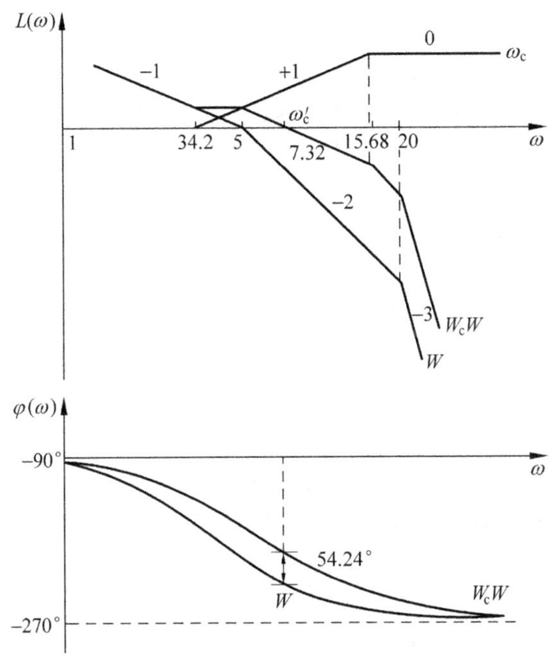

图 6-14　题 6-25 校正前后系统的伯德图

题 6-26　单位反馈小功率随动系统的开环传递函数为 $W(s)=\frac{K}{s(0.1s+1)}$，试设计一个无源校正网络，使系统的相位裕度不小于 45°，穿越频率不低于 50rad/s，并要求该系统在速度输入信号为 100rad/s 作用下，其稳态误差为 0.5rad。

解 (1) 由稳态指标的要求，可以计算出 $K=\frac{100}{0.5}=200$，则其传递函数为

$$W(s)=\frac{200}{s(0.1s+1)} \tag{6-3}$$

其伯德图如图 6-15 所示。

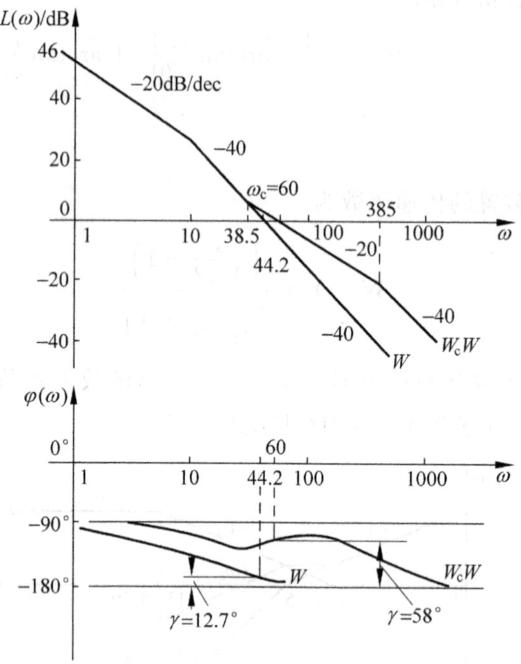

图 6-15 题 6-26 系统校正前和校正后的伯德图

其中 $20\lg K=20\lg 200=46\text{dB}$。

根据图 6-15 查出或根据式(6-3)计算出校正前系统的穿越频率为 44.2rad/s，相位裕度为 12.7°。由此可见，系统如不经校正，其相位裕度及穿越频率均低于要求值。

从图 6-15 所示的待校正系统的伯德图来看，考虑到对其相位裕度及穿越频率均应提高的要求，需采用能提供超前补偿相角以及能扩展系统带宽的校正环节。具有此等功能的串联校正当推超前校正，其传递函数 $W_c(s)$一般形式为

$$W_c(s)=\frac{\tau s+1}{Ts+1} \quad (\tau>T) \tag{6-4}$$

根据穿越频率不低于 50rad/s 的要求，选取穿越频率 $\omega_c=60\text{rad/s}$。同时又根据一般惯例取 $\tau=10T$，计算满足相位裕度不小于 50°时的校正参数 τ 及 T 之值。

(2) 计算校正参数 τ 的解析法。

求取由式(6-3)及式(6-4)决定的校正后系统的开环传递函数为

$$W_c(s)W(s)=\frac{200(\tau s+1)}{s(0.1s+1)(Ts+1)} \tag{6-5}$$

由式(6-5)求得校正后系统的幅频特性及相频特性分别为

$$A(\omega)=\frac{200\sqrt{1+(\tau\omega)^2}}{\omega\sqrt{1+(0.1\omega)^2}\sqrt{1+(T\omega)^2}} \tag{6-6}$$

$$\varphi(\omega)=-90^\circ-\arctan(0.1\omega)-\arctan(T\omega)+\arctan(\tau\omega) \tag{6-7}$$

其中取 $T=0.1\tau$。由式(6-6)根据 $A(\omega_c)|_{\omega_c=60}=1$,求解校正参数 τ。即由

$$200\sqrt{1+(60\tau)^2}=60\sqrt{1+6^2}\sqrt{1+(6\tau)^2}$$

解出

$$\tau=0.026\text{s} \tag{6-8}$$

$$T=0.0026\text{s} \tag{6-9}$$

由 τ 及 T 求得串联超前校正环节的交接频率为 $1/\tau=38.5\text{rad/s}$,$1/T=385\text{rad/s}$。

将 $\tau=0.026\text{s}$,$T=0.1\tau$,及 $\omega_c=60\text{rad/s}$ 代入式(6-5),得

$$\varphi(\omega_c)|_{\omega_c=60}=-90^\circ-\arctan6-\arctan0.0026\times60+\arctan0.026\times60=-122^\circ$$

则校正后系统的相位裕度 $\gamma(60)=58^\circ$,满足设计指标要求。这说明,选取式(6-4)所示串联超前校正的参数 $\tau=0.026\text{s}$ 及 $T=0.0026\text{s}$ 时,校正后系统在相位裕度及穿越频率两方面均满足设计指标要求。这时的串联超前校正环节的传递函数为

$$W_c(s)=\frac{1+0.026s}{1+0.0026s} \tag{6-10}$$

校正后系统的渐近线对数幅频特性如图 6-15 所示。

注意,根据指标要求设计校正环节时,校正参数的确定并非惟一。例如,选取穿越频率 $\omega_c=60\text{rad/s}$ 及 $\tau=5T$ 时,通过式(6-4)及式(6-5)计算出

$$\tau=0.0273\text{s}$$

$$T=0.0055\text{s}$$

$$\gamma(60)=49.84^\circ>45^\circ$$

显然,这组校正参数也是可取的。

题 6-27 设有如图 P6-5 所示控制系统

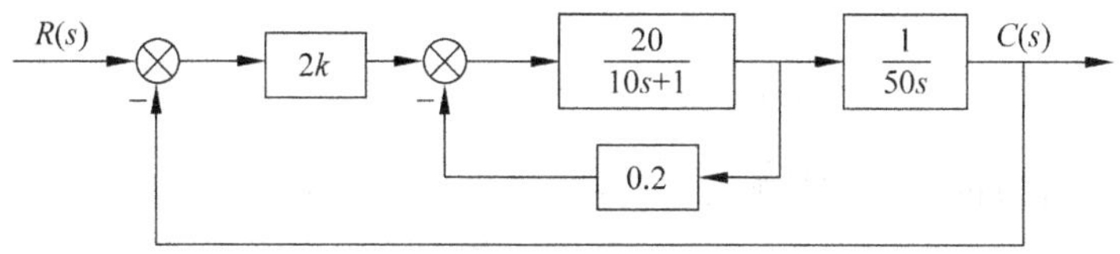

图 P6-5 习题 6-27 系统框图

(1) 根据系统的谐振峰值 $M_p=1.3$ 确定前置放大器的增益 k;

(2) 根据对 $M_p=1.3$ 及速度稳态误差系数 $K_v\geqslant4\text{s}^{-1}$ 要求,确定串联滞后校正环节的参数。

解 图 P6-5 所示系统的开环传递函数 $W(s)$ 为

$$W(s)=2k\times\frac{\dfrac{20}{10s+1}}{1+\dfrac{20}{10s+1}\times0.2}\times\frac{1}{50s}=\frac{K_v}{s(2s+1)} \tag{6-11}$$

式中 $K_v=4k/25$，根据式(6-11)求得给定系统的闭环传递函数 $W_B(s)$ 为

$$W_B(s)=\frac{W(s)}{1+W(s)}=\frac{\frac{K_v}{2}}{s^2+0.5s+\frac{K_v}{2}} \tag{6-12}$$

(1) 式(6-10)所示闭环传递函数 $W_B(s)$ 具有二阶系统传递函数的标准形式，因此有

$$2\xi\omega_n=0.5 \tag{6-13}$$

$$\omega_n^2=\frac{2k}{25}$$

$$\omega_n=\frac{\sqrt{2k}}{5} \tag{6-14}$$

由二阶系统闭环幅频特性的谐振峰值 M_p 与阻尼比 ξ 间关系式

$$M_p=\frac{1}{2\xi\sqrt{1-\xi^2}}$$

求得当 $M_p=1.3$ 时阻尼比 $\xi=0.425$。

将 $\xi=0.425$ 及式(6-14)代入式(6-13)解得前置放大器的增益 k 及系统的速度误差系数 K_v 分别为

$$k=4.33$$

$$K_v=\frac{4k}{25}=0.693\text{s}^{-1}$$

(2) 串联滞后校正环节的传递函数 $W_c(s)$ 选为

$$W_c(s)=\frac{T_2s+1}{T_1s+1}\quad(T_1>T_2) \tag{6-15}$$

并要求 $\varphi_c(\omega_c)\geqslant-3°$，其中 ω_c 为式(6-11)所示未校正系统的穿越频率，其值由

$$A(\omega_c)=\frac{0.693}{\omega_c\sqrt{1+(\omega_c\cdot 2)^2}}=1$$

解得 $$\omega_c=0.493\text{rad/s}$$

初选滞后环节的一个交接频率 $\frac{1}{T_2}=0.02\text{rad/s}$，它约为穿越频率 ω_c 的 $\frac{1}{25}$。如此选择的目的在于使滞后校正环节在穿越频率 ω_c 处滞后相角不超过 $-3°$。滞后校正环节的另一个交接频率 $\frac{1}{T_1}$ 可根据 K_v 的要求值相对原值提高的倍数来确定。

例如本例要求 K_v 从原值 0.693 提高到要求值 4，即需提高 5.77 倍以上，如取 7 倍，则有 $\frac{1/T_2}{2/T_1}=7$；因此求得 $T_1=7T_2=350\text{s}$。

将 $T_2=50\text{s}$ 及 $T_1=350\text{s}$ 代入式(6-15)求得串联滞后校正环节的传递函数为

$$W_c(s)=\frac{50s+1}{350s+1}$$

该滞后校正环节在 $\omega_c=0.493\text{rad/s}$ 处滞后相角为

$$\varphi_c(\omega_c) = (-\arctan 350\omega_c + \arctan 50\omega_c)\big|_{\omega_c=0.493} = -2^\circ$$

题 6-28　已知某控制系统的方框图如图 P6-6 所示，欲使系统在反馈校正后满足如下要求：

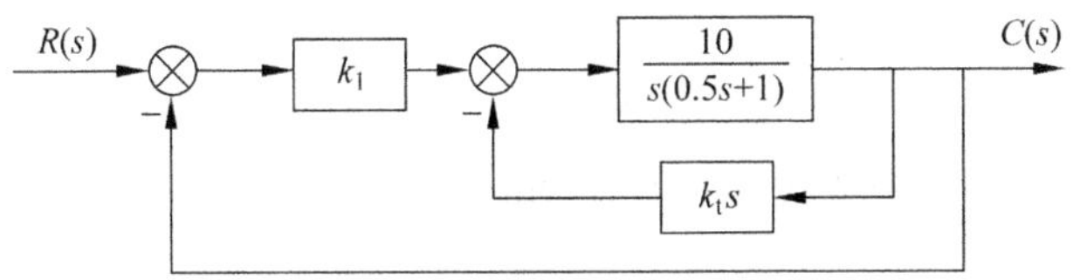

图 P6-6　习题 6-28 系统框图

(1) 速度稳态误差系数 $K_v \geqslant 5\text{s}^{-1}$；

(2) 闭环系统阻尼比 $\xi = 0.5$；

(3) 调节时间 $t_s(5\%) \leqslant 2\text{s}$。

试确定前置放大器增益 k_1 及测速反馈系数 k_t（k_t 要求在 0～1 间选取）。

解　(1) 从图 P6-6 中可以求出系统的开环传递函数为

$$W(s) = \frac{10k_1}{s(0.5s+1)+10k_t s} = \frac{K}{s(Ts+1)} \tag{6-16}$$

式中

$$\begin{cases} K = \dfrac{10k_1}{1+10k_t} \\ T = \dfrac{0.5}{1+10k_t} \end{cases}$$

按定义，速度误差系数 K_v 与系统参数间的关系为

$$K_v = \lim_{s\to 0} sW(s) = \frac{10k_1}{1+10k_t} \tag{6-17}$$

根据题意要求，得

$$\frac{10k_1}{1+10k_t} \geqslant 5\text{s}^{-1}$$

在上式中取等号，得

$$2k_1 = 1+10k_t \tag{6-18}$$

(2) 由图 P6-6 并根据式(6-16)求得图 P6-6 所示系统的闭环传递函数为

$$W_B(s) = \frac{\dfrac{K}{T}}{s^2+\dfrac{1}{T}s+\dfrac{K}{T}} \tag{6-19}$$

由式(6-19)写出下列关系

$$2\xi\omega_n = \frac{1}{T} = \frac{1+10k_t}{0.5} \tag{6-20}$$

$$\omega_n^2 = \frac{K}{T} = 20k_1$$

$$\omega_n = \sqrt{20k_1} \tag{6-21}$$

将 $\xi=0.5$ 及式(6-21)代入式(6-20)得

$$\sqrt{5k_1} = 1 + 10k_t \tag{6-22}$$

由式(6-18)及式(6-22)解出

$$k_1 = 1.25 \tag{6-23}$$

将式(6-23)代入式(6-18)或式(6-22)，解出

$$k_t = 0.15 \tag{6-24}$$

式(6-24)表明，测速反馈系数 k_t 满足在 0～1 间取值的要求。

(3) 验算

将 $k_1=1.25$ 及 $k_t=0.15$ 代入式(6-17)中，得

$$K_v = \frac{10 \times 1.25}{1 + 10 \times 0.15} = 5\text{s}^{-1}$$

由

$$t_s(5\%) = \frac{4}{\xi\omega_n} = \frac{4}{0.5\sqrt{20 \times 1.25}} = 1.6\text{s}$$

从上列验算结果看出，参数 $k_1=1.25$ 及 $k_t=0.15$ 满足题意要求，因此选值是正确的。

题 6-29 设复合控制系统的方框图如图 P6-7 所示，其中 $W_1(s)=K_1$，$W_2(s)=\frac{1}{s^2}$。试确定 $W_c(s)$、$W_f(s)$ 及 K_1，使系统的输出完全不受扰动的影响，且单位阶跃响应的超调量 $\sigma\%=25\%$，调节时间 $t_s=4$s。

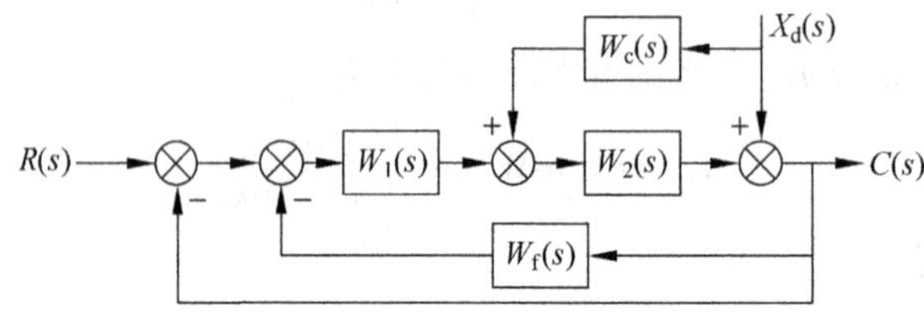

图 P6-7 习题 6-29 系统框图

解 (1) 当 $X_d(s)=0$ 时，结合已知条件可将系统的结构图变为图 6-16 所示。

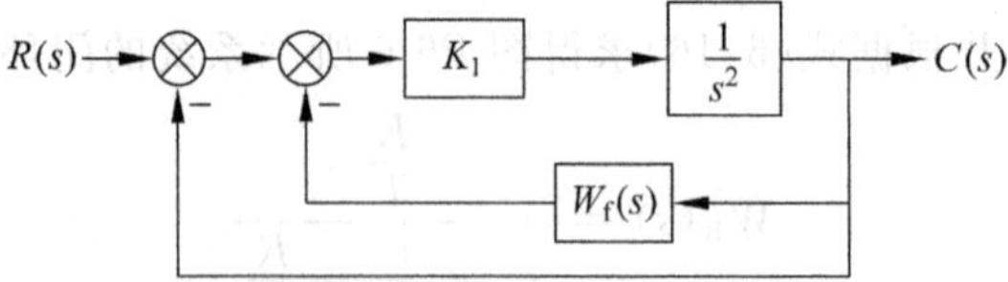

图 6-16 题 6-29 当 $X_d(s)=0$ 时系统结构图

此时系统的闭环传递函数为

$$W_B(s) = \frac{K_1}{s^2 + K_1W_f + K_1}$$

与标准形式 $W_B(s)=\dfrac{\omega_n^2}{s^2+2\xi\omega_n s+\omega_n^2}$ 相对比得

$$\begin{cases}K_1=\omega_n^2\\K_1W_f=2\xi\omega_n\end{cases}\tag{6-25}$$

由

$$\begin{cases}\sigma\%=e^{-\left(\xi\pi/\sqrt{1-\xi^2}\right)}\times100\%=25\%\\t_s(2\%)\approx\dfrac{4}{\xi\omega_n}=4\end{cases}$$

解得

$$\begin{cases}\xi=0.4\\\omega_n=2.5\end{cases}\tag{6-26}$$

将式(6-26)代入式(6-25)得

$$\begin{cases}K_1=1.58\\W_f=1.26\end{cases}$$

(2) 当 $R(s)=0$ 时,结合已知条件可将系统的结构图变为图 6-17 所示。

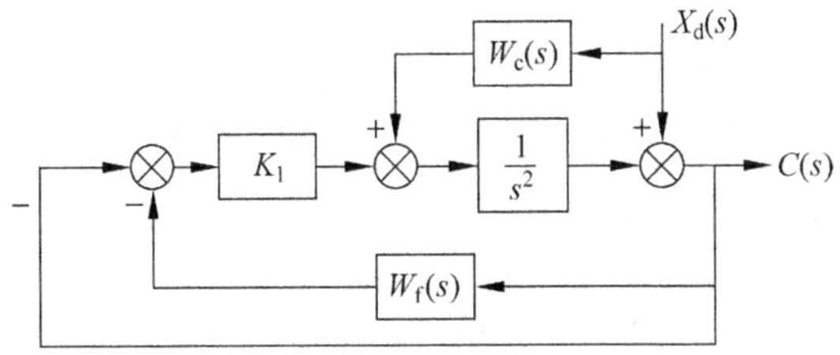

图 6-17　题 6-29 当 $R(s)=0$ 时系统结构图

系统的闭环传递函数为

$$W_B(s)=\frac{s^2+W_c(s)}{s^2+K_1W_f+K_1}=\frac{C(s)}{X_d(s)}$$

由于此时系统的扰动误差就是给定量 $R(s)$ 为零时系统的输出量

$$\begin{aligned}C(s)&=W_B(s)\cdot X_d(s)\\&=\frac{s^2+W_c(s)}{s^2+K_1W_f+K_1}\cdot X_d(s)\end{aligned}$$

所以要想使系统的输出完全不受扰动的影响,扰动误差应为零,即 $C(s)=\dfrac{s^2+W_c(s)}{s^2+K_1W_f+K_1}\cdot X_d(s)=0$。则

$$s^2+W_c(s)=0$$

即

$$W_c(s)=-s^2$$

题 6-30 设复合控制系统的方框图如图 P6-8 所示，其中前馈补偿装置的传递函数为 $W_c(s)=\dfrac{\lambda_2 s^2+\lambda_1 s}{Ts+1}$。式中，$T$ 为已知常数，$W_1(s)=100$，$W_2(s)=\dfrac{1}{s(s+1)}$。试确定使系统等效为Ⅲ型系统时的 λ_1 和 λ_2 的数值。

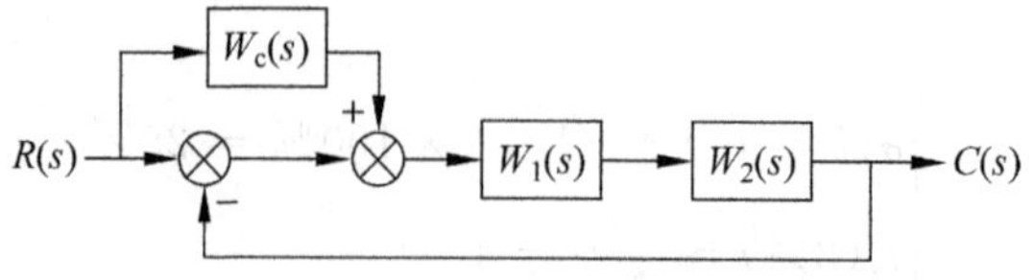

图 P6-8 习题 6-30 系统框图

解 系统闭环传递函数为

$$W_B(s)=\frac{(1+W_c)W_1W_2}{1+W_1W_2}=\frac{100[\lambda_2 s^2+(T+\lambda_1)s+1]}{Ts^3+(1+T)s^2+(100T+1)s+100} \tag{6-27}$$

给定误差的拉普拉斯变换为

$$E(s)=R(s)-C(s)=[1-W_B(s)]R(s)$$

给定稳定误差为

$$e(\infty)=\lim_{t\to\infty}e(t)=\lim_{s\to 0}sE(s)=\lim_{s\to 0}s[1-W_B(s)]R(s) \tag{6-28}$$

根据稳态误差与系统类型的关系可知，若系统为Ⅲ型系统，则当输入为 $R(s)=\dfrac{1}{s^3}$ 时，给定稳态误差应为零。所以，将 $R(s)=\dfrac{1}{s^3}$ 和式(6-27)代入式(6-28)，得

$$\begin{aligned}e(\infty)&=\lim_{s\to 0}s[1-W_B(s)]R(s)\\&=\lim_{s\to 0}s\left\{1-\frac{100[\lambda_2 s^2+(T+\lambda_1)s+1]}{Ts^3+(1+T)s^2+(100T+1)s+100}\right\}\frac{1}{s^3}\\&=\lim_{s\to 0}\frac{Ts^2+(1+T-100\lambda_2)s+(1-100\lambda_1)}{Ts^4+(1+T)s^3+(100T+1)s^2+100s}\end{aligned}$$

令 $e(\infty)=0$，得到

$$\begin{cases}1-100\lambda_1=0\\1+T-100\lambda_2=0\end{cases}\quad 即\quad\begin{cases}\lambda_1=\dfrac{1}{100}\\\lambda_2=\dfrac{1+T}{100}\end{cases}$$

第7章 非线性系统分析

7.1 内容提要

严格地说，任何一个实际控制系统，总会有一些非线性因素，当这些非线性因素不能用小偏差线性化处理时，必须考虑其非线性本质，才可以得到符合实际的结果。因此，建立非线性数学模型，寻求非线性系统的研究方法，是很必要的。

本章应注意下面几个问题：

对非线性系统进行分析，首先要考虑系统的稳定性和自振。描述函数法是研究非线性系统稳定性的工程近似方法，它是在只考虑基波的条件下，将线性理论中的奈奎斯特稳定判据推广应用于非线性系统，其核心是计算非线性特性的描述函数和它的负倒特性。

相平面法适用于二阶非线性系统的分析，不仅可以判定稳定性、自持振荡，还可以计算动态响应。其重点是将二阶非线性微分方程，编写为以输出量及输出量导数为变量的两个一阶微分方程，同时在相平面中画出轨线，据此对系统进行分析。

用相平面法分析非线性系统时，通常先求奇点，然后再用作图法或解析法绘制相轨迹。对于由线性段组成的非线性特性，则可把它分解为若干个线性的子系统来研究，每个子系统的线性方程式的条件决定了子系统的运行区域，由此将相平面划分成几个子系统的运行区，然后确定每个区域内的奇点并绘制相轨迹。

7.2 习题与解答

题 7-7 一放大装置的非线性特性示于图 P7-1，求其描述函数。

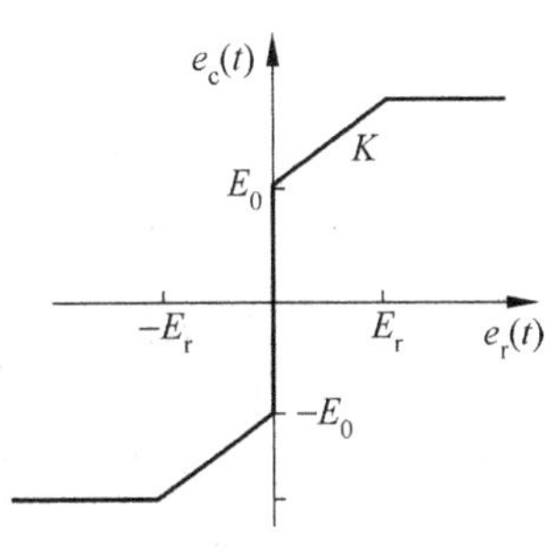

图 P7-1 题 7-7 图

解 由图 P7-1，可以得到非线性元件的输入输出关系

$$e_c(t)=\begin{cases}-KE_r-E_0 & (e_r(t)\leqslant -E_r)\\ Ke_r(t)-E_0 & (-E_r<e_r(t)\leqslant 0)\\ Ke_r(t)+E_0 & (0\leqslant e_r(t)<E_r(t))\\ KE_r+E_0 & (e_r(t)\geqslant E_r(t))\end{cases}$$

当输入信号为正弦函数，即 $e_r(t)=E\sin\omega t$ 时，其输出曲线如图 7-1 所示。图中 $\theta_1=\arcsin\dfrac{E_r}{E}$。

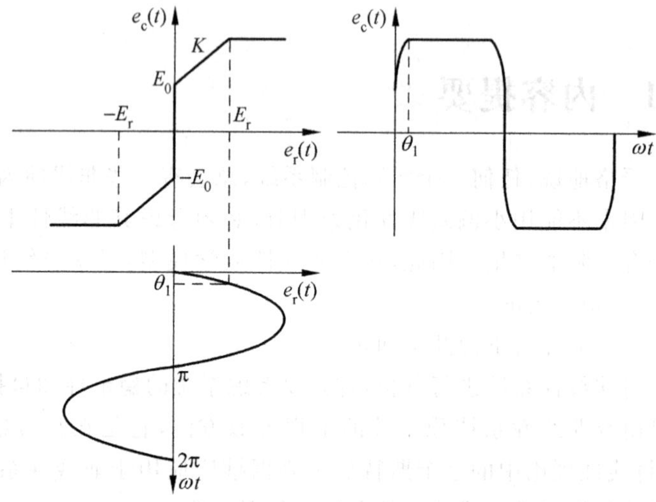

图 7-1 题 7-7 非线性特性的输入输出波形

因为 $e_c(t)$ 为单值奇函数，所以只需计算 B_1 即可。

$$\begin{aligned}B_1&=\frac{1}{\pi}\int_0^{2\pi}e_c(t)\sin\omega t\,\mathrm{d}\omega t\\&=\frac{4}{\pi}\int_0^{\frac{\pi}{2}}e_c(t)\sin\omega t\,\mathrm{d}\omega t\\&=\frac{4}{\pi}\left[\int_0^{\theta_1}(KE\sin\omega t+E_0)\sin\omega t\,\mathrm{d}\omega t+\int_{\theta_1}^{\frac{\pi}{2}}(KE_r+E_0)\sin\omega t\,\mathrm{d}\omega t\right]\\&=\frac{4}{\pi}\left[\int_0^{\theta_1}KE\sin^2\omega t\,\mathrm{d}\omega t+\int_0^{\frac{\pi}{2}}E_0\sin\omega t\,\mathrm{d}\omega t+\int_{\theta_1}^{\frac{\pi}{2}}KE_r\sin\omega t\,\mathrm{d}\omega t\right]\\&=\frac{4}{\pi}\left[KE\left(\frac{1}{2}\theta_1-\frac{1}{4}\sin2\theta_1\right)+E_0+KE_r\cos\theta_1\right]\\&=\frac{4}{\pi}\left(\frac{KE}{2}\arcsin\frac{E_r}{E}+\frac{KE_r}{2E}\sqrt{E^2-E_r^2}+E_0\right)\quad(E\geqslant E_r)\end{aligned}$$

因而图 P7-1 所示非线性元件的描述函数为

$$N(E)=\frac{B_1}{E}=\frac{2}{\pi}\left(K\arcsin\frac{E_r}{E}+\frac{KE_r}{E^2}\sqrt{E^2-E_r^2}+\frac{2E_0}{E}\right)\quad(E\geqslant E_r)$$

题 7-8　图 P7-2 为变放大系数非线性特性，求其描述函数。

解　由图 P7-2 所示，可以得到非线性元件的输入输出关系

$$y(t)=\begin{cases}K_1x & |x|\leqslant a\\ K_2x & |x|\geqslant a\end{cases}$$

当输入信号为正弦函数，即 $x=X\sin\omega t$ 时，其输出曲线如图 7-2 所示。

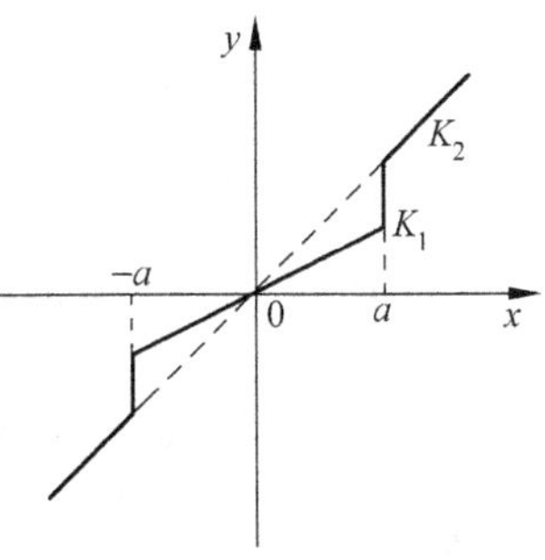

图 P7-2　题 7-8 图

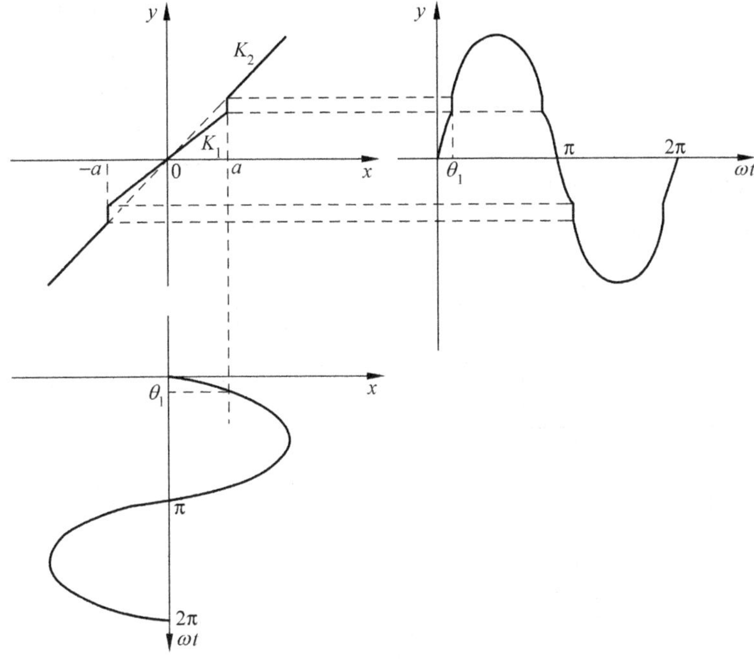

图 7-2　题 7-8 非线性特性的输入输出波形

图中，$\theta_1=\arcsin\dfrac{a}{X}$，$\cos\theta_1=\sqrt{1-\left(\dfrac{a}{X}\right)^2}$。此时，$y(t)$的数学表达式可表示为

$$y(t)=\begin{cases}K_1X\sin\omega t & (0<\omega t\leqslant\theta_1)\\ K_2X\sin\omega t & \left(\theta_1<\omega t<\dfrac{\pi}{2}\right)\end{cases}$$

因为 $y(x)$为单值奇函数，所以只需计算系数 B_1 即可。因而图 P7-2 所示的非线性元件的描述函数为

$$\begin{aligned}N(X)&=\frac{B_1}{X}\\&=\frac{4}{X\pi}\left[\int_0^{\theta_1}K_1X\sin\omega t\sin\omega t\,\mathrm{d}\omega t+\int_{\theta_1}^{\frac{\pi}{2}}K_2X\sin\omega t\sin\omega t\,\mathrm{d}\omega t\right]\end{aligned}$$

$$=\frac{4}{\pi}\left[K_1\left(\frac{1}{2}\theta_1-\frac{1}{2}\sin\theta_1\cos\theta_1\right)+K_2\left(\frac{1}{2}\cdot\frac{\pi}{2}-\frac{1}{2}\theta_1+\frac{1}{2}\sin\theta_1\cos\theta_1\right)\right]$$
$$=K_2-(K_2-K_1)(2\theta_1-\sin2\theta_1)/\pi$$
$$=K_2+\frac{2}{\pi}(K_1-K_2)\left(\theta_1-\frac{1}{2}\sin2\theta_1\right)$$
$$=K_2+\frac{2}{\pi}(K_1-K_2)\left[\arcsin\frac{a}{x}-\frac{a}{x}\sqrt{1-\left(\frac{a}{x}\right)^2}\right]$$

题 7-9 求图 P7-3 所示非线性环节的描述函数。

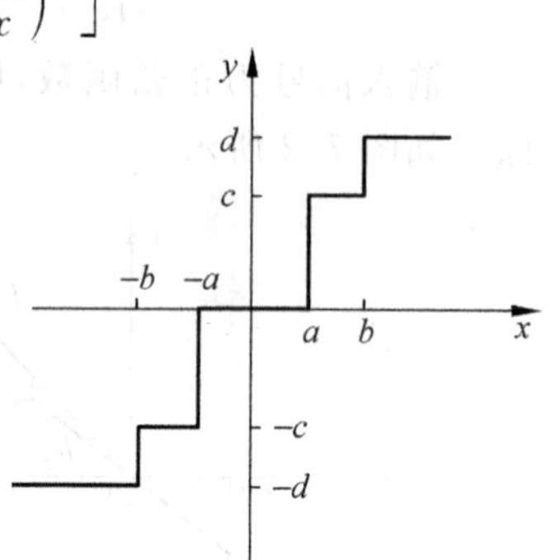

图 P7-3 题 7-9 图

解 由图 P7-3 所示，可以得到非线性元件的输入输出关系

$$y(t)=\begin{cases}0 & |x|<a\\ c & a<|x|<b\\ d & |x|>b\end{cases}$$

当输入信号为正弦函数，即 $x=X\sin\omega t$ 时，其输出曲线如图 7-3 所示。

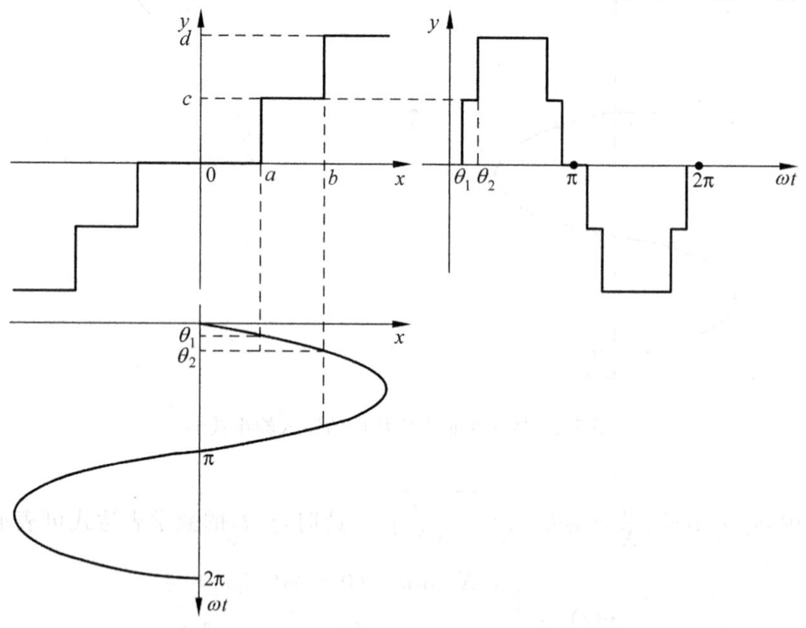

图 7-3 题 7-9 非线性环节的输入输出波形

图中，$\theta_1=\arcsin\dfrac{a}{X}$，$\theta_2=\arcsin\dfrac{b}{X}$，所以

$$\cos\theta_1=\sqrt{1-\left(\frac{a}{X}\right)^2},\quad \cos\theta_2=\sqrt{1-\left(\frac{b}{X}\right)^2}$$

$y(t)$的数学表达式可表示为

$$y(t)=\begin{cases}0 & (0<\omega t<\theta_1)\\ c & (\theta_1\leqslant\omega t\leqslant\theta_2)\\ d & \left(\theta_2<\omega t\leqslant\dfrac{\pi}{2}\right)\end{cases}$$

因为 $y(t)$ 为单值奇函数，所以只需计算系数 B_1 即可。

$$\begin{aligned}B_1&=\frac{1}{\pi}\int_0^{2\pi}y(t)\sin\omega t\,\mathrm{d}\omega t\\&=\frac{4}{\pi}\int_{\theta_1}^{\theta_2}c\sin\omega t\,\mathrm{d}\omega t+\int_{\theta_2}^{\frac{\pi}{2}}d\sin\omega t\,\mathrm{d}\omega t\\&=\frac{4}{\pi}[c\cos\theta_1+(d-c)\cos\theta_2]\\&=\frac{4}{\pi}\left[c\sqrt{1-\left(\frac{a}{X}\right)^2}+(d-c)\sqrt{1-\left(\frac{b}{X}\right)^2}\right]\end{aligned}$$

因而，如图 P7-3 所示的非线性环节的描述函数为

$$N(X)=\frac{B_1}{X}=\frac{4}{\pi X}\left[c\sqrt{1-\left(\frac{a}{X}\right)^2}+(d-c)\sqrt{1-\left(\frac{b}{X}\right)^2}\right]$$

题 7-10　某死区非线性特性如图 P7-4 所示，试画出该环节在正弦输入下的输出波形，并求出其描述函数 $N(A)$。

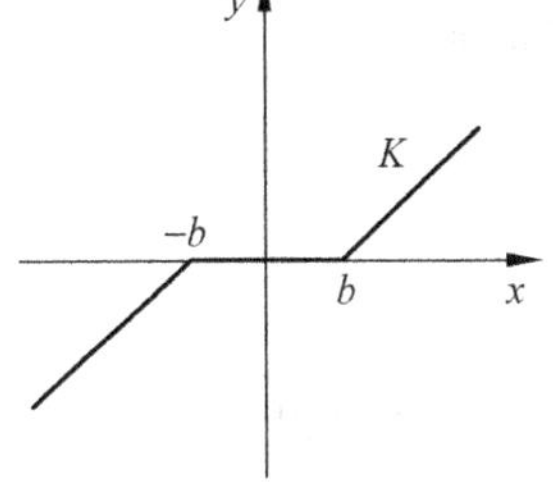

图 P7-4　题 7-10 图

解　设输入 $x(t)=A\sin\omega t$。由图 P7-4 可以看出，若 $A<b$，则输出 $y(t)$ 恒等于 0，故此时该环节的等效复放大系数即描述函数 $N(A)=0$。

假定 $A>b$，则其输出波形 $y(t)$ 如图 7-4 所示。

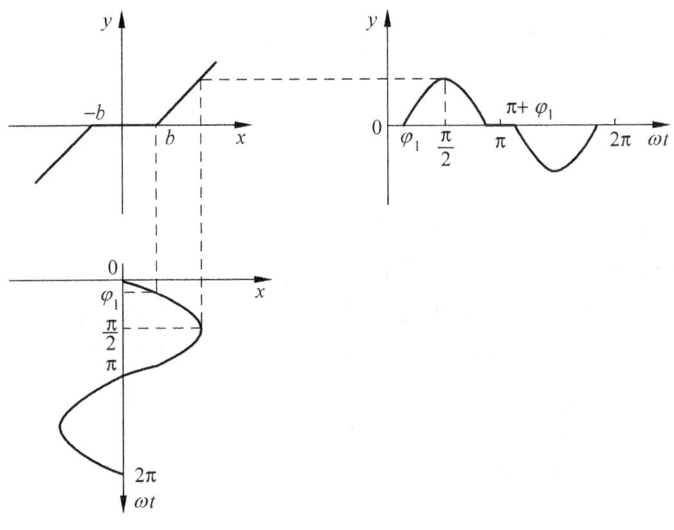

图 7-4　题 7-10 非线性环节的输入输出波形

由图 7-4 可以看出，当 $0<\omega t<\varphi_1$ 时，由于 $X<b$，故输出 $y(t)=0$。式中 $A\sin\varphi_1=b$，即 $\varphi_1=\arcsin b$。

当 $\varphi_1<\omega t<\pi-\varphi_1$ 时，$y(t)=K(A\sin\omega t-b)$。同理当 $\pi-\varphi_1<\omega t<\pi+\varphi_1$ 时，$y(t)=0$；当 $\pi-\varphi_1<\omega t<2\pi-\varphi_1$ 时，$y(t)=K(A\sin\omega t+b)$；当 $2\pi-\varphi_1<\omega t<2\pi$ 时，$y(t)=0$。由此可知 $y(t)$是一以 2π 为周期的周期函数（注意不再是正弦函数）。如果将 $y(t)$展开为傅里叶级数，仅取其一次谐波分量，并考虑到 $y(t)$是奇函数，则根据公式，可以得出

$$A_1=0$$

$$\begin{aligned}B_1&=\frac{1}{\pi}\int_0^{2\pi}y(t)\sin\omega t\,\mathrm{d}(\omega t)=\frac{4K}{\pi}\int_{\varphi_1}^{\frac{\pi}{2}}(A\sin\omega t-b)\sin\omega t\,\mathrm{d}(\omega t)\\&=\frac{4K}{\pi}\int_{\varphi_1}^{\frac{\pi}{2}}(A\sin^2\omega t-b\sin\omega t)\mathrm{d}(\omega t)=\frac{4K}{\pi}\int_{\varphi_1}^{\frac{\pi}{2}}\left(\frac{A}{2}-\frac{A}{2}\cos2\omega t-b\sin\omega t\right)\mathrm{d}(\omega t)\\&=\frac{2KA}{\pi}\left[\omega t-\frac{1}{2}\sin2\omega t+\frac{2b}{A}\cos\omega t)\right]\Bigg|_{\varphi_1}^{\frac{\pi}{2}}=\frac{2KA}{\pi}\left[\frac{\pi}{2}-\varphi_1+\frac{1}{2}\sin2\varphi_1-\frac{2b}{A}\cos\varphi_1\right]\\&=\frac{2KA}{\pi}\left[\frac{\pi}{2}-\varphi_1+\sin\varphi_1\cos\varphi_1-\frac{2b}{A}\cos\varphi_1\right]\end{aligned}$$

考虑到

$$\varphi_1=\arcsin\frac{b}{A},\quad \sin\varphi_1=\frac{b}{A}$$

$$\cos\varphi_1=\sqrt{1-\sin^2\varphi_1}=\sqrt{1-\left(\frac{b}{A}\right)^2}$$

代入公式可得

$$\begin{aligned}B_1&=\frac{2KA}{\pi}\left[\frac{\pi}{2}-\arcsin\frac{b}{A}+\frac{b}{A}\cos\varphi_1-\frac{2b}{A}\cos\varphi_1\right]\\&=\frac{2KA}{\pi}\left[\frac{\pi}{2}-\arcsin\frac{b}{A}-\frac{b}{A}\sqrt{1-\left(\frac{b}{A}\right)^2}\right]\end{aligned}$$

可得死区非线性特性的描述函数为

$$N(A)=\frac{B_1}{A}=\frac{2K}{\pi}\left[\frac{\pi}{2}-\arcsin\frac{b}{A}-\frac{b}{A}\sqrt{1-\left(\frac{b}{A}\right)^2}\right]$$

题 7-11 图 P7-5 给出几个非线性特性。试分别写出其基准描述函数公式，并在复平面上大致画出其基准描述函数的负倒数特性。

解 (1) 如图 P7-5(a)所示非线性特性，在图 7-5 上可以直接作图求得当输入信号为 $x=X\sin\omega t$ 时的输出函数 $y(t)$，对应的输入输出曲线如图 7-5 所示。

图中，$\theta_1=\arcsin\frac{a}{X}$，$\cos\theta_1=\sqrt{1-\left(\frac{a}{X}\right)^2}$

此时，$y(t)$的数学表达式可以表示为

$$y(t)=\begin{cases}X\sin\omega t & (0\leqslant\omega t<\theta_1)\\ a & \left(\theta_1\leqslant\omega t\leqslant\frac{\pi}{2}\right)\end{cases}$$

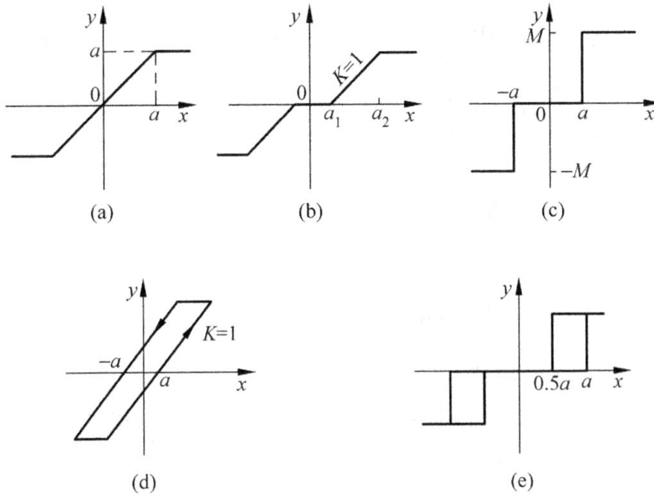

图 P7-5　题 7-11 图

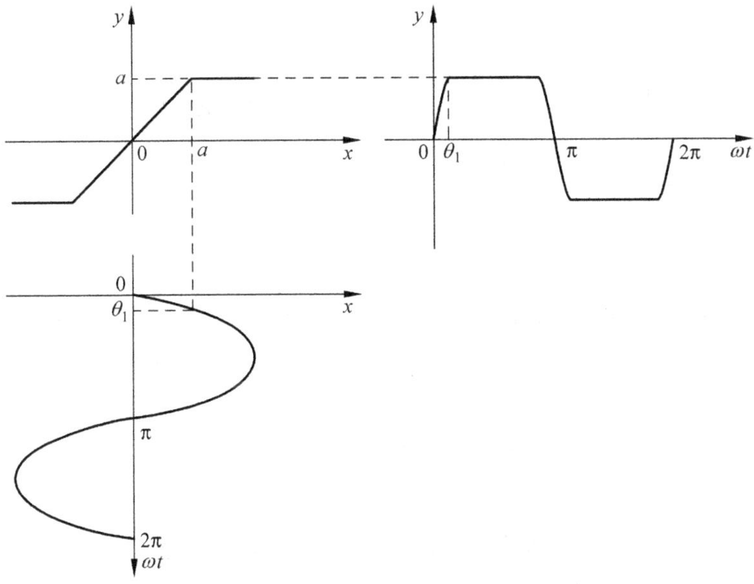

图 7-5　题 7-11(a)非线性特性的输入输出曲线

因为 $y(t)$为单值奇函数，所以只需计算系数 B_1 即可。因此，描述函数为

$$
\begin{aligned}
N(X) &= \frac{B_1}{X} \\
&= \frac{4}{\pi X}\left[\int_0^{\theta_1} X\sin^2\omega t\,\mathrm{d}\omega t + \int_{\theta_1}^{\frac{\pi}{2}} a\sin\omega t\,\mathrm{d}\omega t\right] \\
&= \frac{4}{\pi X}\left[X\left(\frac{1}{2}\theta_1 - \frac{1}{2}\sin\theta_1\cos\theta_1\right) + a\cos\theta_1\right]
\end{aligned}
$$

$$=\frac{4}{\pi X}\left[\frac{X}{2}\arcsin\frac{a}{X}-\frac{a}{2}\sqrt{1-\left(\frac{a}{X}\right)^2}+a\sqrt{1-\left(\frac{a}{X}\right)^2}\right]$$

$$=\frac{4}{\pi X}\left[\frac{X}{2}\arcsin\frac{a}{X}+\frac{a}{2}\sqrt{1-\left(\frac{a}{X}\right)^2}\right]$$

$$=\frac{2}{\pi}\left[\arcsin\frac{a}{X}+\frac{a}{X}\sqrt{1-\left(\frac{a}{X}\right)^2}\right]\quad (X\geqslant a)$$

其基准描述函数为

$$N_0(X)=\frac{2}{\pi}\left(\arcsin\frac{a}{X}+\frac{a}{X}\sqrt{1-\left(\frac{a}{X}\right)^2}\right)\quad (X\geqslant a)$$

基准描述函数的负倒数特性曲线如图 7-6 所示。

(2) 如图 P7-5(b)所示非线性特性，在图 7-7 上可以直接作图，求得当输入信号为 $x=X\sin\omega t$ 时的输出函数 $y(t)$，对应的输入输出曲线如图 7-7 所示。

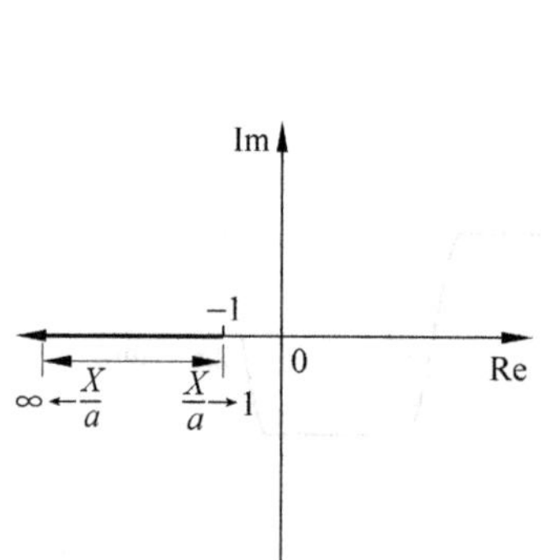

图 7-6　题 7-11(a)基准描述函数的负倒数特性曲线

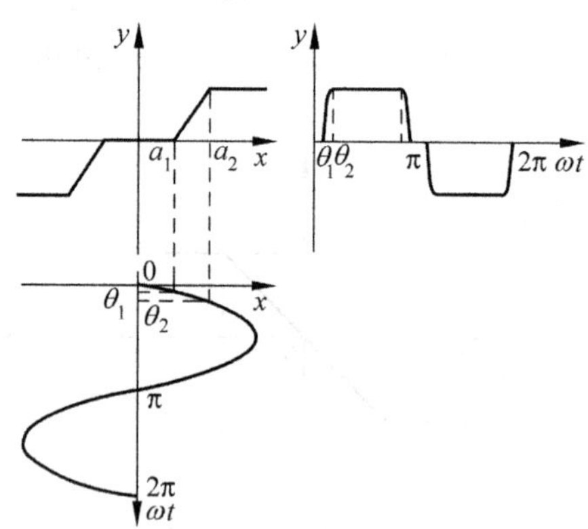

图 7-7　题 7-11(b)非线性特性的输入输出曲线

图中，$\theta_1=\arcsin\frac{a_1}{X}$，$\theta_2=\arcsin\frac{a_2}{X}$，所以

$$\cos\theta_1=\sqrt{1-\left(\frac{a_1}{X}\right)^2}\quad \cos\theta_2=\sqrt{1-\left(\frac{a_2}{X}\right)^2}$$

此时，$y(t)$的数学表达式可以表示为

$$y(t)=\begin{cases}0 & (0\leqslant\omega t<\theta_1)\\ x-a_1 & (\theta_1\leqslant\omega t<\theta_2)\\ a_2-a_1 & (\theta_2\leqslant\omega t\leqslant\pi/2)\end{cases}$$

因为 $y(t)$为单值奇函数，所以只需计算系数 B_1 即可。则描述函数为

$$N(X)=\frac{B_1}{X}$$

$$=\frac{4}{\pi X}\left[\int_{\theta_1}^{\theta_2}(X\sin\omega t-a_1)\sin\omega t\,\mathrm{d}\omega t+\int_{\theta_2}^{\frac{\pi}{2}}(a_2-a_1)\sin\omega t\,\mathrm{d}\omega t\right]$$

$$=\frac{4}{\pi X}\left[X\left(\frac{1}{2}\omega t-\frac{1}{2}\sin\omega t\cos\omega t\right)\Big|_{\theta_1}^{\theta_2}+a_1\cos\omega t\Big|_{\theta_1}^{\theta_2}+(a_1-a_2)\cos\omega t\Big|_{\theta_2}^{\frac{\pi}{2}}\right]$$

$$=\frac{4}{\pi X}\left[X\left(\frac{1}{2}\arcsin\frac{a_2}{X}-\frac{1}{2}\arcsin\frac{a_1}{X}-\frac{1}{2}\cdot\frac{a_2}{X}\sqrt{1-\left(\frac{a_2}{X}\right)^2}+\frac{1}{2}\cdot\frac{a_1}{X}\sqrt{1-\left(\frac{a_1}{X}\right)^2}\right)\right.$$

$$\left.+a_1\sqrt{1-\left(\frac{a_2}{X}\right)^2}-a_1\sqrt{1-\left(\frac{a_1}{X}\right)^2}+(a_2-a_1)\sqrt{1-\left(\frac{a_2}{X}\right)^2}\right]$$

$$=\frac{4}{\pi X}\left[\frac{X}{2}\left(\arcsin\frac{a_2}{X}-\arcsin\frac{a_1}{X}\right)-\frac{1}{2}\left(a_2\sqrt{1-\left(\frac{a_2}{X}\right)^2}-a_1\sqrt{1-\left(\frac{a_1}{X}\right)^2}\right)\right.$$

$$\left.-a_1\sqrt{1-\left(\frac{a_1}{X}\right)^2}+a_2\sqrt{1-\left(\frac{a_2}{X}\right)^2}\right]$$

$$=\frac{2}{\pi}\left[\arcsin\frac{a_2}{X}-\arcsin\frac{a_1}{X}+\frac{1}{X}\left(a_2\sqrt{1-\left(\frac{a_2}{X}\right)^2}-a_1\sqrt{1-\left(\frac{a_1}{X}\right)^2}\right)\right]\quad(X\geqslant a_2)$$

其基准描述函数为

$$N_0(X)=\frac{2}{\pi}\left[\arcsin\frac{a_2}{X}-\arcsin\frac{a_1}{X}+\frac{a_2}{X}\sqrt{1-\left(\frac{a_2}{X}\right)^2}-\frac{a_1}{X}\sqrt{1-\left(\frac{a_1}{X}\right)^2}\right]$$

基准描述函数的负倒数特性曲线如图 7-8 所示。

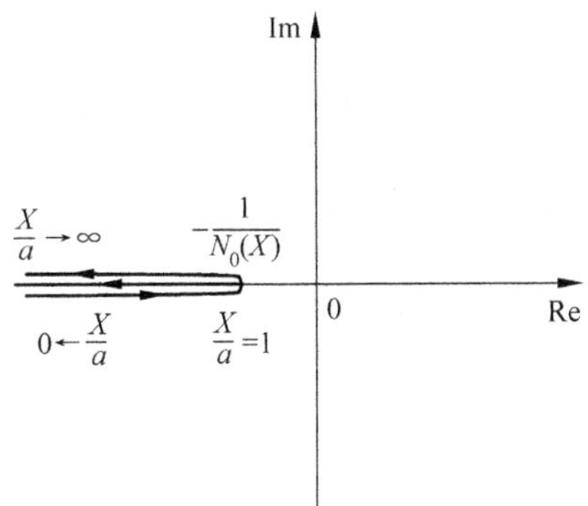

图 7-8　题 7-11(b)基准描述函数的负倒数特性

(3) 如图 P7-5(c)所示非线性特性，在图 7-9 上可以直接作图求得当输入信号为 $x=X\sin\omega t$ 时的输出函数 $y(t)$，对应的输入输出曲线如图 7-9 所示。

图中，$\theta_1=\arcsin\frac{a}{X}$，$\cos\theta_1=\sqrt{1-\left(\frac{a}{X}\right)^2}$

此时，$y(t)$的数学表达式可以表示为

$$y(t)=\begin{cases}0 & (0\leqslant\omega t<\theta_1)\\ M & (\theta_1\leqslant\omega t<\pi-\theta_1)\\ 0 & (\pi-\theta_1\leqslant\omega t<\pi+\theta_1)\\ -M & (\pi+\theta_1\leqslant\omega t<2\pi-\theta_1)\\ 0 & (2\pi-\theta_1\leqslant\omega t\leqslant 2\pi)\end{cases}$$

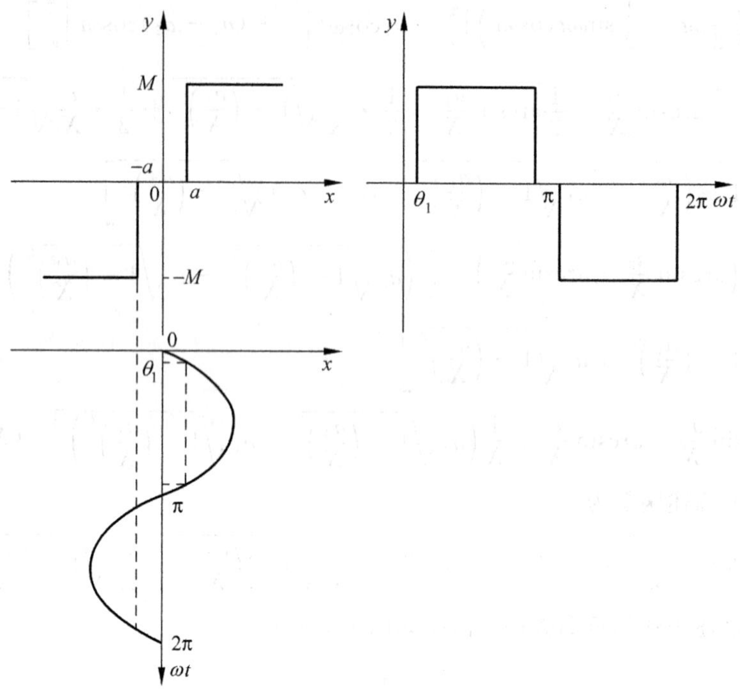

图 7-9 题 7-11(c)非线性特性的输入输出曲线

因为 $y(t)$ 为单值奇函数，所以只需计算系数 B_1 即可。因此，描述函数为

$$N(X)=\frac{B_1}{X}=\frac{4}{\pi X}\int_{\theta_1}^{\frac{\pi}{2}}M\sin\omega t\,\mathrm{d}(\omega t)$$

$$=-\frac{4}{\pi X}(M\cos\omega t)\Big|_{\theta_1}^{\frac{\pi}{2}}=\frac{4M}{\pi X}\sqrt{1-\left(\frac{a}{X}\right)^2}$$

其基准描述函数为

$$N_0(X)=\frac{4a}{\pi X}\sqrt{1-\left(\frac{a}{X}\right)^2}$$

基准描述函数的负倒数特性曲线如图 7-10 所示。

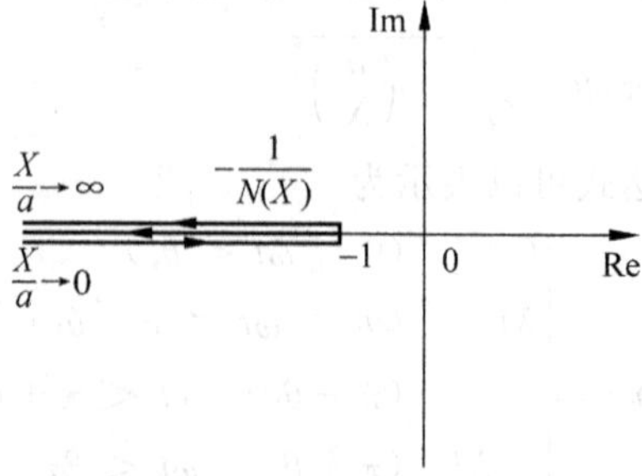

图 7-10 题 7-11(c)基准描述函数的负倒数特性

(4) 如图 P7-5(d)所示非线性元件，在图 7-11 上可以直接作图求得当输入信号为 $x=X\sin\omega t$ 时的输出函数 $y(t)$，其输入输出曲线如图 7-11 所示。

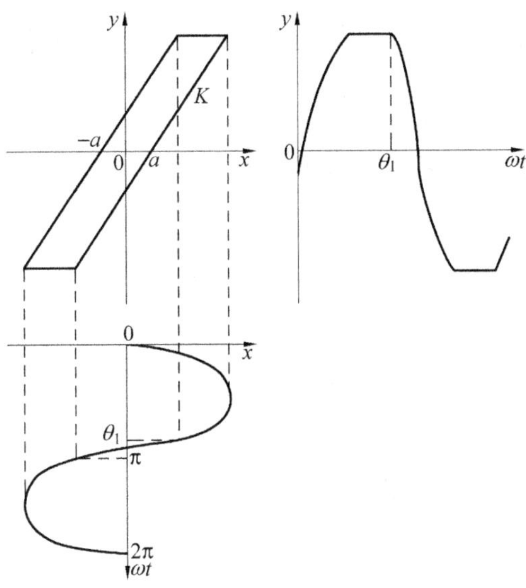

图 7-11　题 7-11(d)非线性特性的输入输出曲线

图中，$\theta_1=\pi-\arcsin\dfrac{X-2a}{X}$，$\cos\theta_1=\sqrt{1-\left(\dfrac{X-2a}{X}\right)^2}$

$$
\text{此时},y(t)=\begin{cases}K(X\sin\omega t-a) & \left(0\leqslant\omega t<\dfrac{\pi}{2}\right)\\ K(X-a) & \left(\dfrac{\pi}{2}\leqslant\omega t<\theta_1\right)\\ K(X\sin\omega t+a) & (\theta_1\leqslant\omega t\leqslant\pi)\end{cases}
$$

因为 $y(t)$ 为非单值函数，所以需计算系数 A_1、B_1。

$$
\begin{aligned}
A_1&=\frac{2}{\pi}\left[\int_0^{\frac{\pi}{2}}K(X\sin\omega t-a)\cos\omega t\,\mathrm{d}\omega t+\int_{\frac{\pi}{2}}^{\theta_1}K(X-a)\cos\omega t\,\mathrm{d}\omega t\right.\\
&\quad\left.+\int_{\theta_1}^{\pi}K(X\sin\omega t+a)\cos\omega t\,\mathrm{d}\omega t\right]\\
&=\frac{4Ka}{\pi}\left(\frac{a}{X}-1\right)\quad(X\geqslant a)
\end{aligned}
$$

$$
\begin{aligned}
B_1&=\frac{2}{\pi}\left[\int_0^{\frac{\pi}{2}}K(X\sin\omega t-a)\sin\omega t\,\mathrm{d}\omega t+\int_{\frac{\pi}{2}}^{\theta_1}K(X-a)\sin\omega t\,\mathrm{d}\omega t\right.\\
&\quad\left.+\int_{\theta_1}^{\pi}K(X\sin\omega t+b)\sin\omega t\,\mathrm{d}\omega t\right]\\
&=\frac{KX}{\pi}\left[\frac{\pi}{2}+\arcsin\left(1-\frac{2a}{X}\right)+2\left(1-\frac{2a}{X}\right)\sqrt{\frac{a}{X}\left(1-\frac{a}{X}\right)}\right],\quad x\geqslant a
\end{aligned}
$$

则描述函数为

$$
\begin{aligned}
N(x) &= \frac{B_1}{X} + \mathrm{j}\,\frac{A_1}{X} \\
&= \frac{K}{\pi}\left[\frac{\pi}{2} + \arcsin\left(1-\frac{2a}{X}\right) + 2\left(1-\frac{2a}{X}\right)\sqrt{\frac{a}{X}\left(1-\frac{a}{X}\right)}\right] \\
&\quad + \mathrm{j}\,\frac{4Ka}{\pi X}\left(\frac{a}{X}-1\right),\quad X \geqslant a
\end{aligned}
$$

基准描述函数的负倒数特性曲线如图 7-12 所示。

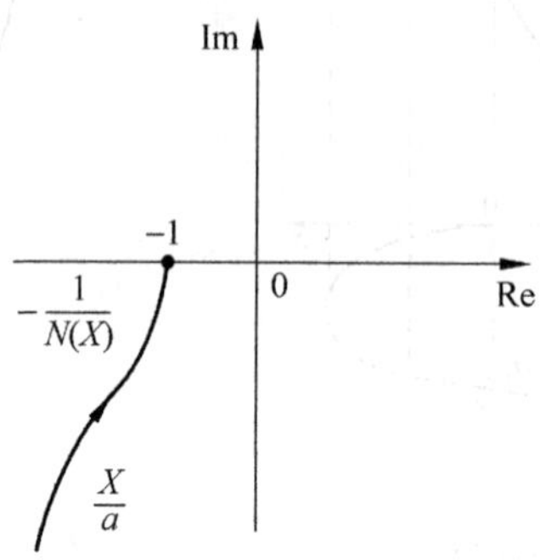

图 7-12　题 7-11(d)基准描述函数的负倒数特性

(5) 如图 P7-5(e)所示非线性特性，在图 7-13 上可以直接作图求得当输入信号为 $x=X\sin\omega t$ 时的输出函数 $y(t)$，对应的输入输出曲线如图 7-13 所示。

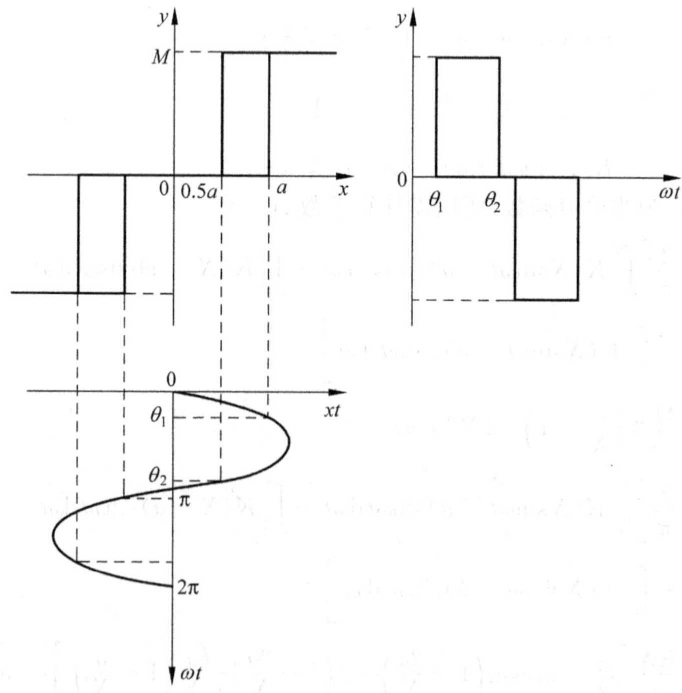

图 7-13　题 7-11(e)非线性特性的输入输出曲线

图中，$\theta_1=\arcsin\dfrac{a}{X}$，$\theta_2=\pi-\arcsin\dfrac{0.5a}{X}$

$$\cos\theta_1=\sqrt{1-\left(\frac{a}{X}\right)^2}\quad \cos\theta_2=\sqrt{1-\left(\frac{0.5a}{X}\right)^2}$$

此时 $y(t)$的数学表达式可以表示为

$$y(t)=\begin{cases}M, & \theta_1\leqslant\omega t\leqslant\theta_2\\ 0, & 0\leqslant\omega t<\theta_1,\theta_2<\omega t<\pi+\theta_1,\pi+\theta_2<\omega t\leqslant 2\pi\\ -M, & \pi+\theta_1\leqslant\omega t\leqslant\pi+\theta_2\end{cases}$$

因为 $y(t)$为非单值函数，所以需计算系数 A_1、B_1。

$$\begin{aligned}B_1&=\frac{1}{\pi}\left[\int_{\theta_1}^{\theta_2}M\sin\omega t\,\mathrm{d}\omega t-\int_{\pi+\theta_1}^{\pi+\theta_2}M\sin\omega t\,\mathrm{d}\omega t\right]\\&=\frac{2M}{\pi}\left[\sqrt{1-\left(\frac{0.5a}{X}\right)^2}+\sqrt{1-\left(\frac{a}{X}\right)^2}\right],\quad X\geqslant a\\A_1&=\frac{1}{\pi}\left[\int_{\theta_1}^{\theta_2}M\cos\omega t\,\mathrm{d}\omega t-\int_{\pi+\theta_1}^{\pi+\theta_2}M\cos\omega t\,\mathrm{d}\omega t\right]\\&=\frac{2Ma}{\pi X}(0.5-1)\\&=-\frac{Ma}{\pi X}\quad(X\geqslant a)\end{aligned}$$

其描述函数为

$$\begin{aligned}N(X)&=\frac{B_1}{X}+\mathrm{j}\,\frac{A_1}{X}\\&=\frac{2M}{\pi X}\left[\sqrt{1-\left(\frac{0.5a}{X}\right)^2}+\sqrt{1-\left(\frac{a}{X}\right)^2}\right]+\mathrm{j}\left(-\frac{Ma}{\pi X^2}\right)\\&=\frac{2M}{\pi X}\left[\sqrt{1-\left(\frac{0.5a}{X}\right)^2}+\sqrt{1-\left(\frac{a}{X}\right)^2}\right]-\mathrm{j}\,\frac{Ma}{\pi X^2}\end{aligned}$$

其基准描述函数为

$$N_0(X)=\frac{2a}{\pi X}\left[\sqrt{1-\left(\frac{0.5a}{X}\right)^2}+\sqrt{1-\left(\frac{a}{X}\right)^2}\right]-\mathrm{j}\,\frac{a^2}{\pi X^2}$$

基准描述函数的负倒数特性曲线如图 7-14 所示。

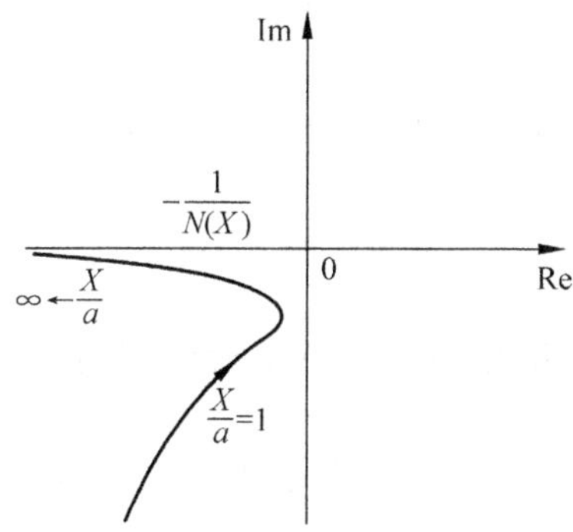

图 7-14　题 7-11(e)基准描述函数的负倒数特性

题 7-12 判断图 P7-6 所示各系统是否稳定。$-\frac{1}{N_0}$与 $K_nW(\mathrm{j}\omega)$的交点是稳定工作点还是不稳定工作点？

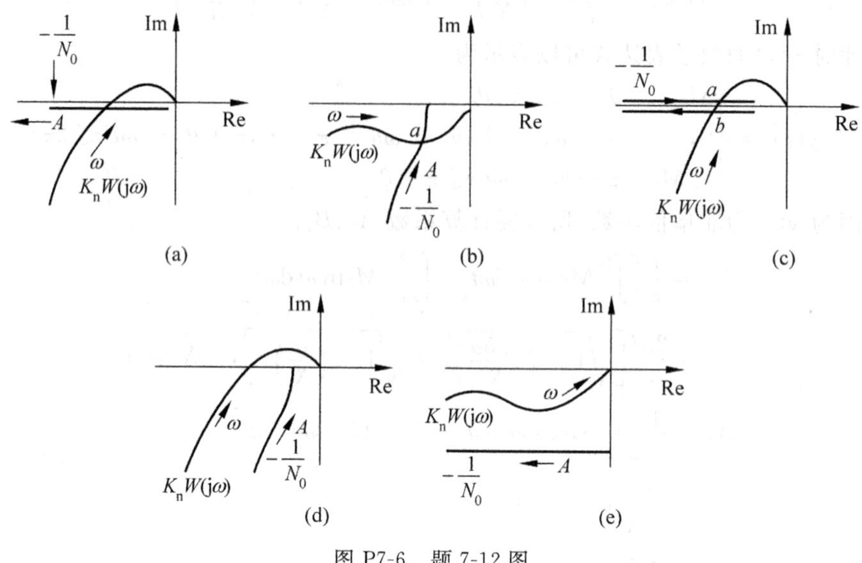

图 P7-6 题 7-12 图

解 (1) 由图 P7-6(a)可知，$-\frac{1}{N_0}$与 $K_nW(\mathrm{j}\omega)$有一个交点。当振幅 A 较大，且$-\frac{1}{N_0}$特性曲线位于 $K_nW(\mathrm{j}\omega)$之外时，系统将处于减幅振荡状态，振幅将逐渐减少，直至$-\frac{1}{N_0}$与 $K_nW(\mathrm{j}\omega)$的交点；反之，如果振幅 A 较小，且$-\frac{1}{N_0}$特性曲线位于 $K_nW(\mathrm{j}\omega)$之内，则系统将处于增幅振荡状态，振幅将逐渐增加，直至$-\frac{1}{N_0}$与 $K_nW(\mathrm{j}\omega)$的交点。

因此，$-\frac{1}{N_0}$与 $K_nW(\mathrm{j}\omega)$的交点是稳定的工作点，即无论初始振幅 A 为何值，系统都将以交点处的幅值和频率作等幅振荡运动。

(2) 由图 P7-6(b)可知，$-\frac{1}{N_0}$与 $K_nW(\mathrm{j}\omega)$有一个交点。当振幅幅值 A 较大，且$-\frac{1}{N_0}$特性曲线位于 $K_nW(\mathrm{j}\omega)$之外时，系统将处于减幅振荡状态，振幅将逐渐减小，直至$-\frac{1}{N_0}$与 $K_nW(\mathrm{j}\omega)$的交点；反之，如果振幅 A 较小，且$-\frac{1}{N_0}$特性曲线位于 $K_nW(\mathrm{j}\omega)$之内，则系统将处于增幅振荡状态，振幅将逐渐增加，直至$-\frac{1}{N_0}$与 $K_nW(\mathrm{j}\omega)$的交点。

因此，$-\frac{1}{N_0}$与 $K_nW(\mathrm{j}\omega)$的交点是稳定的工作点，即无论初始振幅 A 为何值，系统都将以交点处的幅值和频率做等幅振荡运动。

(3) 由图 P7-6(c)可知，$-\frac{1}{N_0}$与 $K_nW(j\omega)$有两个交点。交点 b 的情况与图 P7-5(a)相同，由此可知该点为稳定的工作点；交点 a 的情况与图 P7-5(a)相反，由此可知该点为不稳定的工作点。

(4) 由图 P7-6(d)可知，$-\frac{1}{N_0}$被 $K_nW(j\omega)$曲线包围，因此该系统不稳定。

(5) 由图 P7-6(e)可知，$-\frac{1}{N_0}$被 $K_nW(j\omega)$曲线包围，因此该系统不稳定。

题 7-13　图 P7-7 所示为继电器控制系统的结构图，其线性部分的传递函数为

$$W(s)=\frac{10}{(s+1)(0.5s+1)(0.1s+1)}$$

图 P7-7　题 7-13 图

试确定自持振荡的角频率和振幅。

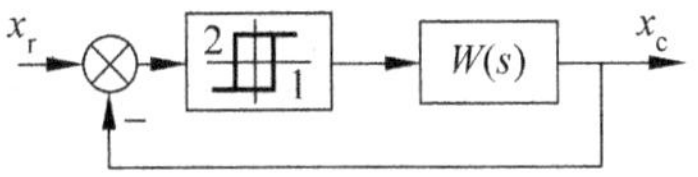

解　图 P7-7 所示继电器的描述函数为

$$N(X)=\frac{4\times 2}{\pi X}\sqrt{1-\left(\frac{1}{X}\right)^2}-j\frac{4\times 2\times 1}{\pi X^2}$$

$$=\frac{8}{\pi X}\sqrt{1-\left(\frac{1}{X}\right)^2}-j\frac{8}{\pi X^2},\quad X\geqslant 1$$

其基准描述函数为

$$N_0(X)=\frac{4}{\pi X}\sqrt{1-\left(\frac{1}{X}\right)^2}-j\frac{4}{\pi X^2},\quad X\geqslant 1$$

基准描述函数的负倒数特性可以表示为

$$-\frac{1}{N_0(X)}=-\frac{\pi X}{4}\sqrt{1-\left(\frac{1}{X}\right)^2}-j\frac{\pi}{4}$$

$$=\mathrm{Re}\left(-\frac{1}{N_0(X)}\right)+\mathrm{Im}\left(-\frac{1}{N_0(X)}\right)$$

可见其虚部为一常数$-\frac{\pi}{4}$。再以 X 为自变量，算出$-1/N_0(X)$的一系列数值；同时计算出系统中的线性部分 $W(j\omega)$实部 $P(\omega)$及虚部 $Q(\omega)$的值，将各计算值分别列入表 7-1 和表 7-2。

表 7-1　$-1/N_0(X)$的计算列表

X	1	$\sqrt{2}$	2	2.3	2.5	3	4	5	6
$\mathrm{Re}[-1/N_0(X)]$	0	−0.785	−1.36	−1.63	−1.78	−2.22	−3.04	−3.85	−4.65

表 7-2　实部 $P(\omega)$及虚部 $Q(\omega)$的计算列表

ω(rad/s)	0	0.2	0.6	1	1.25	2	2.5	3	4	5
$P(\omega)$	20	18.54	10.29	2.77	−0.08	−3.07	−3.10	−2.73	−1.90	−1.29
$Q(\omega)$	0	−6.08	−12.76	−12.27	−10.51	−5.38	−3.26	−1.94	−0.64	−0.14

依此在复平面上作出$-1/N_0(X)$与$W(\mathrm{j}\omega)$曲线，如图 7-15 所示。

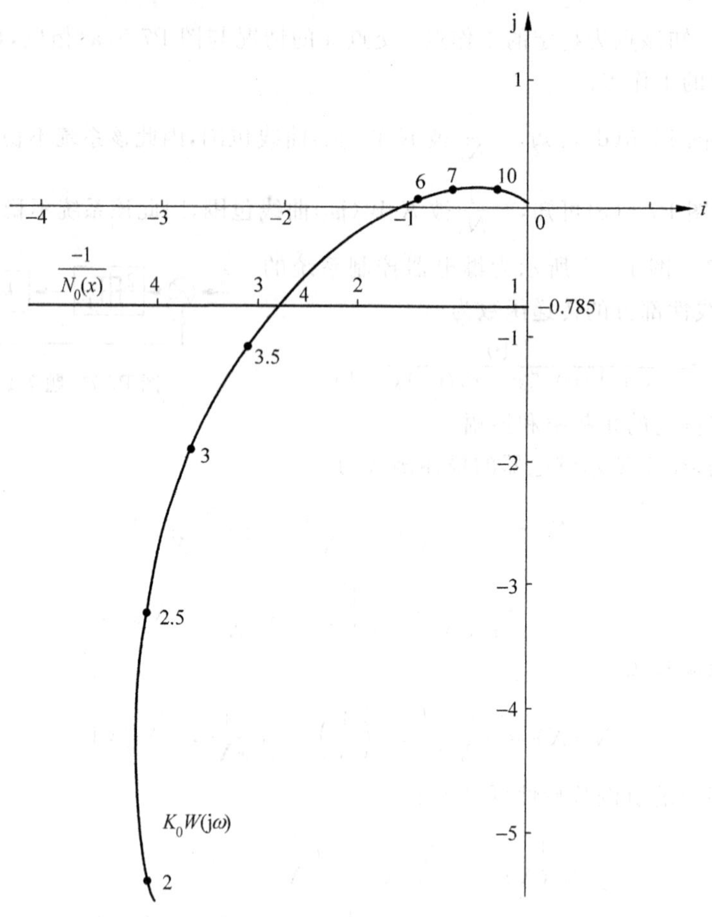

图 7-15　题 7-13 的$-1/N_0(X)$与$W(\mathrm{j}\omega)$曲线

由

$$W(\mathrm{j}\omega)=2\times\frac{10}{(1+\mathrm{j}\omega)(1+0.5\mathrm{j}\omega)(1+0.1\mathrm{j}\omega)}$$
$$=\frac{20}{(1+\mathrm{j}\omega)(1+0.5\mathrm{j}\omega)(1+0.1\mathrm{j}\omega)}$$
$$=P(\omega)+\mathrm{j}Q(\omega)$$

可以求得

$$P(\omega)=\frac{20(1-0.65\omega^2)}{(1-0.65\omega^2)^2+\omega^2(1.6-0.05\omega^2)^2}$$
$$Q(\omega)=\frac{-20\omega(1.6-0.05\omega^2)}{(1-0.65\omega^2)^2+\omega^2(1.6-0.05\omega^2)^2}$$

如果$-\dfrac{1}{N_0(X)}$和$W(\mathrm{j}\omega)$相交，则交点应满足

$$\mathrm{Im}\left(-\frac{1}{N_0(X)}\right)=Q(\omega),\quad \mathrm{Re}\left(-\frac{1}{N_0(X)}\right)=P(\omega)$$

即
$$\frac{-20\omega(1.6-0.05\omega^2)}{(1-0.65\omega^2)^2+\omega^2(1.6-0.05\omega^2)^2}=-\frac{\pi}{4}$$

解得 $\omega=3.82$

$$P(\omega)=20(1-0.65\times 3.82^2)/[(1-0.65\times 3.82^2)^2+3.82^2(1.6-0.05\times 3.82^2)^2]$$
$$=-2.04$$

$$X=\sqrt{1+\left(2.04\times\frac{4}{\pi}\right)^2}=2.78$$

因此自持振荡的幅值为 $X=2.78$，频率为 $\omega=3.82\mathrm{rad/s}$。

题 7-14　非线性系统如图 P7-8 所示，图中系统的参数 K_1、K_2、M、T 均为正数，试运用描述函数法：

(1) 给出系统发生自振时参数应满足的条件；

(2) 计算在发生自振时，自振频率和输出端的振幅。

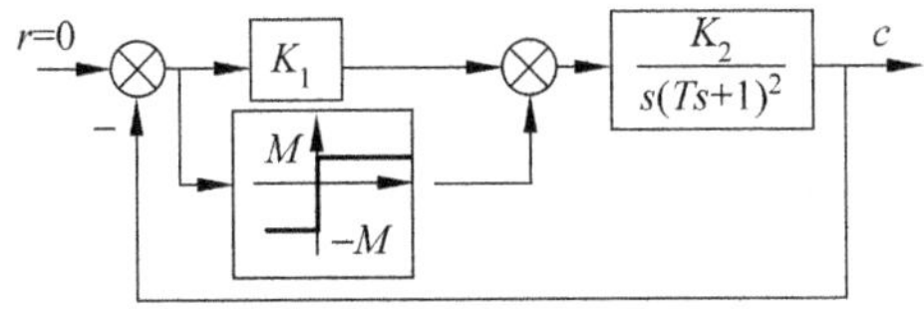

图 P7-8　题 7-14 图

解　(1) 系统发生自振的条件是：$K_1K_2\leqslant 2/T, M>0$；

(2) $\omega=\dfrac{1}{T}, N(X)=\dfrac{4K_2TM}{2\pi-K_1K_2T\pi}$。

题 7-15　图 P7-9 所示为一非线性系统，用描述函数法分析其稳定性。

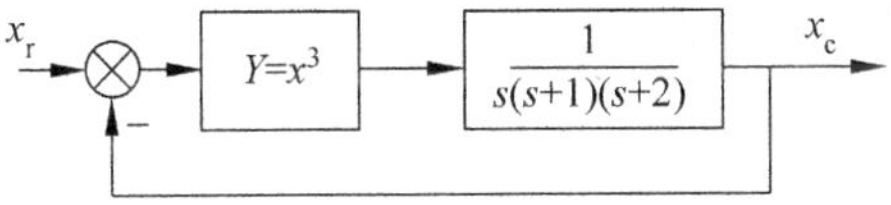

图 P7-9　题 7-15 图

解　图 P7-9 所示非线性元件的描述函数为

$$N(X)=\frac{3}{4}X^3$$

基准描述函数的负倒数特性可以表示为

$$-\frac{1}{N_0(X)}=-\frac{4}{3X^3}$$

由

$$W(\mathrm{j}\omega)=\frac{1}{\mathrm{j}\omega(1+\mathrm{j}\omega)(2+\mathrm{j}\omega)}$$
$$=P(\omega)+\mathrm{j}Q(\omega)$$

可以求得

$$P(\omega)=-\frac{3}{9\omega^2+(2-\omega^2)^2}$$

$$Q(\omega)=-\frac{(2-\omega^2)}{\omega[9\omega^2+\omega^2(2-\omega^2)^2]}$$

令 $Q(\omega)=0$，得 $\omega=\sqrt{2}$。代入 $P(\omega)$，有

$$P(\omega)=\frac{-3}{9\times 2}=-\frac{1}{6}$$

如果 $-\frac{1}{N_0(X)}$ 和 $\omega(\mathrm{j}\omega)$ 相交，则交点应满足 $-\frac{1}{N_0(X)}=P(\omega)$，即

$$-\frac{4}{3X^3}=-\frac{1}{6}$$

可以求得 $X=\sqrt[3]{8}=2$。

因此系统不稳定，交点为自持振荡点。

题 7-16 求下列方程的奇点，并确定奇点类型。

(1) $\ddot{x}-(1-x^2)\dot{x}+x=0$

(2) $\ddot{x}-(0.5-3x^2)\dot{x}+x+x^2=0$

解 (1) 由奇点定义，有

$$\frac{\ddot{x}}{\dot{x}}=\frac{(1-x^2)\dot{x}-x}{\dot{x}}=\frac{0}{0}$$

因此奇点坐标为 $\dot{x}=0, x=0$。

在奇点(0,0)处，将 $f(\dot{x},x)$ 进行泰勒级数展开，并保留一次项，有

$$f(\dot{x},x)=f(0,0)+\frac{\partial f(\dot{x},x)}{\partial \dot{x}}\bigg|_{\substack{x=0\\ \dot{x}=0}}\cdot\dot{x}+\frac{\partial f(\dot{x},x)}{\partial x}\bigg|_{\substack{x=0\\ \dot{x}=0}}\cdot x$$

$$=\dot{x}-x$$

得出在奇点附近的线性化方程为

$$\ddot{x}=\dot{x}-x$$

特征方程为 $s^2-s+1=0$，其特征根为 $s_{1,2}=\frac{1}{2}\pm\mathrm{j}\frac{\sqrt{3}}{2}$。因此奇点为稳定的焦点。

(2) 由奇点定义，有

$$\frac{\ddot{x}}{\dot{x}}=\frac{(0.5-3x^2)\dot{x}+x+x^2}{\dot{x}}=\frac{0}{0}$$

因此奇点坐标分别为 $\dot{x}=0, x=0$ 和 $\dot{x}=0, x=-1$。

① 在奇点(0,0)处，将 $f(\dot{x},x)$ 进行泰勒级数展开并保留一次项，有

$$f(\dot{x},x)=\frac{\partial f(\dot{x},x)}{\partial \dot{x}}\bigg|_{\substack{x=0\\ \dot{x}=0}}(\dot{x}-0)+\frac{\partial f(\dot{x},x)}{\partial x}\bigg|_{\substack{x=0\\ \dot{x}=0}}(x-0)$$

$$=(0.5-3x^2)\bigg|_{\substack{x=0\\ \dot{x}=0}}\dot{x}+[(6x)\dot{x}+1+2x]\bigg|_{\substack{x=0\\ \dot{x}=0}}x$$

$$=0.5\dot{x}+x$$

得出在奇点(0,0)附近的线性化方程为

$$\ddot{x} = 0.5\dot{x} + x$$

其特征方程为

$$s^2 - 0.5s - 1 = 0$$

其特征根为

$$s_{1,2} = \frac{0.5 \pm \sqrt{0.25 + 4}}{2} = \begin{cases} s_1 = 1.28 \\ s_2 = -0.78 \end{cases}$$

因此,奇点(0,0)是鞍点。

② 在奇点(0,−1)处,首先进行坐标变换。令 $y=x+1$,则$\dot{y}=\dot{x}$。即在$\dot{x}-x$下的奇点(0,−1),可以变换为在$\dot{y}-y$下的奇点(0,0)。因此有

$$\begin{aligned} f(\dot{y},y) &= \ddot{y} - [0.5 - 3(y-1)^2]\dot{y} + (y-1) + (y-1)^2 \\ &= \ddot{y} - [-2.5 - 3y^2 + 6y]\dot{y} + y^2 - y \\ &= \ddot{y} + [2.5 + 3y^2 - 6y]\dot{y} + y^2 - y \\ &= 0 \end{aligned}$$

将 $f(\dot{y},y)$在奇点(0,0)处进行泰勒级数展开,并保留一次项,有

$$\begin{aligned} f(\dot{y},y) &= \frac{\partial f(\dot{y},y)}{\partial \dot{y}}\bigg|_{\substack{y=0\\ \dot{y}=0}} \dot{y} + \frac{\partial f(\dot{y},y)}{\partial y}\bigg|_{\substack{y=0\\ \dot{y}=0}} y \\ &= [2.5 + 3y^2 - 6y]\bigg|_{\substack{y=0\\ \dot{y}=0}} \cdot \dot{y} + [(6y-6)\dot{y} + 2y + 1]\bigg|_{\substack{y=0\\ \dot{y}=0}} y \\ &= 2.5\dot{y} - y \end{aligned}$$

得出在奇点附近的线性化微分方程为

$$\ddot{y} - 2.5\dot{y} + y = 0$$

其特征方程为

$$s^2 - 2.5s + 1 = 0$$

其特征根为

$$s_{1,2} = \frac{2.5 \pm \sqrt{2.5^2 - 4}}{2} = \begin{cases} s_1 = 2 \\ s_2 = 0.5 \end{cases}$$

因此,奇点为不稳定节点。

题 7-17 利用等斜线法画出下列方程的相平面图。

(1) $\ddot{x}+|\dot{x}|+x=0$

(2) $\ddot{x}+\dot{x}+|x|=0$

解 (1) 原方程等价为

$$\begin{cases} \ddot{x} + \dot{x} + x = 0, & \dot{x} \geqslant 0 \\ \ddot{x} - \dot{x} + x = 0, & \dot{x} < 0 \end{cases}$$

即而可以得到系统的特征方程为

$$\begin{cases} s^2 + s + 1 = 0, & \dot{x} \geqslant 0 \\ s^2 - s + 1 = 0, & \dot{x} < 0 \end{cases}$$

其特征根为

$$\begin{cases} s_{1,2} = -\dfrac{1}{2} \pm \mathrm{j}\dfrac{\sqrt{3}}{2}, & \dot{x} \geqslant 0 \\ s_{1,2} = \dfrac{1}{2} \pm \mathrm{j}\dfrac{\sqrt{3}}{2}, & \dot{x} < 0 \end{cases}$$

因此当$\dot{x}\geqslant 0$时系统的奇点为稳定焦点，当$\dot{x}<0$时系统的奇点为不稳定焦点。

令

$$\dot{x} = \frac{\mathrm{d}x}{\mathrm{d}t}$$

则

$$\ddot{x} = \frac{\mathrm{d}\dot{x}}{\mathrm{d}t} = \begin{cases} -\dot{x} - x, & \dot{x} \geqslant 0 \\ \dot{x} - x, & \dot{x} < 0 \end{cases}$$

由此得相轨迹斜率方程式为

$$\begin{cases} \dfrac{\mathrm{d}\dot{x}}{\mathrm{d}x} = -1 - \dfrac{x}{\dot{x}}, & \dot{x} \geqslant 0 \\ \dfrac{\mathrm{d}\dot{x}}{\mathrm{d}x} = 1 - \dfrac{x}{\dot{x}}, & \dot{x} < 0 \end{cases}$$

令$c=\dfrac{\mathrm{d}\dot{x}}{\mathrm{d}x}$，将其代入上式可以得到相轨迹的等斜线方程为

$$\begin{cases} \dot{x} = -\dfrac{x}{c+1}, & \dot{x} \geqslant 0 \\ \dot{x} = -\dfrac{x}{c-1}, & \dot{x} < 0 \end{cases}$$

根据等斜线方程并给定不同的c值，可以求出$\dfrac{\dot{x}}{x}$值，列表如表 7-3 所示。

表 7-3 $\dfrac{\dot{x}}{x}$值计算列表

c	1	2	3	4	0	−1	−2	−3
$\dot{x}\geqslant 0$：$\dfrac{\dot{x}}{x}$	$-\frac{1}{2}$	$-\frac{1}{3}$	$-\frac{1}{4}$	$-\frac{1}{5}$	−1	∞	1	$\frac{1}{2}$
$\dot{x}<0$：$\dfrac{\dot{x}}{x}$	∞	−1	$-\frac{1}{2}$	$-\frac{1}{3}$	1	$\frac{1}{2}$	$\frac{1}{3}$	$\frac{1}{4}$

根据表 7-3，在$\dot{x}-x$平面上可以作出不同相轨迹斜率c值下的等斜线，即而画出系统的相平面图如图 7-16 所示。

(2) 原方程等价为

$$\begin{cases} \ddot{x} + \dot{x} + x = 0, & x \geqslant 0 \\ \ddot{x} + \dot{x} - x = 0, & x < 0 \end{cases}$$

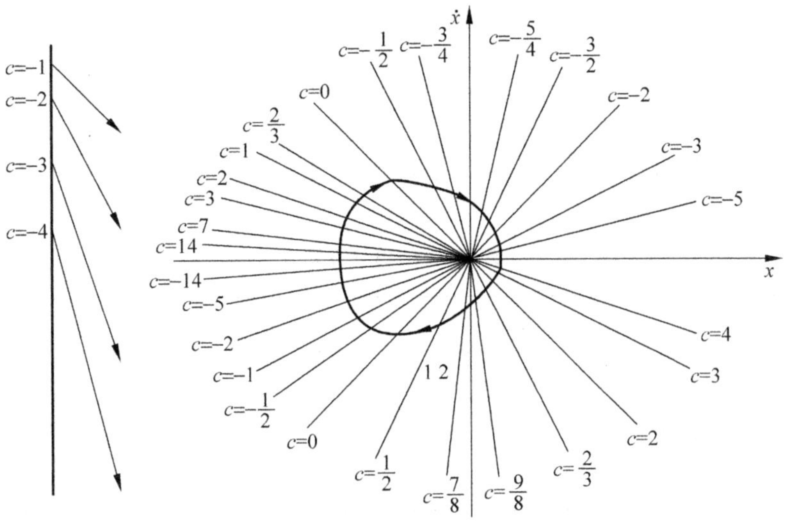

图 7-16　题 7-17(1)的相平面图

即而可以得到系统的特征方程为

$$\begin{cases} s^2+s+1=0, & x\geqslant 0 \\ s^2+s-1=0, & x<0 \end{cases}$$

其特征根为

$$\begin{cases} s_{1,2}=-\dfrac{1}{2}\pm \mathrm{j}\dfrac{\sqrt{3}}{2}, & x\geqslant 0 \\ s_{1,2}=-\dfrac{1}{2}\pm \dfrac{\sqrt{5}}{2}, & x<0 \end{cases}$$

因此当 $x\geqslant 0$ 时系统的奇点为稳定焦点，当 $x<0$ 时系统的奇点为鞍点。

令

$$\dot{x}=\frac{\mathrm{d}x}{\mathrm{d}t}$$

则

$$\ddot{x}=\frac{\mathrm{d}\,\dot{x}}{\mathrm{d}t}=\begin{cases} -\dot{x}-x, & x\geqslant 0 \\ -\dot{x}+x, & x<0 \end{cases}$$

由此得到相轨迹斜率方程为

$$\begin{cases} \dfrac{\mathrm{d}\,\dot{x}}{\mathrm{d}x}=-1-\dfrac{x}{\dot{x}}, & x\geqslant 0 \\ \dfrac{\mathrm{d}\,\dot{x}}{\mathrm{d}x}=-1+\dfrac{x}{\dot{x}}, & x<0 \end{cases}$$

令 $c=\dfrac{\mathrm{d}\,\dot{x}}{\mathrm{d}x}$，将其代入上式可以得到相轨迹的等斜线方程为

$$\begin{cases} \dot{x} = \dfrac{-x}{1+c}, & x > 0 \\ \dot{x} = \dfrac{x}{1+c}, & x < 0 \end{cases}$$

根据等斜线方程并给定不同的 c 值，可以求出$\dfrac{\dot{x}}{x}$值列表如表 7-4 所示。

表 7-4 $\dfrac{\dot{x}}{x}$值计算列表

c	1	2	3	0	-1	-2	-3
$x>0$：$\dfrac{\dot{x}}{x}$	$-\dfrac{1}{2}$	$-\dfrac{1}{3}$	$-\dfrac{1}{4}$	-1	∞	1	$\dfrac{1}{2}$
$x<0$：$\dfrac{\dot{x}}{x}$	$\dfrac{1}{2}$	$\dfrac{1}{3}$	$\dfrac{1}{4}$	1	∞	-1	$-\dfrac{1}{2}$

当等斜线的斜率与相轨迹的斜率相等时，系统有渐近线。因此，当 $x<0$ 时，有 $c=\dfrac{1}{c+1}$，即 $c^2+c-1=0$，解得 $c_1=0.618$，$c_2=-1.618$。因此相轨迹在原点的渐近线为

$$\begin{cases} \dot{x} = \dfrac{x}{1.618} = 0.618x, & c = 0.618 \\ \dot{x} = \dfrac{x}{-0.618} = -1.618x, & c = -0.618 \end{cases}$$

根据表 7-4 及求得的相轨迹渐近线，在 $\dot{x}-x$ 平面上可以作出系统的相平面图如图 7-17 所示。

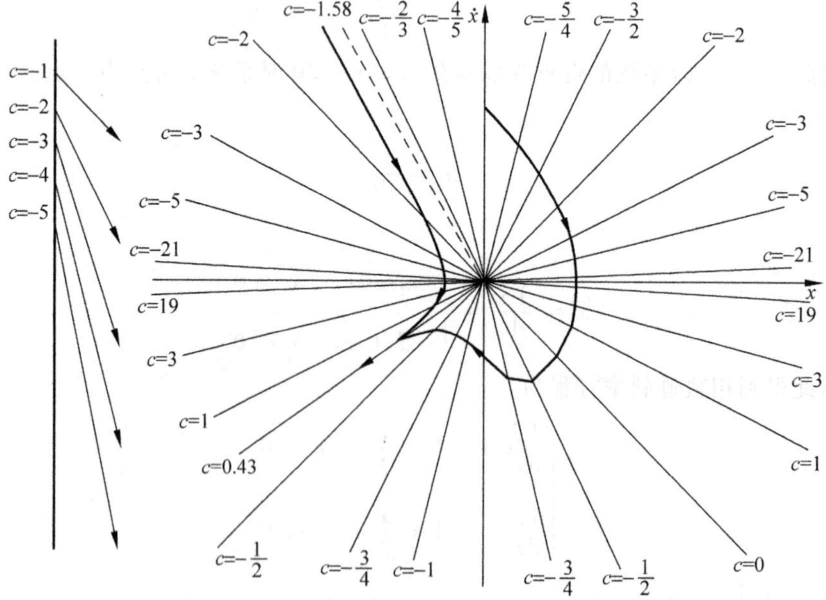

图 7-17 题 7-17(2)的相平面图

题 7-18　系统示于图 P7-10，设系统原始条件是静止状态，试绘制相轨迹。其系统输入为

(1) $x_r(t)=A, A>e_0$

(2) $x_r(t)=A+Bt, A>e_0$

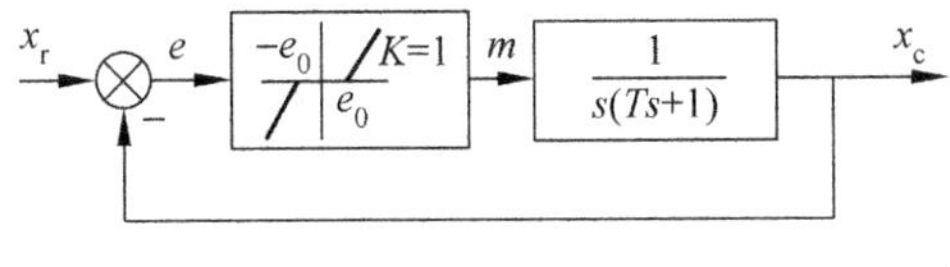

图 P7-10　题 7-18 图

解　(1) 当输入为 $x_r(t)=A$，即阶跃函数时，系统线性部分的微分方程为

$$T\ddot{x}_c+\dot{x}_c=m$$

因为 $e=x_r-x_c$，当 $t>0$ 时，$\ddot{x}_r=\dot{x}_r=0$。所以上式可以改写为

$$T\ddot{e}+\dot{e}+m=0$$

考虑非线性元件特性，则系统方程可以描述为

$$T\ddot{e}+\dot{e}=0,\quad |e|<e_0 \tag{7-1}$$

$$T\ddot{e}+\dot{e}+(e-e_0)=0,\quad e>e_0 \tag{7-2}$$

$$T\ddot{e}+\dot{e}+(e+e_0)=0,\quad e<-e_0 \tag{7-3}$$

令 $\dot{e}=\frac{\mathrm{d}e}{\mathrm{d}t}$，则 $\ddot{e}=\frac{\mathrm{d}\dot{e}}{\mathrm{d}t}$。

当 $|e|<e_0$ 时，由式(7-1)得 $\ddot{e}=\frac{-\dot{e}}{T}$。此时相轨迹斜率方程为

$$\frac{\mathrm{d}\dot{e}}{\mathrm{d}e}=-\frac{1}{T}$$

上式不含 $\dot{e}$ 及 $\ddot{e}$，所以此时无等斜线，相轨迹的斜率为常值，即 $-\frac{1}{T}$。

当 $e>e_0$ 时，由式(7-2)可得 $\ddot{e}=\frac{-\dot{e}-(e-e_0)}{T}$，即

$$T\ddot{e}+\dot{e}+(e-e_0)=0$$

此时相轨迹斜率方程为

$$\frac{\mathrm{d}\dot{e}}{\mathrm{d}e}=\frac{-\dot{e}-(e-e_0)}{T\dot{e}}$$

令 $c=\frac{\mathrm{d}\dot{e}}{\mathrm{d}e}$，则等斜线方程为

$$\dot{e}=\frac{-\frac{1}{T}(e-e_0)}{\frac{1}{T}+c}$$

由奇点定义，有

$$\frac{\mathrm{d}\,\dot{e}}{\mathrm{d}e}=\frac{-\dot{e}-(e-e_0)}{T\dot{e}}=\infty$$

则可以得到奇点坐标$\dot{e}=0, e=e_0$，即$(e_0, 0)$。

当 $e<-e_0$ 时，由式(7-3)可得$\ddot{e}=\dfrac{-\dot{e}-(e+e_0)}{T}$。此时相轨迹斜率方程为

$$\frac{\mathrm{d}\,\dot{e}}{\mathrm{d}e}=\frac{-\dot{e}-(e+e_0)}{T\dot{e}}$$

令 $c=\dfrac{\mathrm{d}\,\dot{e}}{\mathrm{d}e}$，则可以得到等斜线方程为

$$\dot{e}=\frac{-\dfrac{1}{T}(e+e_0)}{\dfrac{1}{T}+c}$$

由奇点定义，有

$$\frac{\mathrm{d}\,\dot{e}}{\mathrm{d}e}=\frac{-\dot{e}-(e+e_0)}{T\dot{e}}=\infty$$

则可以得到奇点坐标$\dot{e}=0, e=-e_0$，即$(0, -e_0)$。

按照等斜线作图法，即可以绘制出如图 7-18 所示的相平面图，其中 T 可任取，例如 $T=1$。

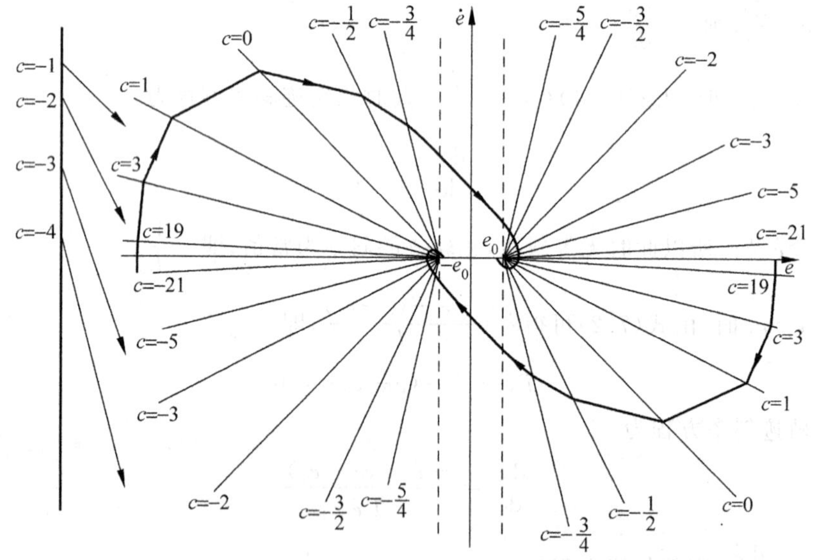

图 7-18 题 7-18 阶跃输入下的相轨迹

(2) 输入 $x_r(t)=A+Bt$，即为斜坡函数。当 $t>0$ 时，$\dot{x}_r=B, \ddot{x}_r=0$，此时描述系统运动的微分方程由下述三个方程表示：

$$T\ddot{e}+\dot{e}=B,\quad |e|<e_0 \tag{7-4}$$

$$T\ddot{e}+\dot{e}+(e-e_0)=B,\quad e>e_0 \tag{7-5}$$

$$T\ddot{e}+\dot{e}+(e+e_0)=B,\quad e<-e_0 \tag{7-6}$$

令$\dot{e}=\frac{\mathrm{d}e}{\mathrm{d}t}$，则$\ddot{e}=\frac{\mathrm{d}\dot{e}}{\mathrm{d}t}$。

当$|e|<e_0$时，由式(7-4)可得$\ddot{e}=\frac{B-\dot{e}}{T}$。此时相轨迹斜率方程为

$$\frac{\mathrm{d}\dot{e}}{\mathrm{d}e}=\frac{B-\dot{e}}{T\dot{e}}$$

令$c=\frac{\mathrm{d}\dot{e}}{\mathrm{d}e}$，则可以得到等斜线方程为

$$\dot{e}=\frac{\frac{B}{T}}{c+\frac{1}{T}} \tag{7-7}$$

当$e>e_0$时，由式(7-5)可得

$$\ddot{e}=\frac{B-\dot{e}-(e-e_0)}{T}$$

此时相轨迹斜率方程为

$$\frac{\mathrm{d}\dot{e}}{\mathrm{d}e}=\frac{B-\dot{e}-(e-e_0)}{T\dot{e}}$$

由奇点定义，有

$$\frac{\mathrm{d}\dot{e}}{\mathrm{d}e}=\frac{B-\dot{e}-(e-e_0)}{T\dot{e}}=\infty$$

可以得到奇点坐标$\dot{e}=0,e=B+e_0$，即$(B+e_0,0)$，这是一个实奇点。

令$c=\frac{\mathrm{d}\dot{e}}{\mathrm{d}e}$，则可以得到等斜线方程为

$$\dot{e}=\frac{B-(e-e_0)}{1+cT} \tag{7-8}$$

同理，当$e<-e_0$时，由式(7-6)可以确定奇点坐标为$\dot{e}=0,e=B-e_0$，即$(B-e_0,0)$，这是一个虚奇点。有等斜线方程

$$\dot{e}=\frac{B-(e+e_0)}{1+cT} \tag{7-9}$$

给定不同的c值，由式(7-7)、式(7-8)、式(7-9)确定出$|e|<e_0$、$e>e_0$、$e<-e_0$三个区域内的等斜线。按照相轨迹作图方法确定出相应的相轨迹，如图7-19所示。其中T可任取，例如$T=1$。由图7-19可知，相轨迹的起点由初始条件$\dot{e}(0)=A$，$e(0)=R$所决定，这一相轨迹最终趋向于焦点$p_1(\dot{e}=0,e=B+e_0)$。

题 7-19　图P7-11为变增益非线性控制系统结构图，其中$K=1,k=0.2,e_0=1$，并且参数满足如下关系

$$\frac{1}{2\sqrt{KT}}<1<\frac{1}{2\sqrt{kKT}}$$

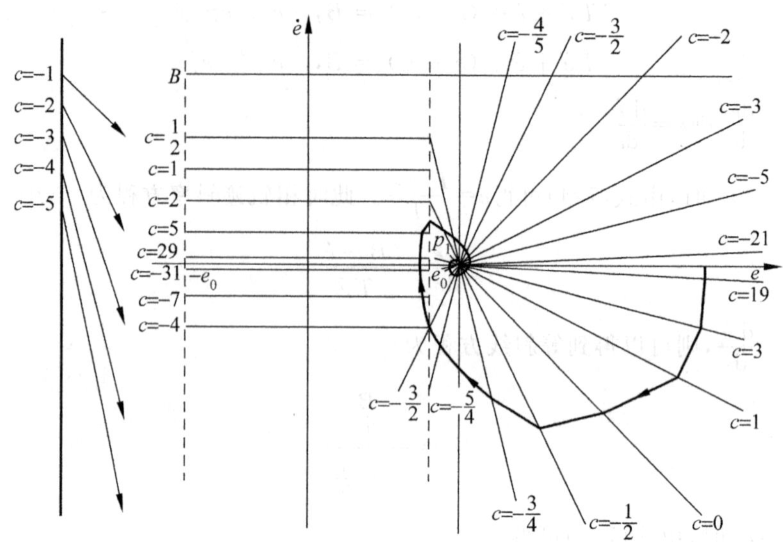

图 7-19　题 7-18 斜坡输入下的相轨迹

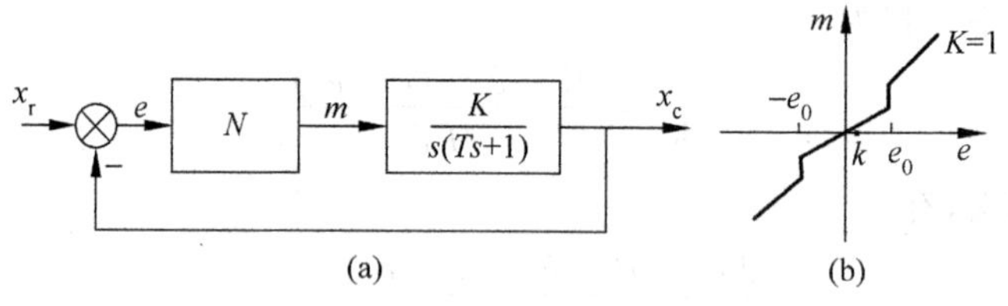

图 P7-11　题 7-19 图

试绘制输入量为

(1) $x_r(t)=A, A>e_0$

(2) $x_r(t)=A+Bt, A>e_0$

时，以$\dot{e}-e$为坐标的相轨迹。

解　(1) 由图 P7-11 所示的系统结构图可知，当输入为 $x_r(t)=A$，即阶跃函数时，系统线性部分的微分方程为

$$T\ddot{x}_c+\dot{x}_c=Km$$

因为 $e=x_r-x_c$，当 $t>0$ 时，$\ddot{x}_r=\dot{x}_r=0$，所以上式可改写为

$$T\ddot{e}+\dot{e}+Km=0$$

非线性元件的数学表达式为

$$m=ke,\quad |e|<e_0$$

$$m=e,\quad |e|>e_0$$

考虑非线性元件特性，则系统方程可以描述为

$$T\ddot{e}+\dot{e}+Kke=0,\quad |e|<e_0$$

$$T\ddot{e}+\dot{e}+Ke=0,\quad |e|>e_0$$

令$\dot{e}=\frac{\mathrm{d}e}{\mathrm{d}t}$,则$\ddot{e}=\frac{\mathrm{d}\dot{e}}{\mathrm{d}t}$,可以得到相轨迹斜率方程

$$\frac{\mathrm{d}\dot{e}}{\mathrm{d}e}=-\frac{\dot{e}+Kke}{T\dot{e}},\quad |e|<e_0$$

$$\frac{\mathrm{d}\dot{e}}{\mathrm{d}e}=-\frac{\dot{e}+Ke}{T\dot{e}},\quad |e|>e_0$$

令$c=\frac{\mathrm{d}\dot{e}}{\mathrm{d}e}$,可以得到等斜线方程为

$$\dot{e}=-\frac{kKe}{Tc+1},\quad |e|<e_0$$

$$\dot{e}=-\frac{Ke}{Tc+1},\quad |e|>e_0$$

由奇点定义,可以得到奇点坐标$\dot{e}=0,e=0$。

取$\dot{e}$、e为坐标,按照等斜线作图法,给定不同的c值可以作出在$|e|<e_0$、$|e|>e_0$区域的等斜线。其中T可以在满足$\frac{1}{2\sqrt{KT}}<1<\frac{1}{2\sqrt{kKT}}$的条件下任取,例如$T=1$。在$|e|<e_0$区域内,相轨迹为通过原点的“抛物线”;而在$|e|>e_0$区域内,相轨迹以对数螺旋线方向趋向于原点。图 7-20 所示为阶跃输入下的系统相轨迹。轨迹的起点由初始条件$e(0)=A$、$\dot{e}(0)=0$所决定,它最终趋向于相平面的原点。

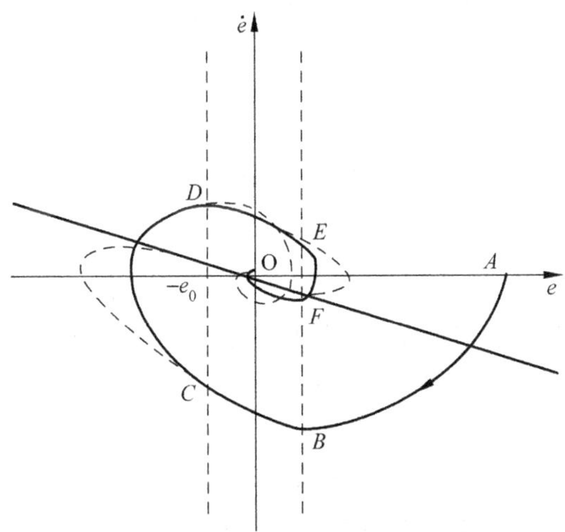

图 7-20　题 7-19 阶跃输入下的相轨迹

(2) 输入$x_r(t)=A+Bt$,即为斜坡函数。当$t>0$时,$\dot{x}_r=B$,$\ddot{x}_r=0$,此时描述系统运动的微分方程由下述方程表达

$$T\ddot{e}+\dot{e}+Ke=B,\quad |e|>e_0$$

$$T\ddot{e}+\dot{e}+Kke=B,\quad |e|<e_0$$

令$\dot{e}=\frac{\mathrm{d}e}{\mathrm{d}t}$,则$\ddot{e}=\frac{\mathrm{d}\dot{e}}{\mathrm{d}t}$,可以得到相轨迹斜率方程为

$$\frac{\mathrm{d}\dot{e}}{\mathrm{d}e}=\frac{B-(\dot{e}+Ke)}{T\dot{e}},\quad |e|>e_0$$

$$\frac{\mathrm{d}\dot{e}}{\mathrm{d}e}=\frac{B-(\dot{e}+Kke)}{T\dot{e}},\quad |e|<e_0$$

令$c=\frac{\mathrm{d}\dot{e}}{\mathrm{d}e}$,可以得到等斜线方程为

$$\dot{e}=\frac{B-kKe}{Tc+1},\quad |e|<e_0$$

$$\dot{e}=\frac{B-Ke}{Tc+1},\quad |e|>e_0$$

T可在满足$\frac{1}{2\sqrt{KT}}<1<\frac{1}{2\sqrt{kKT}}$任取,例如$T=1$。

令$T=1$,有等斜线方程

$$\dot{e}=\frac{B-kKe}{c+1},\quad |e|<e_0$$

$$\dot{e}=\frac{B-Ke}{c+1},\quad |e|>e_0$$

由奇点定义,可以得到上述两个方程对应的奇点坐标为

$$\dot{e}=0,\quad e=\frac{B}{K},\quad |e|>e_0$$

$$\dot{e}=0,\quad e=\frac{B}{Kk},\quad |e|<e_0$$

令P_1表示$\left(\frac{B}{Kk},0\right)$,其为一个稳定的节点,$P_2$表示$\left(\frac{B}{K},0\right)$,其为一个稳定的焦点。

下面分三种情况加以讨论。

当$B>Ke_0$时,P_2点为实奇点,P_1点为虚奇点,相轨迹的起点由初始条件$\dot{e}(0)=A$、$e(0)=R$所决定,这一相轨迹最终趋向于奇点P_2。$B>Ke_0$时的相轨迹如图7-21所示。

当$Kke_0<B<Ke_0$时,P_1、P_2均为虚奇点,相轨迹的起点由初始条件$\dot{e}(0)=A$、$e(0)=R$所决定,相轨迹最终既不趋向于P_1也不趋向于P_2,而是趋向于$(e_0,0)$点。$Kke_0<B<Ke_0$时的相轨迹如图7-22所示。

当$B<Kke_0$时,P_1为实奇点,P_2为虚奇点,相轨迹的起点由初始条件$\dot{e}(0)=A$、$e(0)=R$所决定,相轨迹最终趋向于P_1点。$B<Kke_0$时的相轨迹如图7-23所示。

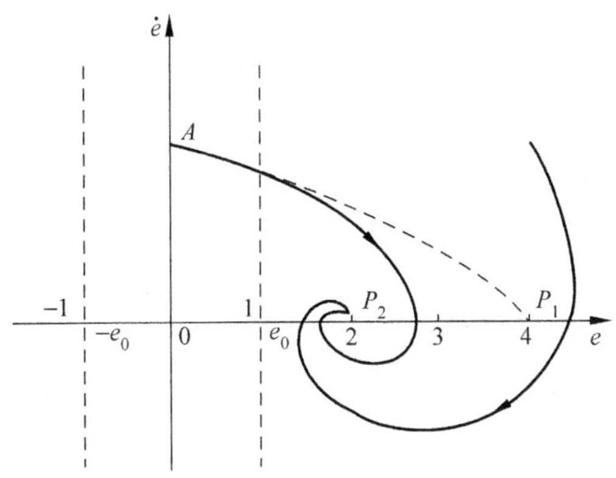

图 7-21　题 7-19 斜坡输入下 $B>Ke_0$ 时的相轨迹

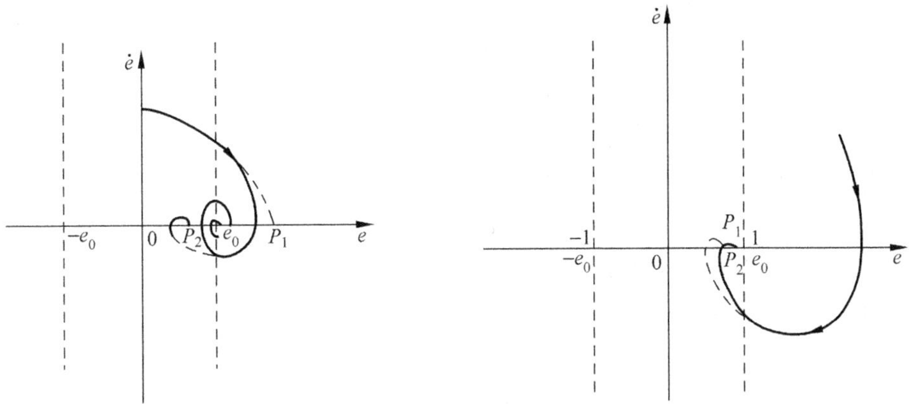

图 7-22　题 7-19 斜坡输入下 $Kke_0<B<Ke_0$ 时的相轨迹

图 7-23　题 7-19 斜坡输入下 $B<Kke_0$ 时的相轨迹

题 7-20　非线件系统结构如图 P7-12 所示，试问：

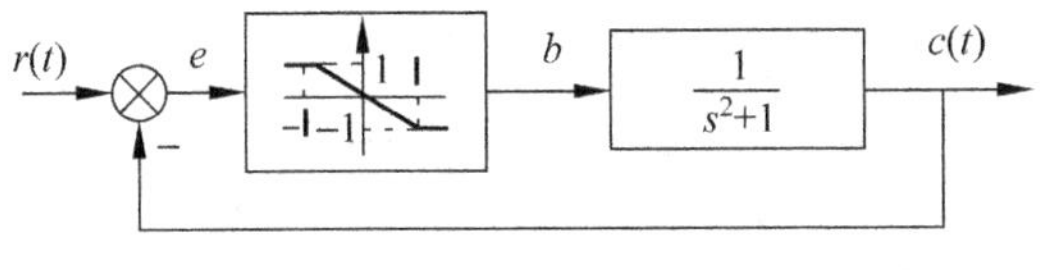

图 P7-12　题 7-20 图

(1) 用相平面法分析该系统是否存在周期运动；

(2) 若存在周期运动，分析该周期运动是否稳定，并计算在初始条件为 $c(0)=0$，$\dot{c}(0)=1$ 时的运动周期是多少。

解　(1) 由系统结构图可知

$$\begin{cases} c = \dfrac{b}{s^2+1} \\ e = -c \end{cases}$$

得到

$$\begin{cases} \ddot{c}+c=b \\ e=-c \end{cases}$$

由非线性环节特性可知

$$\begin{cases} b=-1 & (e\geqslant 1) \\ b=-e & (-1\leqslant e\leqslant 1) \\ b=1 & (e<-1) \end{cases}$$

将 $e=-c$ 代入上式，可得

$$\begin{cases} b=-1 & (-c\geqslant 1) \\ b=c & (-1\leqslant -c\leqslant 1) \\ b=1 & (-c<-1) \end{cases}$$

则根据$\ddot{c}+c=b$ 可得：

$$\begin{cases} \ddot{c}+c=-1 & (c\leqslant -1) \\ \ddot{c}=0 & (-1\leqslant c\leqslant 1) \\ \ddot{c}+c=1 & (c>1) \end{cases}$$

当 $c\leqslant -1$ 时，$\ddot{c}+c=-1$，解得

$$\dot{c}^2+(c+1)^2=R^2$$

其相轨迹为一族以$(-1,0)$为中心的圆。

当$-1\leqslant c\leqslant 1$ 时，解得

$$\begin{cases} c=Et+F \\ \dot{c}=E \end{cases}$$

其相轨迹为一族水平线。

相轨迹如图 7-24 所示，由图可知该系统存在周期运动。

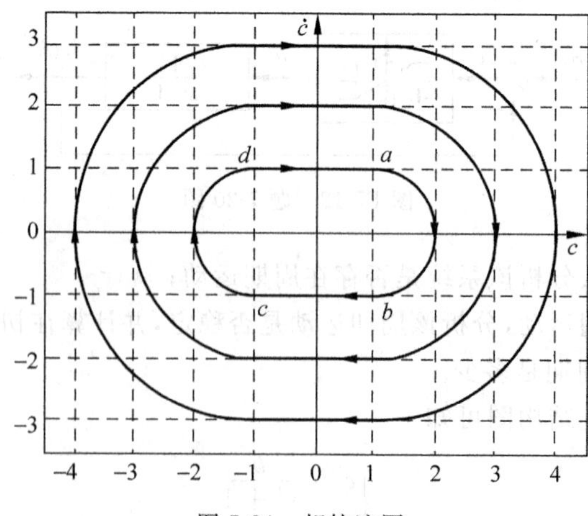

图 7-24　相轨迹图

（2）由相轨迹图可知，该周期运动不稳定。

$c(0)=1$，$\dot{c}=1$ 时，代入方程解得 $r=1$，$R=1$，则 $t_{\mathrm{ab}}=\frac{\pi}{2}$，$t_{\mathrm{cd}}=\frac{\pi}{2}$，$t_{\mathrm{bc}}=2$，$t_{\mathrm{da}}=2$，所以周期为

$$T=t_{\mathrm{ab}}+t_{\mathrm{cd}}+t_{\mathrm{bc}}+t_{\mathrm{da}}=\pi+4=7.14\mathrm{s}$$

第8章 线性离散系统的理论基础

8.1 内容提要

工业过程控制中采用的计算机控制系统都属于采样控制系统，即离散数据系统。

本章介绍的是线性离散系统（以下简称为采样系统）的相关内容。采样系统是线性系统，因此其设计的原理和分析方法的思路与线性连续系统基本相同。这里需要把握的是采样系统与线性连续系统的区别与联系：与线性连续系统相比，采样系统多了一种元件——采样开关；系统的动态描述由连续的微分方程变成了离散化的差分方程；这些变化使得在采样系统的分析与设计手段上与连续系统有所不同。其中关键问题是采样周期对系统稳定性的影响和脉冲传递函数的求解。

采样控制系统的输出受采样周期的影响很大，香农采样定理表明，若采样频率 $\omega_s \geqslant 2\omega_{max}$，则一定可以由采样信号惟一地决定出原始信号。在满足香农采样定理的条件下，要想不失真地复现采样器的输入信号，还需要加入保持器。

与连续控制系统稳定性分析相类似，采样控制系统稳定性分析是建立在 z 变换基础上的，闭环系统的稳定条件是脉冲传递函数的全部极点位于 z 平面上以原点为圆心的单位圆内。

采样控制系统同连续控制系统一样，也可以用频率法进行分析，为了能够使用连续系统在 s 平面上的一些结论，可以利用 w 变换（双线性变换）把 z 平面通过变换映射到 w 平面上，且令稳定边界在 w 平面的虚轴上。

8.2 习题与解答

题 8-11 求下列函数的 z 变换。

(1) $f(t)=1-e^{-at}$

(2) $f(t)=\cos\omega t$

(3) $f(t)=te^{-at}$

(4) $f(k)=a^k$

解　(1) 由 z 变换定义,有

$$\begin{aligned}F(z)&=\mathcal{Z}[1-e^{-at}]\\&=\frac{1}{1-z^{-1}}-\frac{1}{1-e^{-aT}z^{-1}}\\&=\frac{z}{z-1}-\frac{z}{z-e^{-aT}}\\&=\frac{z(1-e^{-aT})}{(z-1)(z-e^{-aT})}\end{aligned}$$

(2) 因为 $f(t)=\cos\omega t=\mathrm{Re}(e^{j\omega t})$

所以,由 z 变换定义,有

$$\begin{aligned}F(z)&=\mathcal{Z}[f(t)]=\mathcal{Z}[\cos\omega t]=\mathcal{Z}[\mathrm{Re}(e^{j\omega t})]\\&=\mathrm{Re}\left[\frac{1}{1-e^{j\omega T}z^{-1}}\right]\\&=\mathrm{Re}\left[\frac{1}{1-z^{-1}\cos\omega T-jz^{-1}\sin\omega T}\right]\\&=\mathrm{Re}\left[\frac{1-z^{-1}\cos\omega T+jz^{-1}\sin\omega T}{(1-z^{-1}\cos\omega T)^2+(z^{-1}\sin\omega T)^2}\right]\\&=\frac{z(z-\cos\omega T)}{z^2-2z\cos\omega T+1}\end{aligned}$$

(3) 因为$\mathcal{Z}[t]=\dfrac{Tz}{(z-1)^2}$,所以,根据复位移定理$\mathcal{Z}[e^{\mp at}f(t)]=F[ze^{\pm aT}]$,有

$$\mathcal{Z}[te^{-at}]=\frac{Tze^{aT}}{(ze^{aT}-1)^2}=\frac{Tze^{-aT}}{(z-e^{-aT})^2}$$

(4) 由 z 变换定义,有

$$\mathcal{Z}[f(k)]=\sum_{k=0}^{\infty}f(k)z^{-k}=\sum_{k=0}^{\infty}a^kz^{-k}=\sum_{k=0}^{\infty}\left(\frac{a}{z}\right)^k=\frac{z}{z-a}$$

题 8-12　证明下列关系式。

(1) $\mathcal{Z}[e^{\mp at}f(t)]=F(e^{\pm aT}z)$　　(T 是采样周期)

(2) $\mathcal{Z}[tf(t)]=-Tz\dfrac{d}{dz}F(z)$

证明

(1) 由 z 变换定义,因为

$$\mathcal{Z}[f(t)]=\sum_{k=0}^{\infty}f(kT)z^{-k}=F(z)$$

所以
$$\begin{aligned}\mathcal{Z}[e^{\mp at}f(t)]&=\sum_{k=0}^{\infty}e^{\mp akT}f(kT)z^{-k}\\&=\sum_{k=0}^{\infty}f(kT)(ze^{\pm aT})^{-k}\\&=F(e^{\pm aT}z)\end{aligned}$$

(2) 根据 z 变换定义，有

$$F(z)=\sum_{k=0}^{\infty}f(kT)z^{-k}$$

两边求导，可以得到

$$\frac{\mathrm{d}F(z)}{\mathrm{d}z}=\sum_{k=0}^{\infty}f(kT)(-k)z^{-k-1}$$

整理后，可以得到

$$Tz\,\frac{\mathrm{d}F(z)}{\mathrm{d}z}=\sum_{k=0}^{\infty}(-kT)f(kT)z^{-k}$$

所以
$$\mathcal{Z}[tf(t)]=-Tz\frac{\mathrm{d}}{\mathrm{d}z}F(z)$$

题 8-13 求下列函数的 z 变换。

(1) $F(s)=\dfrac{1}{s^2}$

(2) $F(s)=\dfrac{(s+3)}{(s+1)(s+2)}$

(3) $F(s)=\dfrac{1}{(s+2)^2}$

(4) $F(s)=\dfrac{k}{s(s+a)}$

(5) $F(s)=\dfrac{\mathrm{e}^{-nTs}}{(s+a)}$ （T 是采样周期）

解 (1) 因为 $\mathcal{L}^{-1}\left[\dfrac{1}{s^2}\right]=t$

所以
$$\mathcal{Z}\left[\frac{1}{s^2}\right]=F(z)=\frac{Tz^{-1}}{(1-z^{-1})^2}=\frac{Tz}{(z-1)^2}$$

(2) 因为 $F(s)=\dfrac{(s+3)}{(s+1)(s+2)}=\dfrac{2}{s+1}-\dfrac{1}{s+2}$

所以 $F(z)=\dfrac{2z}{z-\mathrm{e}^{-T}}-\dfrac{z}{z-\mathrm{e}^{-2T}}=\dfrac{z(z-2\mathrm{e}^{-2T}+e^{T})}{(z-\mathrm{e}^{-T})(z-\mathrm{e}^{-2T})}$

(3) 因为 $\mathcal{L}^{-1}\left[\dfrac{1}{(s+2)^2}\right]=t\mathrm{e}^{-2t}$

查 z 变换表，有

$$F(z)=\frac{Tz\mathrm{e}^{-2T}}{(z-\mathrm{e}^{-2T})^2}$$

(4) 因为 $F(s)=\dfrac{k}{s(s+a)}=\dfrac{k}{a}\left(\dfrac{1}{s}-\dfrac{1}{s+a}\right)$

所以
$$F(z)=\frac{k}{a}\cdot\frac{z(1-\mathrm{e}^{-aT})}{(z-1)(z-\mathrm{e}^{-aT})}$$

(5) 因为 $\mathcal{L}^{-1}[F(s)]=\mathrm{e}^{-at-anT}$

根据延迟定理，有

$$F(z) = \mathcal{Z}[e^{-at-anT}] = z^{-an}\ \mathcal{Z}[e^{-at}] = z^{-an}\ \frac{z}{z-e^{-aT}}$$

题 8-14 求下列函数的 z 反变换。

(1) $F(z)=\dfrac{z(1-e^{-T})}{(z-1)(z-e^{-T})}$ （T 是采样周期）

(2) $F(z)=\dfrac{z}{(z-1)^2(z-2)}$

(3) $F(z)=\dfrac{z}{(z+1)^2(z-1)^2}$

(4) $F(z)=\dfrac{2z(z^2-1)}{(z^2+1)^2}$

解 (1) 将$\dfrac{F(z)}{z}$展开，有

$$\frac{F(z)}{z} = \frac{1-e^{-T}}{(z-1)(z-e^{-T})} = \frac{1}{z-1} - \frac{1}{z-e^{-T}}$$

即

$$F(z) = \frac{z}{z-1} - \frac{z}{z-e^{-T}}$$

所以 $f(kT)=1-e^{-kT}, k=0,1,2,\cdots$

(2) 将$\dfrac{F(z)}{z}$展开，有

$$\frac{F(z)}{z} = \frac{1}{(z-1)^2(z-2)} = \frac{A}{(z-1)^2} + \frac{B}{z-1} + \frac{C}{z-2}$$

其中 $A=\dfrac{(z-1)^2}{(z-1)^2(z-2)}\Big|_{z=1}=-1$

$B=\dfrac{d}{dz}\left[\dfrac{(z-1)^2}{(z-1)^2(z-2)}\right]\Big|_{z=1}=-1$

$C=\dfrac{1}{(z-1)^2}=1$

因此

$$\frac{F(z)}{z} = \frac{1}{z-2} - \frac{1}{(z-1)^2} - \frac{1}{z-1}$$

所以

$$F(z) = \frac{z}{z-2} - \frac{z}{(z-1)^2} - \frac{z}{z-1}$$

查表可得

$$f(kT) = -k - 1^k + 2^k,\quad k = 0,1,2,\cdots$$

(3) 用长除法将 $F(z)$展开，有

$$F(z) = \frac{z}{(z+1)^2(z-1)^2} = \frac{z}{z^4-2z^2+1} = z^{-3} + 2z^{-5} + 3z^{-7} + \cdots$$

所以

$$f(kT)=\delta(t-3T)+2\delta(t-5T)+3\delta(t-7T)+\cdots,\quad k=3,5,7,\cdots$$

(4) 根据题意,有

$$z^2+1=0$$

则 $F(z)$ 的极点为 $z_{1,2}=\pm\mathrm{j}$,因此可得 $(z^2+1)^2=(z+\mathrm{j})^2(z-\mathrm{j})^2$

将 $\frac{F(z)}{z}$ 展开,有

$$\frac{F(z)}{z}=\frac{1}{(z+\mathrm{j})^2}+\frac{1}{(z-\mathrm{j})^2}$$

所以 $$F(z)=\frac{z}{(z+\mathrm{j})^2}+\frac{z}{(z-\mathrm{j})^2}$$
$$=\mathrm{e}^{\mathrm{j}\frac{\pi}{2}}\frac{z\mathrm{e}^{-\mathrm{j}\frac{\pi}{2}}}{(z-\mathrm{e}^{-\mathrm{j}\frac{\pi}{2}})^2}+\mathrm{e}^{-\mathrm{j}\frac{\pi}{2}}\frac{z\mathrm{e}^{\mathrm{j}\frac{\pi}{2}}}{(z-\mathrm{e}^{\mathrm{j}\frac{\pi}{2}})^2}$$

查表可得

$$f(kT)=\mathrm{e}^{\mathrm{j}\frac{\pi}{2}}k\mathrm{e}^{-\mathrm{j}k\frac{\pi}{2}}+\mathrm{e}^{-\mathrm{j}\frac{\pi}{2}}k\mathrm{e}^{\mathrm{j}k\frac{\pi}{2}}$$
$$=\mathrm{j}k\left(\cos\frac{k\pi}{2}-\mathrm{j}\sin\frac{k\pi}{2}\right)-\mathrm{j}k\left(\cos\frac{k\pi}{2}+\mathrm{j}\sin\frac{k\pi}{2}\right)$$
$$=2k\sin\frac{k\pi}{2},\quad k=0,1,2,\cdots$$

题 8-15 用 z 变换方法求解下列差分方程,结果以 $f(k)$ 表示。

(1) $f(k+2)+2f(k+1)+f(k)=u(k)$

$f(0)=0,f(1)=0,u(k)=k\quad(k=0,1,2,\cdots)$

(2) $f(k+2)-4f(k)=\cos k\pi$

$f(0)=1,f(1)=0\quad(k=0,1,2,\cdots)$

(3) $f(k+2)+5f(k+1)+6f(k)=\cos\frac{k}{2}\pi$

$f(0)=0,f(1)=1\quad(k=0,1,2,\cdots)$

解 (1) 设 $\mathcal{Z}[f(k)]=F(z)$,根据超前定理并代入初始条件,有

$$\mathcal{Z}[f(k+1)]=zF(z)-zf(0)=zF(z)$$
$$\mathcal{Z}[f(k+2)]=z^2F(z)-z^2f(0)-zf(1)=z^2F(z)$$

即

$$z^2F(z)+2zF(z)+F(z)=\frac{z}{(z-1)^2}$$

所以 $$F(z)=\frac{z}{(z-1)^2(z+1)^2}$$
$$=\frac{1}{4}\left[\frac{z}{(z-1)^2}-\frac{z}{(z-1)}+\frac{z}{(z+1)^2}+\frac{z}{(z+1)}\right]$$
$$f(k)=\mathcal{Z}^{-1}[F(z)]=\frac{1}{4}[k-1-k\cos k\pi+\cos k\pi]$$
$$=\frac{1}{4}(k-1)(1-\cos k\pi),\quad k=0,1,2,\cdots$$

(2) 因为$\mathcal{Z}[\cos\omega t]=\dfrac{z(z-\cos\omega T)}{z^2-2z\cos\omega T+1}$，令 $\omega t=k\omega T$，即 $\omega T=\pi$。所以

$$\mathcal{Z}[\cos k\pi]=\frac{z(z+1)}{z^2+2z+1}$$

根据超前定理，有

$$z^2F(z)-z^2f(0)-zf(1)-4F(z)=\frac{z(z+1)}{z^2+2z+1}$$

代入初始条件，得

$$(z^2-4)F(z)=\frac{z(z+1)}{z^2+2z+1}+z^2$$

整理得

$$\begin{aligned}\frac{F(z)}{z}&=\frac{z^2+z+1}{(z^2-4)(z+1)}\\&=\frac{3}{4}\left(\frac{z}{z+2}\right)+\frac{7}{12}\left(\frac{z}{z-2}\right)-\frac{1}{3}\left(\frac{z}{z+1}\right)\end{aligned}$$

$$f(k)=\mathcal{Z}^{-1}[F(z)]=-\frac{1}{3}(-1)^k+\frac{7}{12}2^k+\frac{3}{4}(-2)^k\quad(k=0,1,2,\cdots)$$

(3) 因为$\mathcal{Z}[\cos\omega t]=\dfrac{z(z-\cos\omega T)}{z^2-2z\cos\omega T+1}$

令 $\omega t=\dfrac{k}{2}\omega T$，即 $\omega T=\pi$

所以
$$\mathcal{Z}\left[\cos\frac{k}{2}\pi\right]=\frac{z^2}{z^2+1}$$

根据超前定理，代入初始条件，有

$$z^2F(z)-z+5zF(z)+6F(z)=\frac{z^2}{z^2+1}$$

经整理，可得

$$F(z)=\frac{z^3+z^2+z}{(z^2+1)(z^2+5z+6)}=\frac{z^3+z^2+z}{z^4+5z^3+7z^2+5z+6}$$

用长除法可以求得

$$F(z)=z^{-1}-4z^{-2}+14z^{-3}+\cdots$$
$$f(0)=0,f(1)=1,f(2)=-4,f(3)=14,\cdots$$

所以

$$f(kT)=\delta(t-T)-4\delta(t-2T)+14\delta(t-3T)+\cdots\quad(k=1,2,\cdots)$$

题 8-16　已知某采样系统的输入输出差分方程为

$$x_c(k+2)+3x_c(k+1)+4x_c(k)=x_r(k+1)-x_r(k)$$
$$x_c(1)=0,x_c(0)=0,\ x_r(1)=1\ x_r(0)=1$$

试求该系统的脉冲传递函数 $X_c(z)/X_r(z)$和脉冲响应。

解　(1) 根据超前定理，令

$$\mathcal{Z}[x_c(k)]=X_c(z)\qquad\mathcal{Z}[x_r(k)]=X_r(z)$$

有

$$\mathcal{Z}[x_c(k+2)] = z^2X_c(z) - z^2X_c(0) - zX_c(1)$$
$$\mathcal{Z}[x_c(k+1)] = zX_c(z) - zX_c(0)$$
$$\mathcal{Z}[x_r(k+1)] = zX_r(z) - zX_r(0)$$

代入原式，可得

$$z^2X_c(z) - z^2X_c(0) - zX_c(1) + 3zX_c(z) - 3zX_c(0) + 4X_c(z)$$
$$= zX_r(z) - zX_r(0) - X_r(z)$$

代入初始条件，有

$$z^2X_c(z) + 3zX_c(z) + 4X_c(z) = (z-1)X_r(z)$$

整理后，可得脉冲传递函数

$$\frac{X_c(z)}{X_r(z)} = \frac{z-1}{z^2+3z+4}$$

(2) 由脉冲传递函数，可得

$$X_c(z) = \frac{z-1}{z^2+3z+4}X_r(z)$$
$$= \frac{z-1}{z^2+3z+4}$$
$$= z^{-1} - 4z^{-2} + 16z^{-3} - 32z^{-4} + \cdots$$

所以，脉冲响应为

$$X_c(kT) = \delta(t-T) - 4\delta(t-2T) + 16\delta(t-3T) - 32\delta(t-4T) + \cdots$$

题 8-17 求图 P8-1(a)所示环节的 z 变换、图 P8-1(b)所示输出的 z 变换(T 是采样周期)。

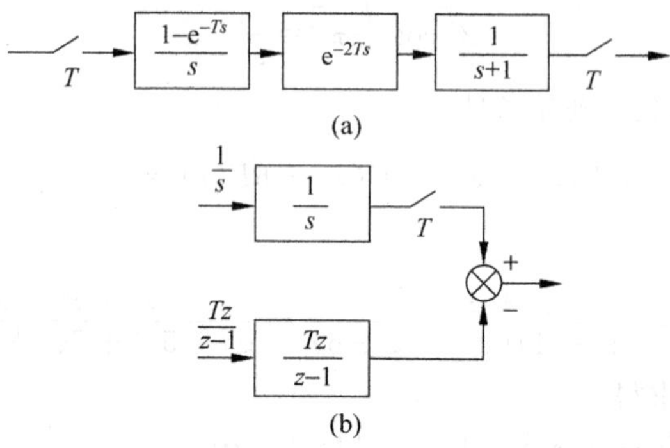

图 P8-1 题 8-17 图

解 (1) 图 P8-1(a)所示环节为三个环节串联而成，且环节之间没有采样开关，所以其等效的传递函数的 z 变换为

$$W(z) = \mathcal{Z}[W_1(s)W_2(s)W_3(s)]$$
$$= \mathcal{Z}\left[\frac{1-e^{-Ts}}{s}e^{-2Ts}\frac{1}{s+1}\right]$$
$$= (1-z^{-1})z^{-2}\ \mathcal{Z}\left[\frac{1}{s} - \frac{1}{s+1}\right]$$
$$= \frac{1-e^{-T}}{z^2(z-e^{-T})}$$

(2) 图 P8-1(b)所示环节为两个环节迭加，其中对系统连续部分输出的 z 变换为

$$X_{C1}(z) = \mathcal{Z}\left[\frac{1}{s}\cdot\frac{1}{s}\right] = \frac{Tz}{(z-1)^2}$$

离散部分的 z 变换为

$$X_{C2}(z) = \frac{(Tz)^2}{(z-1)^2}$$

环节输出的 z 变换为

$$X_C(z) = X_{C1}(z) - X_{C2}(z) = \frac{Tz}{(z-1)^2} - \frac{Tz}{z-1}\cdot\frac{Tz}{z-1} = \frac{Tz(1-Tz)}{(z-1)^2}$$

题 8-18　图 P8-2 所示系统所有采样开关均为同步采样开关，求该系统的 $E(z)/F(z)$，$X_c(z)/X_r(z)$，其中

$$W_{h_0}(s) = \frac{1-e^{-Ts}}{s}, W(s) = \frac{2}{s(s+1)} \qquad (T = 1s)$$

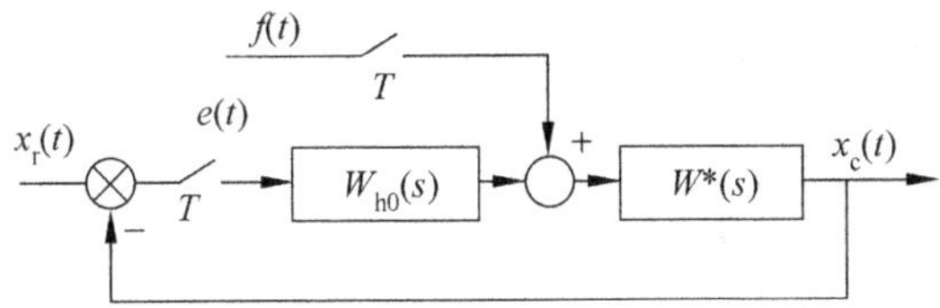

图 P8-2　题 8-18 系统结构图

解　求 $E(z)/F(z)$。

当扰动信号 $f(t)$ 做输入时，有 $x_r(t)=0$，所以

$$\frac{E(z)}{F(z)} = -\frac{W(z)}{1+W_{h0}(z)W(z)}$$

下面分别求 $W(z)$ 和 $W_{h0}(z)$。

$$\begin{aligned} W(z) &= \mathcal{Z}[W^*(s)] = \mathcal{Z}\left[\frac{2}{s(s+1)}\right] \\ &= \mathcal{Z}\left[2\left(\frac{1}{s}-\frac{1}{s+1}\right)\right] \\ &= 2\left(\frac{z}{z-1}-\frac{z}{z-e^{-T}}\right) \\ &= 2\frac{z(1-e^{-T})}{(z-1)(z-e^{-T})} \end{aligned}$$

$$W_{h0}(z) = \mathcal{Z}\left[\frac{1-e^{-Ts}}{s}\right] = (1-z^{-1})\frac{z}{z-1} = 1$$

$$W_{h0}(z)W(z) = W(z)$$

所以

$$\begin{aligned} \frac{E(z)}{F(z)} &= -\frac{W(z)}{1+W_{h0}(z)W(z)} \\ &= -\frac{2z(1-e^{-T})}{(z-1)(z-e^{-T})+2z(1-e^{-T})} \end{aligned}$$

同理，可以求得

$$\frac{X_c(z)}{X_r(z)}=\frac{W_{h0}W(z)}{1+W_{h0}W(z)}$$

由 $W_{h0}W(z)=\mathcal{Z}\left[\frac{2(1-e^{-Ts})}{s^2(s+1)}\right]$

$$=\mathcal{Z}\left[2(1-e^{-Ts})\left(\frac{1}{s^2}+\frac{1}{s+1}-\frac{1}{s}\right)\right]$$

$$=2(1-z^{-1})\left(\frac{Tz}{(z-1)^2}+\frac{z}{z-e^{-T}}-\frac{z}{z-1}\right)]$$

$$=\frac{2[(T-1-e^{-T})z+(1-T)e^{-T}]}{(z-1)(z-e^{-T})}$$

可得

$$\frac{X_c(z)}{X_r(z)}=\frac{2[(T-1-e^{-T})z+(1-T)e^{-T}]}{(z-1)(z-e^{-T})+2[(T-1-e^{-T})z+(1-T)e^{-T}]}$$

题 8-19 求图 P8-3 所示系统的输出 $C(z)$。

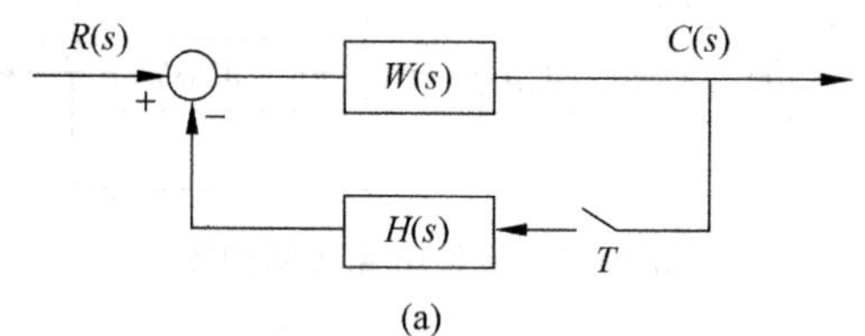

(a)

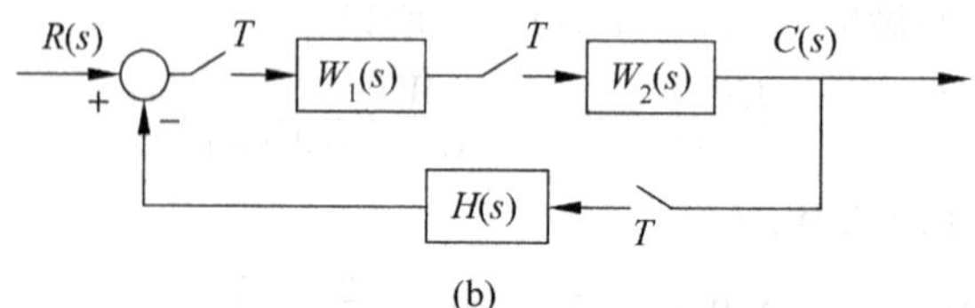

(b)

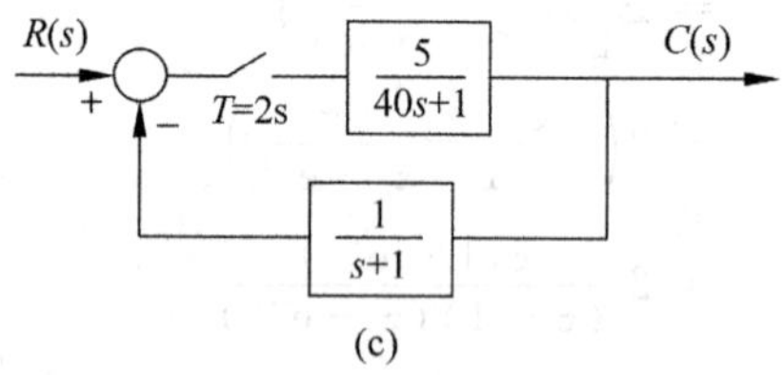

(c)

图 P8-3 题 8-19 的系统结构图

解 (1) $C(z)=\frac{R(z)W(z)}{1+WH(z)}$

(2) $C(z)=\frac{W_2(z)W_1(z)R(z)}{1+H(z)W_2(z)W_1(z)}$

$$(3)\ C(z)=\frac{\mathcal{Z}\left[\frac{5}{40s+1}\right]}{1+\mathcal{Z}\left[\frac{1}{s+1}\cdot\frac{5}{40s+1}\right]}R(z)$$

$$=\frac{\frac{1}{8}z(z-e^{-T})}{39(z-e^{-T})(z-e^{-\frac{1}{40}T})+5z(e^{-T}-e^{-\frac{1}{40}T})}R(z)$$

$$=\frac{z(z-0.14)}{312z^2-343z+40}R(z)$$

题 8-20　图 P8-4 所示系统，令 $T=1$，要求在 $x_r(t)=t$ 作用下的稳态误差 $e_{ss}=0.25T$，试确定系统稳定时 T_1 的取值范围。

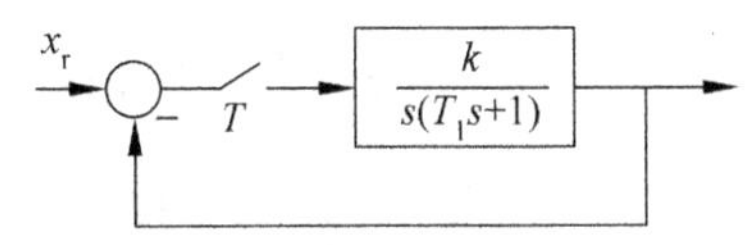

图 P8-4　题 8-20 的系统结构图

解　由图 P8-4 所示结构图可知，系统的开环传递函数为

$$W_K(s)=\frac{k}{s(T_1s+1)}$$

系统的开环脉冲传递函数

$$W_K(z)=\mathcal{Z}[W_K(s)]=\mathcal{Z}\left[\frac{k}{s(T_1s+1)}\right]=\mathcal{Z}\left[\frac{k}{s}-\frac{k}{\left(s+\frac{1}{T_1}\right)}\right]$$

$$=\frac{kz}{z-1}-\frac{kz}{(z-e^{-\frac{T}{T_1}})}=\frac{kz(1-e^{-\frac{T}{T_1}})}{(z-1)(z-e^{-\frac{T}{T_1}})}$$

由 $X_r(z)=\mathcal{Z}[x_r(t)]=\frac{Tz}{(z-1)^2}$，$T=1$，可得稳态误差

$$e_{ss}=\lim_{z\to 1}\left[(z-1)\frac{1}{1+W_K(z)}X_r(z)\right]$$

$$=\lim_{z\to 1}\frac{Tz(z-e^{-\frac{T}{T_1}})}{(z-1)(z-e^{-\frac{T}{T_1}})+kz(1-e^{-\frac{T}{T_1}})}$$

$$=\lim_{z\to 1}\frac{T(z-e^{-\frac{T}{T_1}})}{k(1-e^{-\frac{T}{T_1}})}$$

$$=\lim_{z\to 1}\frac{1-e^{-\frac{1}{T_1}}}{k(1-e^{-\frac{1}{T_1}})}$$

$$=\frac{1}{k}=0.25$$

所以，$k=4$。

因此，系统的开环传递函数为

$$W_K(z)=\frac{4z(1-e^{-\frac{1}{T_1}})}{(z-1)(z-e^{-\frac{1}{T_1}})}$$

系统的闭环特征方程为

$$1+W_K(z)=1+\frac{4z(1-e^{-\frac{1}{T_1}})}{(z-1)(z-e^{-\frac{1}{T_1}})}$$
$$=\frac{(z-1)(z-e^{-\frac{1}{T_1}})+4z(1-e^{-\frac{1}{T_1}})}{(z-1)(z-e^{-\frac{1}{T_1}})}$$
$$=0$$

即$(z-1)(z-e^{-\frac{1}{T_1}})+4z(1-e^{-\frac{1}{T_1}})=0$

令 $z=\frac{1+\omega}{1-\omega}$,代入上式

$$\left(\frac{1+\omega}{1-\omega}-1\right)\left(\frac{1+\omega}{1-\omega}-e^{-\frac{1}{T_1}}\right)+4\,\frac{1+\omega}{1-\omega}(1-e^{-\frac{1}{T_1}})=0$$

令 $e^{-\frac{1}{T_1}}=m$,代入上式整理得

$$(4-4m)w^2+(2-2m)w+6m-2=0$$

若要系统稳定,应有 w 的各次项系数均大于零,即

$$\begin{cases}4-4m>0\\2-2m>0\\6m-2>0\end{cases}$$

可得

$$\frac{1}{3}<m<1$$

即

$$\frac{1}{3}<e^{-\frac{1}{T_1}}<1$$

解得 $T_1>\frac{1}{\ln 3}$。

题 8-21 应用稳定判据,分析题 8-20 系统的临界放大系数 k 与采样周期 T 的关系(设 $k>0$,$T_1>0$)。

解 由题 8-20 的结论可知,系统的特征方程为

$$z^2+[k(1-e^{-\frac{T}{T_1}})-(1+e^{-\frac{T}{T_1}})]z+e^{-\frac{T}{T_1}}=0$$

可得特征根为

$$z_{1,2}=\frac{1-k+e^{-\frac{T}{T_1}}+ke^{-\frac{T}{T_1}}\pm\sqrt{(1-k+e^{-\frac{T}{T_1}}+ke^{-\frac{T}{T_1}})^2-4e^{-\frac{T}{T_1}}}}{2}$$

根据系统稳定条件知,当$|z_{1,2}|=1$时系统处于临界稳定状态。

当$\Delta=b^2-4ac>0$,即 $z_{1,2}$ 是实数根时,将 $z_{1,2}=\pm1$ 带入原方程,有 $z_1=1$ 时,可得 $k(1-e^{-\frac{T}{T_1}})=0$,即 $k=0$ 或 $T=0$(不合题意舍去)。

$z_2=-1$ 时,可得 $k=\frac{2(1+e^{-\frac{T}{T_1}})}{1-e^{-\frac{T}{T_1}}}$。

因此,当 $z_{1,2}$ 为实数根时,临界放大系数 k 与采样周期 T 的关系为

$$k\leqslant\frac{2(1+e^{-\frac{T}{T_1}})}{1-e^{-\frac{T}{T_1}}}$$

当 $\Delta=b^2-4ac<0$，即 z 是复数根时，有

$$\sqrt{\frac{(1-k+\mathrm{e}^{-\frac{T}{T_1}}+k\mathrm{e}^{-\frac{T}{T_1}})^2}{4}+\frac{(1-k+\mathrm{e}^{-\frac{T}{T_1}}+k\mathrm{e}^{-\frac{T}{T_1}})^2-4\mathrm{e}^{-\frac{T}{T_1}}}{4}}=1$$

解得

$$k=\frac{\pm\sqrt{2+2\mathrm{e}^{-\frac{T}{T_1}}}-\mathrm{e}^{-\frac{T}{T_1}}-1}{\mathrm{e}^{-\frac{T}{T_1}}-1}$$

因此，当 $z_{1,2}$ 为复数根且 $T_1>0$ 时，临界放大系数 k 与采样周期 T 的关系为

$$k<\frac{-\sqrt{2+2\mathrm{e}^{-\frac{T}{T_1}}}-\mathrm{e}^{-\frac{T}{T_1}}-1}{\mathrm{e}^{-\frac{T}{T_1}}-1}$$

题 8-22 已知一采样系统如图 P8-5 所示，其中采样周期 $T=1\mathrm{s}$，试判断 $k=8$ 时系统的稳定性，并求使系统稳定的 k 值范围。

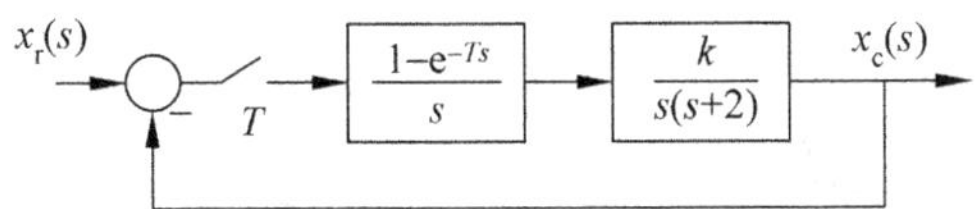

图 P8-5 题 8-22 的系统结构图

解 由图 P8-4 所示结构图可知，系统的开环传递函数为

$$W_K(s)=\frac{k(1-\mathrm{e}^{-Ts})}{s^2(s+2)}=\frac{k(1-\mathrm{e}^{-s})}{4}\left[\frac{2}{s^2}-\frac{1}{s}+\frac{1}{s+2}\right]$$

可得

$$W_K(z)=\frac{k}{4}(1-z^{-1})\left[\frac{2z}{(z-1)^2}-\frac{z}{z-1}+\frac{z}{z-\mathrm{e}^{-2}}\right]$$

其特征方程为 $1+W_K(z)=0$，即

$$z^2+(0.28k-1.14)z+0.14+0.15k=0$$

（1）当 $k=8$ 时，特征方程为

$$z^2+1.1z+1.34=0$$

求得 $z_1=-0.55+1.02\mathrm{j}, z_2=-0.55-1.02\mathrm{j}$

因为 $|z_2|>1$，所以系统不稳定。

（2）令 $z=\frac{1+w}{1-w}$，进行 w 变换可得

$$\left(\frac{1+w}{1-w}\right)^2+(0.28k-1.14)\frac{1+w}{1-w}+(0.14+0.15k)=0$$

整理得

$$(2.28-0.13k)w^2+(1.72-0.3k)w+0.43k=0$$

若要系统稳定，应有 w 的各次项系数均大于零，即

$$\begin{cases}2.28-0.13k>0\\1.72-0.3k>0\\0.43k>0\end{cases}$$

整理得

$$\begin{cases} k < 17.5 \\ k < 5.73 \\ k > 0 \end{cases}$$

所以，使系统稳定的 k 值范围为 $0<k<5.73$。

题 8-23 已知图 P8-6 各系统开环脉冲传递函数的零、极点分布，试分别绘制根轨迹。

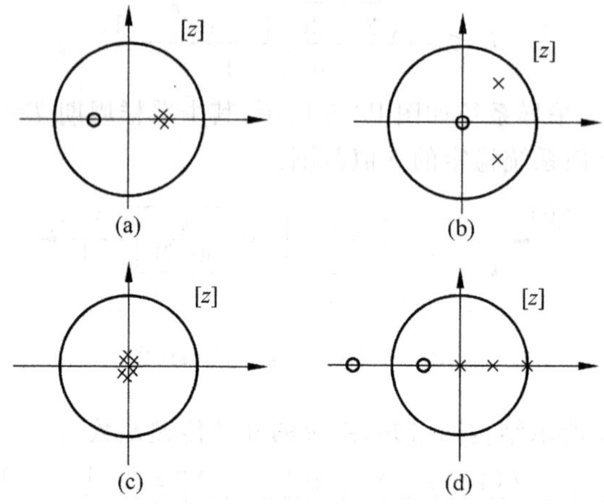

图 P8-6 题 8-23 的系统开环零、极点分布图

解 (1) 图 P8-6(a)对应的系统开环脉冲传递函数为

$$W_K(z) = \frac{K_g(z+z_1)}{(z+p_1)^2}$$

相应的根轨迹图如图 8-1 所示。

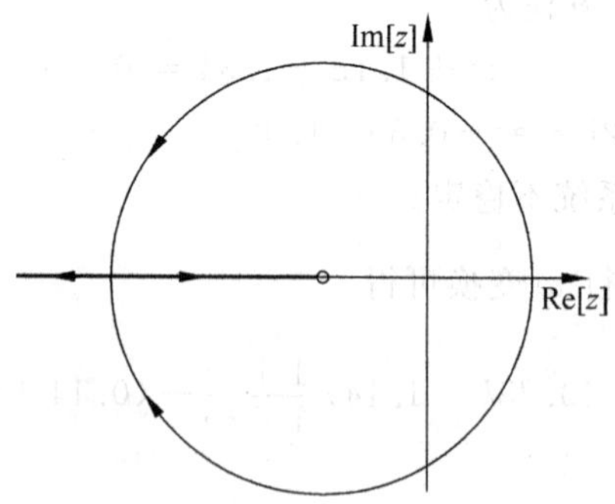

图 8-1 题 8-23(a)的根轨迹

(2) 图 P8-6(b)对应的系统开环脉冲传递函数为

$$W_K(z) = \frac{K_g z}{(z+p_1)(z+p_2)}$$

其中 $-p_{1,2}$ 为共轭复数，相应的根轨迹图如图 8-2 所示。

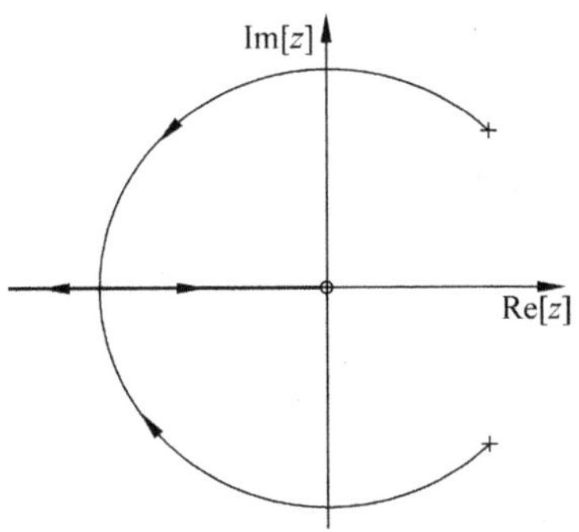

图 8-2　题 8-23(b)的根轨迹

(3) 图 P8-6(c)对应的系统开环脉冲传递函数为

$$W_K(z) = \frac{K_g}{z^4}$$

相应的根轨迹图如图 8-3 所示。

(4) 图 P8-6(d)对应的系统开环脉冲传递函数为

$$W_K(z) = \frac{K_g(z+z_1)(z+z_2)}{z(z+p_1)(z+p_2)}$$

对应的根轨迹图如图 8-4 所示。

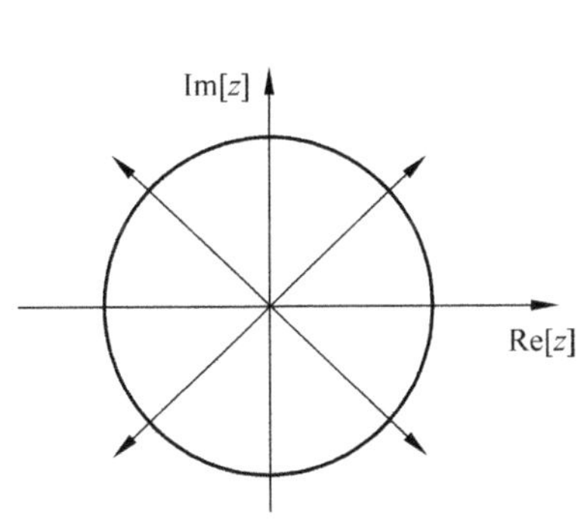

图 8-3　题 8-23(c)的根轨迹

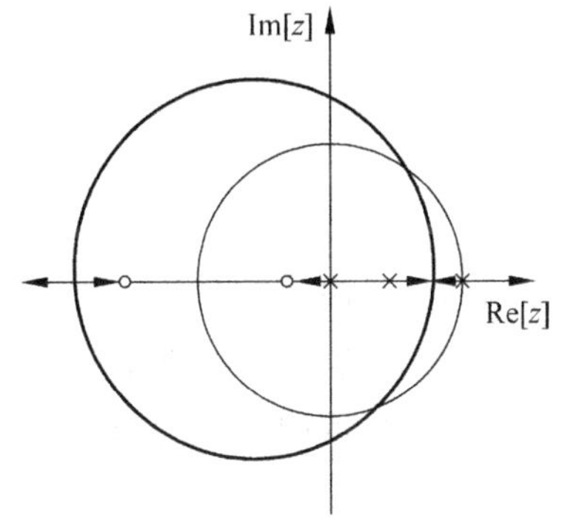

图 8-4　题 8-23(d)的根轨迹

题 8-24　设图 P8-7 所示采样系统的采样周期 $T=0.5\text{s}$，而 $W(s)=\dfrac{K}{s(s+2)}$，试绘制此系统的根轨迹图，并确定系统稳定的临界增益 K 值。

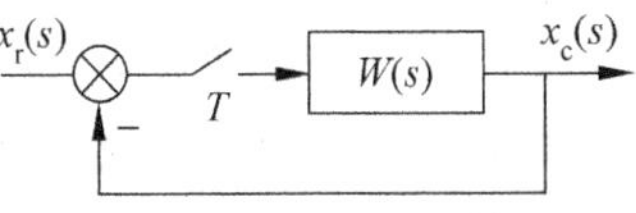

图 P8-7　题 8-24 的系统结构图

解　由图 P8-7 可知，系统的开环传递函数为

$$W_K(s) = \frac{K}{s(s+2)}$$

从而可得 $W_K(s)=\mathcal{Z}\left[\frac{K}{s(s+2)}\right]$

$$=\mathcal{Z}\left[\frac{K}{2}\left(\frac{1}{s}-\frac{1}{s+2}\right)\right]$$

$$=\frac{K}{2}\left(\frac{z}{z-1}-\frac{z}{z-e^{-2T}}\right)\Big]$$

由 $T=0.5\text{s}$，可得

$$\begin{aligned}W_K(z) &= \frac{K}{2}\left(\frac{z}{z-1}-\frac{z}{z-e^{-1}}\right)\\ &=\frac{K}{2}\,\frac{z(1-e^{-1})}{(z-1)(z-e^{-1})}\\ &=\frac{0.316Kz}{(z-1)(z-0.368)}\end{aligned}$$

① 起点：$z=1, z=0.368$

终点：$z=0, z=-\infty$

② z 平面实轴上的根轨迹区间为$(-\infty,0]$，$[0.368,1]$。

③ 分离点、会合点计算。

由 $D'(z)N(z)=N'(z)D(z)$，即

$$z(2z-1.368)=(z-1)(z-0.368)$$

可得

$$z^2=0.368$$

即

$$z=\pm 0.607$$

④ 根轨迹如图 8-5 所示。

其复共轭段为一个圆，其中原点为圆心，半径为 0.607。

从图 8-5 所示的根轨迹图中可以看出，其中一条根轨迹与单位圆交于 $z=-1$ 处。

由 $K=\left|\frac{(z-1)(z-0.368)}{0.316z}\right|$，令 $z=-1$，可得

$$K=8.658$$

即系统稳定的临界增益 K 为 8.658。

由采样系统稳定的充要条件，并结合根轨迹图，可以得到使系统稳定的 K 的取值范围为

$$0<K<8.658$$

题 8-25 已知一采样系统如图 P8-5 所示，其中，采样周期 $T=1\text{s}$，试绘制 $W_{h0}W(j\omega_W)$ 的对数频率特性，判断系统的稳定性，求相角裕度 $\gamma(\omega_{W_c})$。

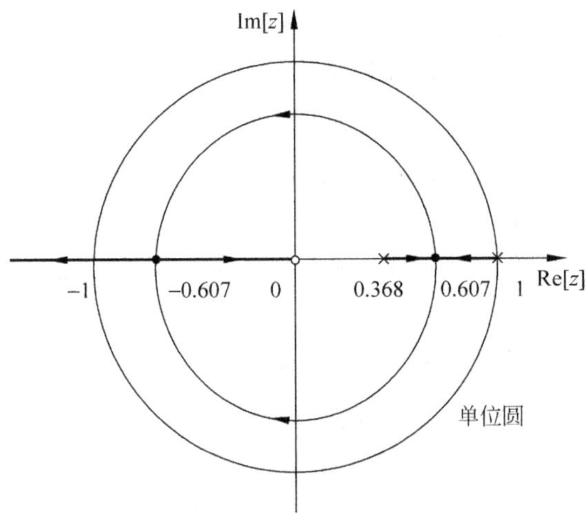

图 8-5　题 8-24 的根轨迹

解　由图 P8-5 可知，系统的开环传递函数为

$$W_K(s)=\frac{k(1-e^{-s})}{s^2(s+2)}$$

从而可以得到

$$\begin{aligned}W_K(z)&=k\,\frac{(1+e^{-2})z+(1-3e^{-2})}{4(z-1)(z-e^{-2})}\\&=k\,\frac{1.135z+0.595}{4(z-1)(z-0.135)}\\&=k\,\frac{0.284z+0.149}{(z-1)(z-0.135)}\\&=k\,\frac{0.284(z+0.525)}{(z-1)(z-0.135)}\end{aligned}$$

令 $z=\dfrac{1+w}{1-w}$，代入 $W_K(z)$ 进行 w 变换，可得

$$\begin{aligned}W_K(w)&=W_K(z)\Big|_{z=\frac{1+w}{1-w}}\\&=k\,\frac{0.284\left(\dfrac{1+w}{1-w}+0.525\right)}{\left(\dfrac{1+w}{1-w}-1\right)\left(\dfrac{1+w}{1-w}-0.135\right)}\\&=k\,\frac{0.284(1-w)[1+w+0.525(1-w)]}{(1+w-1+w)[1+w-0.135(1-w)]}\\&=k\,\frac{0.284(1-w)(1.525+0.475w)}{2w(0.865+1.135w)}\\&=k\,\frac{(1-w)(1+0.311w)}{4w(1+1.312w)}\end{aligned}$$

令 $k=4$，$w=j\omega_W$，可以求得系统的开环频率特性

$$W_K(j\omega_W)=\frac{(1-j\omega_W)(0.311j\omega_W+1)}{j\omega_W(1.312j\omega_W+1)}$$

$$A(\omega_W)=\frac{\sqrt{1+\omega_W^2}\sqrt{1+(0.311\omega_W)^2}}{\omega_W\sqrt{1+(1.312\omega_W)^2}}$$

$$\begin{aligned}\varphi(\omega_W)&=\angle W_K(j\omega_W)\\&=-90^\circ-\arctan1.312\omega_W+\arctan0.311\omega_W-\arctan\omega_W\end{aligned}$$

交接频率分别为

$$\omega_{W1}=\frac{1}{1.312}=0.76\text{rad/s},\quad \omega_{W2}=1\text{rad/s},\quad \omega_{W3}=\frac{1}{0.311}=3.22\text{rad/s}$$

由此，可以绘制出如图 8-6 所示的对数频率特性。

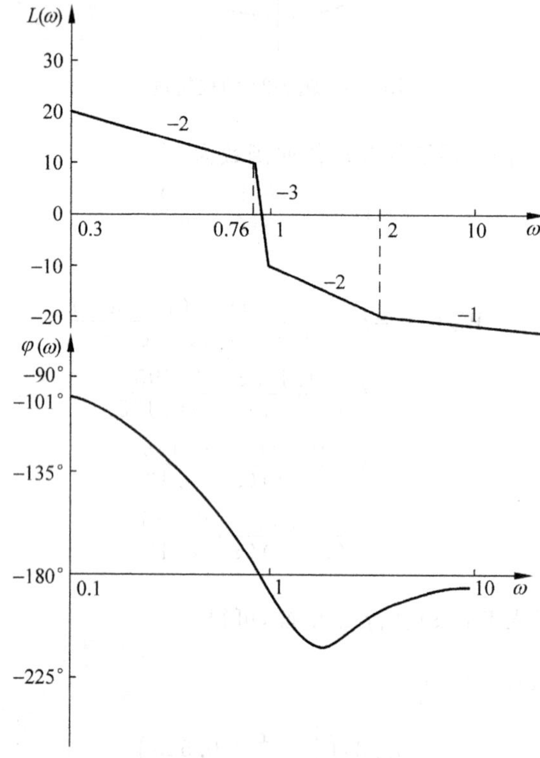

图 8-6　题 8-25 的对数频率特性

根据图 8-6 所示的伯德图，可得

$$\omega_{W_c}=0.8\text{rad/s}\quad \gamma(\omega_{W_c})=6^\circ>0$$

因此，系统是稳定的。

题 8-26　数字控制系统结构图如图 P8-8 所示，采样周期 $T=1$s。

(1) 试求未校正系统的闭环极点，并判断其稳定性。

(2) $x_r(t)=t$ 时，按最少拍设计，求 $D(z)$ 表达式，并求 $X_c(z)$ 的级数展开式。

解　(1) 由图 P8-8 所示结构图可知，系统的开环传递函数为

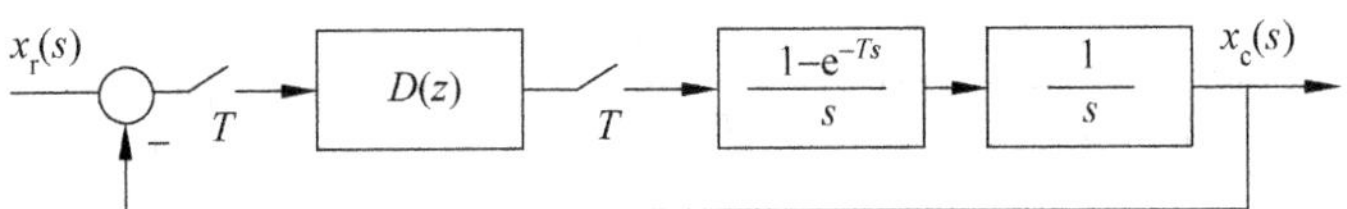

图 P8-8　题 8-26 的数字控制系统结构图

$$W_K(s)=\frac{1-e^{-Ts}}{s^2}$$

所以，当 $T=1$s 时的脉冲传递函数 $W_K(z)$为

$$W_K(z)=\frac{z}{(z-1)^2}(1-z^{-1})=\frac{1}{z(1-z^{-1})}=\frac{1}{z-1}$$

其特征方程为 $1+W_K(z)=0$。因此有 $1+\frac{1}{z-1}=0$，可以求得 $z=0$。

所以，系统是稳定的。

(2) 由数字控制器的设计可知，能在两个采样周期消除偏差的脉冲传递函数是

$$W_e(z)=\frac{E(z)}{X_r(z)}=(1-z^{-1})^2$$

将 $W_K(z)$，$W_e(z)$代入 $D(z)$的表达式中，可得

$$D(z)=\frac{1-W_e(z)}{W_e(z)W_K(z)}=\frac{1-(1-z^{-1})^2}{(1-z^{-1})^2\ \dfrac{1}{z-1}}=\frac{2z-1}{z-1}$$

分析这个数字控制器的控制效果，系统闭环脉冲传递函数为

$$W_B(z)=1-W_e(z)=1-(1-z^{-1})^2=2z^{-1}-z^{-2}$$

当输入为单位斜坡函数时，系统输出的 z 变换为

$$X_c(z)=W_B(z)X_r(z)=\frac{z^{-1}(2z^{-1}-z^{-2})}{(1-z^{-1})^2}$$
$$=2z^{-2}+3z^{-3}+4z^{-4}+\cdots$$

求 z 反变换，有

$$X_c^*(t)=2\delta(t-2T)+3\delta(t-3T)+4\delta(t-4T)+\cdots$$

由上式可知，在两个采样周期内，输出量的采样值和输出量完全一致。

题 8-27　结构如图 P8-9(a)所示的数字控制系统。其中，$\tau=aT$，a 为正整数，T 为采样周期。

试设计数字控制器 $D(z)$，使系统在单位阶跃输入作用下，输出量 $X_c(nT)$满足图 P8-9(b)所示的波形。

解　由图 P8-9(a)所示结构图可知

$$X_c(z)=W_B(z)X_r(z)=\frac{z^{-(a+1)}}{1-z^{-1}}$$

由上式可以得到

$$W_B(z)=z^{-a+1}$$

而

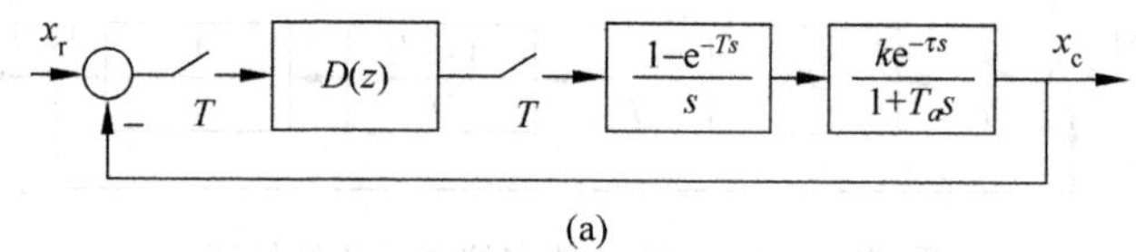

(a)

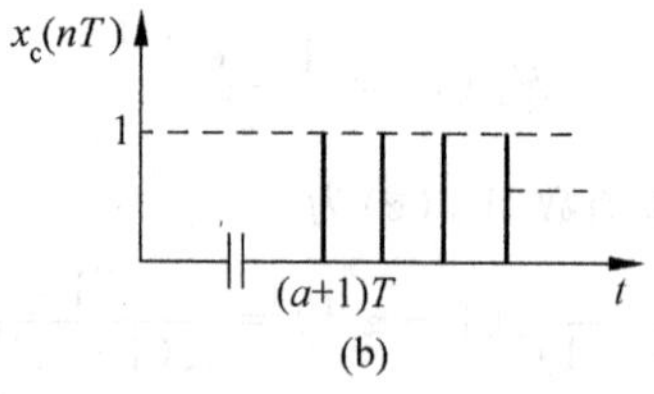

(b)

图 P8-9 题 8-27 的数字控制系统

$$Z\left[\frac{1-e^{-Ts}}{s}\cdot\frac{Ke^{-\tau s}}{1+Tas}\right]=(1-z^{-1})z^{-a}\left[\frac{k}{1-z^{-1}}-\frac{k}{1-e^{-\frac{T}{T_a}}z^{-1}}\right]$$

$$=z^{-a}k\left[1-\frac{1-z^{-1}}{1-e^{-\frac{T}{T_a}}z^{-1}}\right]$$

$$=kz^{-a}\frac{z^{-1}(1-e^{-\frac{T}{T_a}})}{1-e^{-\frac{T}{T_a}}z^{-1}}$$

$$=\frac{kz^{-(a+1)}(1-e^{-\frac{T}{T_a}})}{1-e^{-\frac{T}{T_a}}z^{-1}}$$

由 $W_B(z)=\dfrac{D(z)W(z)}{1+D(z)W(z)}=z^{-(a+1)}$，可得

$$D(z)=\frac{W_B(z)}{W(z)(1-W_B(z))}$$

$$=\frac{z^{-(a+1)}}{1-z^{-(a+1)}}\,\frac{1-e^{-\frac{T}{T_a}}z^{-1}}{k(1-e^{-\frac{T}{T_a}}z^{-1})z^{-(a+1)}}$$

$$=\frac{1-e^{-\frac{T}{T_a}}z^{-1}}{k(1-e^{-\frac{T}{T_a}})(1-z^{-(a+1)})}$$

参 考 文 献

1. 顾树生，王建辉主编. 自动控制原理，第3版. 北京：冶金工业出版社，2001
2. 王建辉，顾树生主编. 自动控制原理. 北京：清华大学出版社，2007
3. 王建辉主编. 自动控制原理习题详解. 北京：冶金工业出版社，2005
4. 冯巧玲主编. 自动控制原理. 北京：北京航空航天大学出版社，2003
5. 邹伯敏编. 自动控制理论. 北京：机械工业出版社，1999
6. 李友善，梅晓榕，王彤编. 自动控制原理360题. 哈尔滨：哈尔滨工业大学出版社，2002
7. 薛安克，彭冬亮，陈雪亭编著. 自动控制原理. 西安：西安电子科技大学出版社，2004
8. 王彤主编. 自动控制原理试题精选与答题技巧(修订版). 哈尔滨：哈尔滨工业大学出版社，2003
9. 汪谊臣主编. 自动控制原理习题集. 北京：冶金工业出版社，1983

《全国高等学校自动化专业系列教材》丛书书目

教材类型	编　号	教材名称	主编/主审	主编单位	备注
本科生教材					
控制理论与工程	Auto-2-(1+2)-V01	自动控制原理(研究型)	吴麒、王诗宓	清华大学	
	Auto-2-1-V01	自动控制原理(研究型)	王建辉、顾树生/杨自厚	东北大学	
	Auto-2-1-V02	自动控制原理(应用型)	张爱民/黄永宣	西安交通大学	
	Auto-2-2-V01	现代控制理论(研究型)	张嗣瀛、高立群	东北大学	
	Auto-2-2-V02	现代控制理论(应用型)	谢克明、李国勇/郑大钟	太原理工大学	
	Auto-2-3-V01	控制理论 CAI 教程	吴晓蓓、徐志良/施颂椒	南京理工大学	
	Auto-2-4-V01	控制系统计算机辅助设计	薛定宇/张晓华	东北大学	
	Auto-2-5-V01	工程控制基础	田作华、陈学中/施颂椒	上海交通大学	
	Auto-2-6-V01	控制系统设计	王广雄、何朕/陈新海	哈尔滨工业大学	
	Auto-2-8-V01	控制系统分析与设计	廖晓钟、刘向东/胡佑德	北京理工大学	
	Auto-2-9-V01	控制论导引	万百五、韩崇昭、蔡远利	西安交通大学	
	Auto-2-10-V01	控制数学问题的MATLAB求解	薛定宇、陈阳泉/张庆灵	东北大学	
控制系统与技术	Auto-3-1-V01	计算机控制系统(面向过程控制)	王锦标/徐用懋	清华大学	
	Auto-3-1-V02	计算机控制系统(面向自动控制)	高金源、夏洁/张宇河	北京航空航天大学	
	Auto-3-2-V01	电力电子技术基础	洪乃刚/陈坚	安徽工业大学	
	Auto-3-3-V01	电机与运动控制系统	杨耕、罗应立/陈伯时	清华大学、华北电力大学	
	Auto-3-4-V01	电机与拖动	刘锦波、张承慧/陈伯时	山东大学	
	Auto-3-5-V01	运动控制系统	阮毅、陈维钧/陈伯时	上海大学	
	Auto-3-6-V01	运动体控制系统	史震、姚绪梁/谈振藩	哈尔滨工程大学	
	Auto-3-7-V01	过程控制系统(研究型)	金以慧、王京春、黄德先	清华大学	
	Auto-3-7-V02	过程控制系统(应用型)	郑辑光、韩九强/韩崇昭	西安交通大学	
	Auto-3-8-V01	系统建模与仿真	吴重光、夏涛/吕崇德	北京化工大学	
	Auto-3-8-V01	系统建模与仿真	张晓华/薛定宇	哈尔滨工业大学	
	Auto-3-9-V01	传感器与检测技术	王俊杰/王家祯	清华大学	
	Auto-3-9-V02	传感器与检测技术	周杏鹏、孙永荣/韩九强	东南大学	
	Auto-3-10-V01	嵌入式控制系统	孙鹤旭、林涛/袁著祉	河北工业大学	
	Auto-3-13-V01	现代测控技术与系统	韩九强、张新曼/田作华	西安交通大学	
	Auto-3-14-V01	建筑智能化系统	章云、许锦标/胥布工	广东工业大学	
	Auto-3-15-V01	智能交通系统概论	张毅、姚丹亚/史其信	清华大学	
	Auto-3-16-V01	智能现代物流技术	柴跃廷、申金升/吴耀华	清华大学	

续表

教材类型	编　　号	教材名称	主编/主审	主编单位	备注
本科生教材					
信号处理与分析	Auto-5-1-V01	信号与系统	王文渊/阎平凡	清华大学	
	Auto-5-2-V01	信号分析与处理	徐科军/胡广书	合肥工业大学	
	Auto-5-3-V01	数字信号处理	郑南宁/马远良	西安交通大学	
计算机与网络	Auto-6-1-V01	单片机原理与接口技术	杨天怡、黄勤	重庆大学	
	Auto-6-2-V01	计算机网络	张曾科、阳宪惠/吴秋峰	清华大学	
	Auto-6-4-V01	嵌入式系统设计	慕春棣/汤志忠	清华大学	
	Auto-6-5-V01	数字多媒体基础与应用	戴琼海、丁贵广/林闯	清华大学	
软件基础与工程	Auto-7-1-V01	软件工程基础	金尊和/肖创柏	杭州电子科技大学	
	Auto-7-2-V01	应用软件系统分析与设计	周纯杰、何顶新/卢炎生	华中科技大学	
实验课程	Auto-8-1-V01	自动控制原理实验教程	程鹏、孙丹/王诗宓	北京航空航天大学	
	Auto-8-3-V01	运动控制实验教程	綦慧、杨玉珍/杨耕	北京工业大学	
	Auto-8-4-V01	过程控制实验教程	李国勇、何小刚/谢克明	太原理工大学	
	Auto-8-5-V01	检测技术实验教程	周杏鹏、仇国富/韩九强	东南大学	
研究生教材					
	Auto(*)-1-1-V01	系统与控制中的近代数学基础	程代展/冯德兴	中科院系统所	
	Auto(*)-2-1-V01	最优控制	钟宜生/秦化淑	清华大学	
	Auto(*)-2-2-V01	智能控制基础	韦巍、何衍/王耀南	浙江大学	
	Auto(*)-2-3-V01	线性系统理论	郑大钟	清华大学	
	Auto(*)-2-4-V01	非线性系统理论	方勇纯/袁著祉	南开大学	
	Auto(*)-2-6-V01	模式识别	张长水/边肇祺	清华大学	
	Auto(*)-2-7-V01	系统辨识理论及应用	萧德云/方崇智	清华大学	
	Auto(*)-2-8-V01	自适应控制理论及应用	柴天佑、岳恒/吴宏鑫	东北大学	
	Auto(*)-3-1-V01	多源信息融合理论与应用	潘泉、程咏梅/韩崇昭	西北工业大学	
	Auto(*)-4-1-V01	供应链协调及动态分析	李平、杨春节/桂卫华	浙江大学	

教师反馈表

感谢您购买本书！清华大学出版社计算机与信息分社专心致力于为广大院校电子信息类及相关专业师生提供优质的教学用书及辅助教学资源。

我们十分重视对广大教师的服务，如果您确认将本书作为指定教材，请您务必填好以下表格并经系主任签字盖章后寄回我们的联系地址，我们将免费向您提供有关本书的其他教学资源。

您需要教辅的教材：			
您的姓名：			
院系：			
院/校：			
您所教的课程名称：			
学生人数/所在年级：	________人/　1　2　3　4　硕士　博士		
学时/学期	________学时/________学期		
您目前采用的教材：	作者：________ 书名：________ 出版社：________		
您准备何时用此书授课：			
通信地址：			
邮政编码：		联系电话	
E-mail：			
您对本书的意见/建议：		系主任签字 盖章	

我们的联系地址：

清华大学出版社　学研大厦 A602，A604 室

邮编：100084

Tel：010-62770175-4409，3208

Fax：010-62770278

E-mail：liuli@tup.tsinghua.edu.cn；hanbh@tup.tsinghua.edu.cn